KYOTO SHIMADZU SINCE 1875

# 仏具とノーベル賞 京都・島津製作所 創業伝

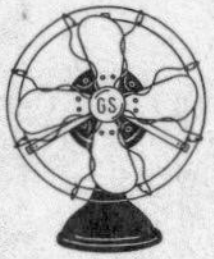

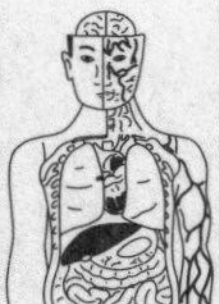

鵜飼秀徳

朝日新聞出版

# はじめに

京都人はしばしば、人間以外のモノや動物にたいして「さん」付けで呼ぶことがある。

「まあ、美味《おい》しそうなお豆さんやこと」

「おいなりさん、おひとつ、どないや？」（いなり寿司をひとつ召し上がってください）

「お馬さん見に動物園にいこか」

こうした京都における「さん付け」の由来をさかのぼれば16世紀以降、公家の間で使われていた御所言葉が民衆に広まったと考えられている。

同様に寺社仏閣を呼ぶ際にも、京都人は親しみを込めて「さん」を付ける。「お西さん（西本願寺）」「お東さん（東本願寺）」「ちおいん（知恩院）さん」「天神さん（北野天満宮）」「愛宕《あたご》さん（愛宕神社）」などである。これは宗教施設の縁起そのものが京都の歴史であり、都人のアイデンティティの核をなしているからだろう。

では、企業の場合はどうだろう。京都には京セラ、任天堂、宝酒造、ワコール、オムロン、村田製作所、ローム、日本電産など名だたる大企業が存在する。帝国データバンクの調査では、京都における創業１００年を超える「老舗企業」は１４０３社（２０１８年11月時点）。全体に占める老舗企業の出現率は４・73パーセント（全国平均２・27パーセント）だ。

これは、全都道府県のなかでトップである。

たとえば花札やトランプ製造に端を発する任天堂は1889（明治22）年の創業だ。2019（令和元）年で130周年の節目を迎えた。

京都の組織は、あれもこれもが伝統に裏打ちされた存在であって、そんな古都・京都で〝市民権〟を得るのは容易ではない。だから、

「京都人は少なくとも三代にわたって住み続けなければ京都人とは見なされない」

という言い回しがしばしば使われる。これは、

「最低100年は京都に定住して、ようやく〝よそ者〟と呼ばれなくなる」

といったところだろう。

栄枯盛衰の激しい企業が京都で、「さん」付けの称号を得るには、なみなみならぬ努力と歴史の積み重ねが必要なのだ。諸説あるが、京都における老舗企業1403社のなかで、「さん」付けで呼ばれているのはわずかに2社のみ。その2社とは……。

まずは「大丸さん（大丸京都店）」だ。

大丸は1717（享保2）年、下村彦《ひこ》右衛《え》門正啓《もんしょうけい》が京都伏見で呉服店「大文字屋」を開業したことに始まる。大丸が300年以上の歴史をもつことはさることながら、「さん」付けで呼ばれるには理由がある。それは下村彦右衛門が「先義《せんぎ》後利《こうり》」の理念を社是に掲げ、京都市民が、

「さすがは大丸さんや」

と一目置いたからだと言われている。

先義後利とは、紀元前中国の儒学の祖、荀子《じゅんし》が唱えた故事だ。

「先義而後利者栄」（正しい道の追求を第一に掲げ、自分の利益は後まわしにする者はいずれ繁栄する）。

1837（天保8）年、全国を襲った飢饉《ききん》は米騒動を引き起こした。大坂の元与力であった大塩平八郎はコメを買い占めた豪商らを襲撃した。俗に言う「大塩平八郎の乱」である。その際、配下に対し、

「大丸は義商なり。犯すなかれ」

と命じ、大丸は焼き討ちを避けられたという。

そうした逸話が伝わる京都で、大丸の他に商業施設は複数あるが、京都人は大丸だけを特別扱いする。「高島屋さん」「伊勢丹さん」「イオンモールさん」「東急ハンズさん」などとは言わない。

そして、「さん」付けで呼ぶ企業のもうひとつが「島津製作所」である。

「島津さんの西側にあるスーパー、大安売りしてるで」

などというふうに使う。

島津製作所は三条通と御池通に挟まれた中京区西ノ京の地に、約6万坪の敷地を有する

京都の老舗企業だ。市民の足である嵐電《らんでん》（京福電鉄嵐山本線）の車窓から、白亜のビルと工場群が見える。島津製作所本社および三条工場である。この地に工場ができたのが1919（大正8）年のことだ。

地元の主婦らは、嵐電の車窓から島津本社を眺めながら、

「田中耕一さん、いはるかいな」

などとおしゃべりする。

田中耕一は、2002（平成14）年に43歳の若さでノーベル化学賞を受賞して、一躍時の人となった島津製作所現エグゼクティブ・リサーチ フェローだ。

島津製作所は連結売上高3854億円（2020年3月期）、グループ社員数約1万3200人を擁する精密機器のメーカーである。しかし、一般消費者が店頭で買えるようなものをつくっているわけではない、どちらかといえば地味な企業だ。

だが、田中がノーベル賞を受賞するや島津製作所は一躍、グローバルにその名を轟《とどろ》かせることとなった。

株価は受賞前に260円ほどであったが、2020年8月には3200円ほどと12倍にまで上がっている。いかにノーベル賞のインパクトが大きかったかが窺《うかが》える。

だからといって、京都人が田中のノーベル賞受賞をきっかけにして島津製作所を「さん」付けで呼び始めた、ということではないのだ。京都人は一時の繁栄で「さん」付けの称号

を与えることはしない。太平洋戦争以前から京都人は同社にたいし、尊敬の念を込めて「島津さん」と呼んできているのだ。

それは、150年前の明治維新によって、地に堕《お》ちた京都の再生と近代化に尽力し、今日に至るまで京都の産業界を牽引《けんいん》し続けているからである。島津製作所の歴史そのものが京都産業界の歴史と言っても過言ではない。そして、京都の老舗企業の多くが、島津製作所と何らかの関係を持っている。

そのあたりは本編でじっくり語ることとするが、先に少しだけここで簡単に触れておこう。話は平安建都時にまでさかのぼらなければならない。

## 千年の都から

桓武天皇によって、都が長岡京から山背国《やましろ》（現在の京都市）に移されたのが794（延暦13）年のこと。以来、1869（明治2）年までの1075年もの間、平安京が日本の首都だった。その間、応仁の乱やたびたびの大火などに見舞われたものの、京都は歴代の天皇が住まう「都」であり続けた。そこで優れた匠たちが競うように腕を振るい、宮中に品々を納めた。そのことが、結果的にものづくりの技術を向上させ、今につながる製造業の礎にもなっている。

そんな百花繚乱《ひゃっかりょうらん》の都から人や技術が、大量に流出するという歴史的エポックが起きた。

明治維新時の「東京奠都《てんと》」であった。
あえて説明するが、「遷都《せんと》」ではなく「奠都」という表現が正しい。なぜなら、都を「遷《うつ》す」法令が一切出されていないからである。

当時、京都は禁門の変や、鳥羽・伏見の戦いによって街の広い範囲が、焼き払われていた。京都は荒廃し、新政府側の要人によって首都を遷そうとの、声が上がる。

大久保利通は大坂遷都を主張し、前島密《ひそか》が東京遷都を、江藤新平らが東京・京都の両首都論を提案したと伝えられている。

そのなかでも江戸は、広大な関東平野にあって、当時100万人の人口を擁する日本最大の都市だった。インフラも整っていた。東京湾からは外洋に出られる。新しい都を江戸にすることが、もっとも現実的な選択であった。

そこで京都の公家衆や町衆の反発を回避しながら、無血開城した江戸城に天皇に入ってもらい、名実ともに江戸を首都にする案が新政府要人らの間で密《ひそ》かに進められた。

1868（慶応4）年8月、京都御所にて14歳の明治天皇の「即位の礼」が執り行われ、即位が内外に宣明された。すると同年10月と翌1869（明治2）年3月に、江戸改め東京に行幸。京都市民に対しては、1870（明治3）年3月には京都御所に還幸する、との約束であったが、結局、天皇はそのまま江戸城に定住して、京都に戻ることはなかった。

つまり、なし崩し的に京都から東京に首都が「変更」されたのである。

「えらいこっちゃ、天子様は江戸に行ったきり戻ってこられへんで」

事実上の首都移転を悟った京都の人びとは、にわかにざわめきだす。

当時、御所やその周辺には、公家138家が存在した。その公家衆が明治天皇の行幸を嚆矢《こうし》にして、次々と東京に移転し始めた。無人になった公家屋敷は廃墟《はいきょ》と化した。

例外的に残った公家が現在、御所の北側、同志社大学のキャンパスに食い込むようにして残る冷泉家である。冷泉家は藤原定家の流れをくむ名門だ。冷泉家は京都御所の留守居役を任され、そのまま京都に残り続けた。

京都を去ったのは公家だけではなく、商家も同様であった。『御出入商人中所附《おでいりしょうにんちゅうところづけ》』という古文書には、1701（元禄14）年の段階で御所に出入りしていた御用商人らの数は285人とある。たとえば宮中において下賜などに使われた菓子屋をはじめ麺屋、餅屋などである。

なかでも、とくに評判の高かったのが菓子屋の虎屋であった。虎屋は16世紀、後陽成天皇が即位してから禁裏《きんり》御用商人となり、繁栄を極めた。しかし、虎屋は東京奠都を機に東京へ進出。皇居の望める神田に本店を構えた。その後、幾度の移転を重ねて1895（明治28）年に現在の本店のある赤坂へ移っている。

東京奠都という世紀の一大事に見舞われ、京都はみるみる衰退していく。35万の人口はわずか数年で20万人にまで激減。かつての花の都は見る影もなく、荒《すさ》んでいった。

1877（明治10）年、久しぶりに明治天皇は京都に還幸。その際、御所やその周辺の荒れ具合をみて、絶句した。すぐさま、御所の再整備を命じたほどだ。このときの様子は、後述することとする。

しかしながら仮に東京奠都がなくとも、当時京都は荒れに荒れた状態だった。

1868（慶応4）年1月、薩摩藩・長州藩を主力とする新政府軍と、会津藩・桑名藩を主力とする旧幕府軍とが衝突した「鳥羽・伏見の戦い」が勃発。この戦いによって新政府軍は勝利したが、旧幕府軍の残党狩りが続いた。そのうち薩長の藩兵が庶民に対して略奪を働くようになる。そうした混沌《こんとん》とした状態から抜け出そうと、公家や商家、庶民までもが京都を去っていった。だが、

「そうはやすやすと都を棄《す》てられぬ」

と居残り、京都の再建に立ち上がった人物がいた。そのひとりが、島津製作所の創業者、島津源蔵（初代）であった。

島津源蔵は江戸時代末期には西本願寺出入りの、おもに鋳物を扱う仏具職人であった。しかし、仏教界は明治維新を迎えたとき、史上最大の法難を迎える。

新政府によって神仏分離令が出されたのだ。神仏分離令がきっかけとなって、全国的に廃仏毀釈《はいぶつきしゃく》運動が展開されていく。江戸時代には全国に9万の寺院が存在したと言われているが、明治初期のわずか10年足らずで半分の4万5000カ寺程度にまで激減した。

たちまち鋳物仏具業は、経営危機に追い込まれる。仏具をつくるどころではなく、寺からは次々と仏具が没収、破壊されていき、伽藍《がらん》や仏具から取りはずされた金属は溶かされて、四条大橋などの鉄筋建造物の建材などにされていった。

伝統的な宗教施設が壊される一方で、文明開化の狼煙《のろし》が上げられた。

1870（明治3）年、科学技術の研究・技術開発を目的にした京都舎密局《せいみきょく》や、翌年には殖産興業を推進する本部である勧業場《かんぎょうば》などが、公家邸跡地などに設立される。さらに、勧業博覧会の開催や繁華街となる新京極通の敷設などが次々と具現化していく。

その陣頭指揮を執ったのが、第2代目の府知事に就いた長州出身の槇村正直《まきむらまさなお》だった。槇村は衰退した京都の立て直しに尽力した功労者として知られている。1870（明治3）年、槇村は復興策でもある「京都府施政の大綱に関する建言書」を発表する。

大綱は京都の近代化政策ともいうべき内容だ。そこには工場の機械化や市内のインフラ整備を急速に進め、同時に産業の担い手を育成するという、京都の「産業革命」の方針が掲げられていた。

そこで源蔵は思案した。

「お寺がどんどん潰れていく時代や。仏具産業も見通しは暗い。この荒れた京都を生まれ変わらせるには、科学しかあらへん」

源蔵は仏具商を続けながらも、密かに事業転換を計画していた。

源蔵は万延年間（1860〜61）に西本願寺門前の自宅を出て独立していたが、たまたま店と住まいの近隣の木屋町《きやまち》二条界隈に舎密局や勧業場、槇村正直知事邸などがつくられた。源蔵はこの地の利を生かし、舎密局に出入りして最新の技術を吸収。ほどなく理化学機器の製造に着手した。ここにノーベル賞企業、島津製作所が産声をあげたのである。

本書では、京都の復興に生涯を捧げた島津源蔵（初代源蔵）と、その息子・梅治郎（二代源蔵）の父子に焦点を当て、京都のものづくりの精神に迫りたい。時局に抗《あらが》えず、日露戦争や第二次世界大戦時の軍需を担わざるを得なかった側面や、敗戦直後の島津製作所の苦難の様子も明らかにしていこうと思う。

とくに初代源蔵の記録はほとんど残っていない。足跡を追うのは困難を極めた。肖像画が2枚残されているだけである。

それでも源蔵父子が製作した仏具や、理化学工業製品を調べ、創業の地をたずね歩き、また、島津製作所をはじめ島津から生まれたGSユアサなどの関係する会社への取材などもじっくりと行い、本書にまとめることができた。

じつは島津源蔵・梅治郎父子が手がけた「日本初」の事業は数多い。しかし、その功績はあまり知られていない。

人力車や馬車が走り回っていた明治初期に、民間初の有人軽気球を飛ばした人物こそ、初代源蔵であった。その後、ものづくりの精神は息子・梅治郎に受け継がれ、梅治郎は「日

京都・高瀬川の始まるところに建つ島津製作所 創業記念資料館（島津製作所旧本社、島津家旧邸）

本の十大発明家」にも数えられるほどであった。

梅治郎が手がけた製品として、現在のパソコン、スマホなどに欠かせない蓄電池、医療診断に欠かせないレントゲンや電子顕微鏡、日本を和服文化から洋服文化へと転換させたマネキン等々……挙げていけばきりがない。この数年でようやく普及し始めた電気自動車も、大正時代には自社製のバッテリーを積んで梅治郎が乗り回していたというから、驚きである。

島津梅治郎は「日本のエジソン」なのだ。

さらに、梅治郎は後の上場企業を4社も生み出している。GSユアサだけでなく、三菱ロジスネクストや大日本塗料の前身企業を設立した。今でいう「シリアルアントレプレナー」（連続起業家）が島津梅治郎なのだ。

改めて、ここからページをめくっていただきたい。「島津の源流」から物語をひも解こう。しばし、幕末維新の京都にタイムスリップしていただければ幸いである。

目次

# 仏具とノーベル賞 京都・島津製作所創業伝

## 第3章　島津の名をあげた軽気球



## 第4章　日本で最初の蓄電池

## 第5章　古都が育む企業力

図版・写真・資料提供＝島津製作所
島津製作所 創業記念資料館　太田泰能
地図作成＝谷口正孝
装幀＝弾デザイン事務所
装幀イラスト＝石山好宏

# 第1章

# 廃仏毀釈の京都

## はじまりは仏具商

古都・京都の中心を南北に走る堀川通は、五条通を南下すると少し東に振れる。そのあたりで右手に西本願寺の壮麗な山門や楼閣が目に飛び込んでくる。堀川通やそこから延びる路地には、西本願寺に出入りする仏具店や法衣店が軒を並べる。聞けば近年のインバウンドの急増を背景にして仏具店に外国人旅行客が訪れ、仏具を「クールな」土産品として、買って帰るのだという。

京都は世界的にも類を見ない、神道や仏教に根ざした宗教都市である。かつては天皇の住まいであった京都御所を中心に市街地が広がっている。仏教は天皇や時の権力者によって庇護《ひご》され、平安建都以来、とくに鎌倉・室町時代にかけて巨大伽藍を擁する寺院が次々と開かれた。

東本願寺、西本願寺、知恩院、東寺、醍醐寺、仁和寺、天龍寺、妙心寺、相国寺《しょうこくじ》、建仁寺など伝統仏教教団の総本山、大本山を挙げればキリがない。京都には3000以上の寺院が存在するが、うち本山格の寺院が100以上もある。そうした大寺院の門前には仏壇、仏具、法衣などの寺院御用達の業者が店を出している。

京都における寺内町《じないちょう》の繁栄はおもに浄土真宗が牽引していた。江戸時代初期、キリシタン排斥を目的とした寺請《てらうけ》制度が完成する。すると、敬虔《けいけん》な仏教徒であることを証明するために、庶民は仏壇、仏具を買い求め、家の中に祀《まつ》るようになっていった。

仏具文化を支えたのが真宗門徒衆《もんとしゅう》と言われている。門徒衆は江戸時代には本願寺門主から名号や阿弥陀仏を譲り受け、位牌《いはい》とともに厨子《ずし》に入れて祀るという習慣があった。とくに金工、漆工、蒔絵《まきえ》など、工芸技術の粋を極めた仏壇仏具の製造は、京都の熟練した職人のみが手がけることができた。それゆえ、京仏壇・京仏具は全国庶民の憧れの的であった。

江戸時代後期の天明期（1781〜89）には「京都の本山詣《まい》り」が全国的に流行する。すると、仏具は爆発的に需要を拡大。『商人買物独案内《あきんどかいものひとりあんない》』には洛中に31の仏具・仏壇商が存在したことを伝えているが、実際にはこの数よりもはるかに多い仏具商がいたと考えられる。全国から訪れた本山詣りの土産として、飛ぶように売れていったという。

とくに仏具店が多く軒を並べたのが、西本願寺界隈《かいわい》であった。

西本願寺の北東に、醒《さめ》ヶ井《がい》と呼ばれる地区がある。地名の由来は江戸時代、京の三名水に挙げられた「佐女牛井《さめがい》」と呼ばれる古井戸があったことにちなむ。

この醒ヶ井の地こそ、「丸に十」の社章で知られ、2002年にノーベル化学賞受賞者・田中耕一を出し、一躍世界にその名を轟かせた島津製作所の「源流」の地である。

島津の源流の、地下水脈をさらにたどれば、清和源氏の流れをくみ、信濃で井上姓を名乗った源頼季《よりすえ》に端を発すると伝えられている。のちにその子孫は播磨国（兵庫県南西部）

に所領を得て、移住。慶長年間（1596～1615）には、戦国大名・黒田官兵衛（如水）に仕えた井上惣兵衛《そうべえ》が最初に「島津姓」を名乗ったとされる人物である。

その後における言い伝えは諸説ある。関ヶ原合戦で敗れた薩摩の武将・島津義弘が大坂から船で逃げ戻る際に海が荒れ、明石に退避。そこに助け舟を出したのが惣兵衛であった。惣兵衛は義弘を自邸に招いて匿《かくま》い、その礼として義弘から「島津」姓と「丸に十」の家紋を贈られたという。

1990年代に島津製作所が実施した現地調査では、別説が浮かび上がってきた。島津義弘が京都の伏見からの帰路、豊臣秀吉から授かった播州に立ち寄り、領地の検分を行った。惣兵衛はその際に検分を手伝い、義弘を懇《ねんご》ろに世話して、その謝意として島津姓と家紋を授かったとする。

現在、以上の2説が存在するが、後者のほうが信頼性が高いと思われる。

島津惣兵衛は、黒田官兵衛の嫡男・黒田長政の筑前への国替えにともない、寛永年間（1624～44年）以降は筑前下上津役村《しもこうじゃく》（現北九州市）に移り住んだ。間もなく、江戸幕府による寺請制度が始まる。すると日本人すべての「イエ」が、ムラの菩提寺に帰属を命じられ、菩提寺に墓をつくるようになる。したがって、そもそもの本家筋である島津家の墓所は、現在にいたるまで九州・博多である。

2代目から5代目までは医師を務め、その後は農業を営んでいたとされている。9代目

西本願寺前にある島津製作所「源流」の地。向こうに西本願寺が見える

太七の代に、長男・島津利作が、「辺境に朽ちるに飽《あき》たらず」と、1813（文化10）年に上洛。醒ヶ井魚棚《うおのたな》上ルの地に居を定め、清兵衛と名乗った。そして、斜め向かいの浄土真宗本願寺派総本山西本願寺の御用仏具商として生業を立てていく。

島津家家譜にはこう書かれている。

「利作は長じて豪宕不羈《ごうとうふき》夙《つと》に大志を抱き僻境に老するを屑《いさぎよし》とせず文化十年の頃齢二十歳にして祖先より伝わりし島津侯恩賜の刀槍《とうそう》等を携へ京都に来り醒ヶ井魚棚上る処に住し佛器三具足の製造を業とし清兵衛と改む其技術精度良にして家業殷盛《いんせい》なり」

【意訳】利作は成長するに従《したが》って、その豪放磊落《らいらく》な性格から大志を抱き、このまま、地方で死んでいくことを選ばず、文化10年、20歳のころに祖先より伝えられてきた島津義弘公から下賜された刀や槍《やり》を携えて京都に向かった。醍ヶ井魚棚の地に住み、仏具の製造を生業《なりわい》とし、清兵衛と改名した。その仏具製造の技術は大変優れており、たいそう繁盛した。

## 源蔵誕生

ちなみにこのころの屋号は不明である。

清兵衛は伏見の雑穀商の娘キヌと夫婦になり、2男1女をもうけた。長女をカツ、長男を勇助、次男を源蔵と名付けた。この次男の源蔵（初代）こそが、島津製作所を興した人物である。仏具店は勇助が跡を継ぎ、源蔵は1860（万延元）年に分家して、木屋町二条に移り住み、本家と同じく仏具商を営んでいた。

島津一族が手がけた仏具は具足を主軸とする鋳物であった。具足とは「甲冑《かっちゅう》」としての意味もあるが、本堂内陣や仏壇などに備えられる香炉、花立て、蠟燭《ろうそく》立ての3点、もしくは花立てと蠟燭立てを一対にした5点セットの仏具のことである。

具足は黒光りしていて目立たない存在だが、そこに花を供え、香をたくことで本堂内陣や仏間を「極楽浄土」に仕立て、荘厳にする役割がある。

源蔵は1839（天保10）年5月15日に生まれた。父清兵衛から具足を主とする鋳銅《ちゅうどう》、金工技術を学び取り、若くしてその名は仏教界や仏具業界に知れ渡るほどだったという。成人を迎えると、近所の染物の型紙商「菱屋」に婿入りする。ところが幕末の織物業界は、西陣を襲ったたびたびの大火、桐生や長浜などの絹織物産地の台頭などで大不況に見舞われ、菱屋はほどなく倒産してしまう。そこで清兵衛は源蔵を離縁させて、仏具商として分家独立させたのだ。

だが、時代が明治に切り替わろうとしたその時、京都の仏具商にとって悪夢のような事態が押し寄せてきた。

1868（慶応4、明治元）年、太政官布告「神仏分離令」が出されるのだ。

神仏分離とは、それまで混淆《こんこう》（習合）状態であった仏（寺院）と神（神社）を明確に切り分けよ、ということである。神仏分離令の目的は、国家仏教から国家神道への切り替えにあった。

ところが、神仏分離令を拡大解釈した為政者や民衆が寺院を破壊にかかったのだ。これが「廃仏毀釈」である。

廃仏毀釈運動の最初は、比叡山延暦寺と習合していた近江坂本の日吉大社《ひえたいしゃ》において。長年、延暦寺の僧侶に虐げられていた日吉大社の神官が暴動を起こし、社から僧侶を追い出し、仏教由来の仏像・仏具・経典類を破壊したのだ。日吉大社の暴動を皮切りに、廃仏毀釈は全国に波及した。

近江坂本からひと山越えた京都でも、早くに廃仏毀釈の機運が高まってきた。京都は巨大寺院を多数有する仏都である。一気呵成《いっきかせい》に新時代への転換を図りたい新政府は、京都の旧態依然とした仏教支配を瓦解させ、国家神道へと一新させることに大きな意味を見出した。そして、仏教排斥に着手していく。

石清水《いわしみず》八幡宮や北野天満宮などでは、境内地に仏塔や仏像を祀る施設が点在し、多数の社僧が住持していた。しかし、社僧は悉《ことごと》く還俗《げんぞく》させられ、仏像・神像の類い、仏具などは撤去させられ、純然たる神社として再出発を余儀なくされた。

祇園社感神院という寺院とも神社ともつかぬ施設は、八坂神社と名称を変えた。八坂神社は誰もが知る祇園のランドマークで、日本三大祭りの祇園祭を主祭する神社であるが、そもそもは仏教的要素が濃かったのだ。

さらに、京都中の寺院から集められた金属製の什器《じゅうき》は溶かされて、京都初の鉄橋である四条大橋の材料として姿を変えた。

京都の廃仏毀釈の例を挙げれば、キリがない。

寺院を潰して、その土地なり、伽藍なり、仏具なりを公共物に利用することこそが、明治初期の京都にとっては必要不可欠であったのだ。

## 廃仏毀釈を主導した知事

京都における廃仏毀釈を主導した人物。それが2代目府知事・槇村正直だった。槇村は1834（天保5）年5月22日、長州藩士、丹羽正純の次男として生まれた。21歳で長州藩士、槇村五八郎満久の養子になると、20代を長州藩の密偵として暗躍する。槇村は、維新政府を牽引した同郷の先輩、木戸孝允《きどたかよし》に仕え、懐刀《ふところがたな》として重宝された。1868（明治元）年、35歳の時に木戸に推挙されて京都府に出仕する。その才覚は認められ、みるみるうちに昇格していった。38歳で部長級である大参事に、42歳で副知事にあたる権知事《ごんちじ》に就任した。

当時、初代知事は明治新政府の参与であり、大津裁判所総督を務めた長谷信篤《ながたにのぶあつ》。長谷は温厚な人柄で知られた。

槇村が正式に知事に就任するのは1875（明治8）年であるが、維新直後には府の実権を掌握していたとみられる。槇村は、温厚な長谷とは対照的に激しい性格の人物であった。見た目からして強面《こわもて》で、口も見えないほどの長いヒゲを伸ばし、頭は禿《は》げ上がっていた。槇村は強権、独断専行型の政治家でたびたび、府議会との対立を引き起こしている。

その一方で槇村は、盲目の元会津藩士、山本覚馬らを府顧問に迎え、京都博覧会を主導するなど京都の近代化に貢献したことでも知られている。のちに槇村ら京都の要人に才覚を見出された民間人が、島津源蔵・梅治郎父子であった。

槇村は「明」と「暗」を併せ持つ政治家であり、その評価は分かれる。しかし、この為政者の負の側面の最たるものに、仏教の迫害行為があったことは、まず述べておかねばならない。

2代目京都府知事・槇村正直

槇村は府で実権を握ると、さまざまな廃仏毀釈につながる政策を打ち出した。1871（明治4）年10月、次のような府令を出す。

当府下町々の内従来大日・地蔵の像を置き、町中にて是を祭祀し無益に米銭を寄付し、時としてハ多人数集会参拝し無用に時日を費し、甚敷《はなはだしき》ハ軒役竃《かまど》別ニ割り掛出金いたさせ、剰《あまつさえ》利生霊顕などゝ唱へ、諸人之惑を醸すこと奇怪之至り成、試ニ考よ、此儀霊顕利生之功徳ありて尊敬すへきものならは、如此《かくのごとき》路傍ニ麁略《そりゃく》し置くへからす、又其在る所必しも無難繁栄なるにもあらす、其無き町必しも疲弊災難あるにもあらす、或ハ溝中ニ落ち塵芥《じんかい》中ニ倒れたるあれとも、是を顧るものなきにいたる、如此ハ畢《ひっ》竟《きょう》仏ニ狎《な》れて其威徳を瀆《けが》すに非《あらざ》れハ、邪説《じゃせつ》人を惑し世の妨けを成すといふへき事なれは、自今《いまより》停止候条、在来之堂祠偶像等早々取除可申事

但、堂祠其外売却相成《あいなる》ものハ、売払代料其組小学校へ相納置可申事

成ものハ、同断小学校へ取片付置可申事

右之趣諸町組《ちょうぐみ》江無洩相達《もれなくあいつたわ》るもの也

辛未《かのとひつじ》十月　　京都府

【意訳】京都の各町内には古くから大日如来や地蔵菩薩などの石仏が祀られ、賽銭《さいせん》や米などを供えている。ときにはその前で集会などを開いて、金銭の貸し借りの場にもなっている。けしからんことにご利益があるなどとまつりあげ、人びとを惑わしている。町人は霊験あらたかで功徳があるなどと主張するが、それならば路傍などに置かず、きちんと祀るべきだ。それに石仏に祈ったところで実際には災難が起きているではないか。早々に撤去して、地蔵堂などは売却し、その資金を小学校に寄付せよ。

翌1872（明治5）年には、さらに次のような府令を出している。

従来之流弊七月十五日前後を以而《もって》盂蘭盆会《うらぼんえ》と称し、精霊迎・霊祭抔迚《などとて》、未だ熟せさる菓穀を采て《いろどり》仏ニ供し、腐敗し易き飲食を作而《つくりて》人ニ施し、或は送り火と号して無用之火を流し、或ハ川施餓鬼《せがき》・六斎念仏・歌念仏など無謂事共《いわれなきことども》を執行し、或は六道之迷を免る迚《といって》、堂塔ニ一夜を明し、又は千日之功徳ニ充《あて》るとて之か為に数里之歩を運ふ等畢竟悉《ひっきょうことごと》く無稽《むけい》之謬説・付会之妄誕《もうたん》にして、且《かつ》追々文明ニ進歩する児童之惑をも生し候事ニ付、自今一切令停止候事

右之通管内無洩相達るもの也

壬《みずのえさる》申七月八日　　京都府

【意訳】京都市民は毎年7月15日前後のお盆の時期に、町内の地蔵を囲んで地蔵盆なる行事をやっている。夏場の食べ物が腐敗しやすい時期に供え物をし、不衛生な食事を提供している。また、送り火などと称する焚き火をしたり、根拠のない宗教行事を執り行ったり、寺にこもって一夜を明かせば1000日の功徳があるとか言っている。子どもらは明治維新をきっかけに、新しい文明を学ぼうとしているのに、科学的根拠のない世迷いごとを続けるのはけしからん。一切の仏教行為を停止せよ。

右記史料は地蔵盆、五山の送り火などの仏教的習慣を禁止するものだ。仏像や仏具を取

り上げるだけではなく、長年京都の人の生活に根ざしてきた仏教習慣をも槇村は否定したのである。

そして、京都仏教界にとってダメ押しの痛打となったのが寺領の上知《あげち》である。上知とは土地の召し上げを意味する。京都では１８６９（明治2）年から上知が始まった。

京都市史料である『京都の歴史　7』によると、強制的に接収された寺院とその土地面積は次の通りである。

高台寺は江戸時代には9万５０４７坪あったが、大部分が召し上げられ、1万５５１５坪に減らされた。清水寺は15万６４６３坪が1万３８８７坪に、東本願寺は4万６６１４坪が1万８６００坪に、相国寺が7万坪から2万７０００坪に、大徳寺は6万９０００坪が2万４０００坪に、鞍馬寺《くらまでら》は35万７０００坪が2万４０００坪に、鹿苑寺《ろくおんじ》（金閣）は72万坪が27万坪、知恩院は6万坪が4万４０００坪、建仁寺は5万４０００坪が2万４０００坪にまで減少した。

上知に伴い、本山が抱えていた塔頭《たっちゅう》寺院も軒並み数を減らした。たとえば相国寺は40院が16院になり、大徳寺は44院が12院に大幅に数を減らしている。

廃仏毀釈によって、京都仏教界の存続すら脅かされるような状況のなかで、寺院の周辺産業である仏壇・仏具店は直接的な打撃を受けることになった。廃仏毀釈が激しかった地域では、民家の中の仏壇や仏具が没収され、庭先で焼かれたというケースもあった。

島津源蔵は先行きを案じつつも、刻一刻と変化する京都を見守っていた。そうした仏具商受難の時期は長く続き、源蔵が仏具製作を再開していくのは明治10年ごろと思われる。だが、残念なことに現在、初代源蔵が受注した仏具は2点ばかりが現存するだけであり、仏具と源蔵との接点を探るのは難しい。この2点は源蔵と、息子の梅治郎（二代源蔵）の共同作品と言えるものだ。もっとも当時、島津父子は木屋町二条の自宅兼工房で、すでに理化学機器の業を興し、仏具は受注があれば生産する程度のものであった。

文献には、上京区の引接寺《いんじょうじ》に大鰐口《おおわにぐち》が納められたとある。引接寺は通称、千本ゑんま堂と呼ばれる真言宗寺院だ。嵯峨清凉寺や壬生寺《みぶでら》と合わせて京の三大念仏狂言の舞台としても知られている。その舞台に吊り下げるために源蔵の大鰐口が納品された。同寺本堂前の空き地で鋳造したという。1880（明治13）年のことだ。

大鰐口とはおもに寺院の堂宇の軒にさげ、鉦《かね》の緒で打ち鳴らす鋳銅製の仏具のことである。外見は「どら焼き」のようだ。下半分がワニの口のように裂けていることから鰐口と呼ばれている。

引接寺の山門をくぐった。

ゑんま堂の正面、賽銭箱の上部に直径1メートルほどの大鰐口がかけてあった。ここまで大きな大鰐口のある寺院は、京都でもあまり存在しない。左の耳が少し欠けているが、黒光りした本体は堂々たる存在感を放っている。時折、参拝客が鉦の緒で「がらん、がらん」と打ち鳴らし、手を合わせてこうべを垂れる。

引接寺の狂言堂は1974（昭和49）年に失火で焼失。1977（昭和52）年にも火災で本堂が焼け落ちてしまった。

島津源蔵が製作した千本ゑんま堂の大鰐口

現住職の尼僧によれば、この火災や再建などの混乱で、この大鰐口が島津父子作か、再建時に別の鰐口にすり替わったかは、わからなくなってしまったという。島津製作所創業記念資料館に伝わる製造当時の写真と、ゑんま堂のものと照合したところ、そのデザインはほぼ一致しているように見える。住職に話を聞いた。

「二代源蔵（梅治郎）さんのほうから先々代住職に『何か（仏具を）つくらせてほしい』と依頼があったみたいですわ。うちと島津さんの付き合いのきっかけは、よう知りません。明治時代、（廃仏毀釈が収まって）引接寺には人が押し寄せ、たいそう賑《にぎ》わった。逆に、当時は島津さんの経営は厳しかったみたいで、先々代住職が大鰐口の製作を依頼すると、島津さんからえらい感謝されたと聞いています」

もうひとつ、源蔵・梅治郎作の現存する仏具として確実なのは、東山区の東福寺最勝金剛院の九条兼実《かねざね》の廟所である八角堂の宝珠だ。宝珠とは仏塔の最上部に取り付けられる飾りである。下部がぼてっとした水滴の形状をしており、災いを滅し、あらゆる願いを叶《かな》える存在とされている。

源蔵がモデルとしたのは奈良興福寺の南円堂の宝珠である。源蔵は興福寺に赴くと屋根によじ登り、宝珠の寸法を測り、製作の参考にしたと伝えられている。その宝珠は火焔《かえん》細工が見事である。この作品を見るだけでも、いかに父子が優れた仏具職人であったかがわかる。宝珠は、納品されてかれこれ140年ほどが経過すると思われるが、黄金色の輝きは当時の面影を十分に伝えていた。

やはり島津源蔵が製作した東福寺最勝金剛院にある九条兼実の廟所・八角堂の宝珠

## 全国初の小学校

元号が明治に改元され、天皇が最初の東幸をした直後、1869（明治2）年正月すぎ。にわかに市民の間から、天皇の還幸を願う悲壮な声が上がりだした。

5年前に起きた禁門の変に伴う「どんどん焼け」では洛中の半分が焼け落ちた。東本願寺や六角堂などの寺院や、祇園祭の山鉾までもが燃え、祇園祭も翌年は中止に追い込まれていた。さらには1868（慶応4）年1月におきた鳥羽・伏見の戦いでは京都南部が戦場と化した。そのため、物価は高騰し、治安は悪化を極め、京都は深刻な政情不安に陥っていた。

「このままでは京都は完全にダメになってしまう」

初代府知事・長谷信篤や大参事・槇村正直にとって、京都の立て直しは喫緊の課題であった。

京都府は1869（明治2）年4月、商工業を奨励する勧業方を設立。すると、新政府は15万円の勧業基立金《きりゅうきん》を貸し付けた。翌1870（明治3）年には、さらに租税免除の特典と産業基立金10万円が与えられた。産業基立金は、天皇が都を東京に遷したことに心を痛め、民心鎮撫《ちんぶ》のために下賜したもので、通称「お土産金」と呼ばれた。つまり、合わせ

御所の禁門

て25万円が、復興の原資となったのだ。

仮に1円の価値を現在の換算相場の目安2万円に置き換えると、50億円の金額になる。しかし、その軍資金を生かすも殺すも施政方針次第である。

槇村らは考えた。

「京都の再生には、産業振興が不可欠だ。そのためには人材育成しかあるまい」

たしかに産業振興といっても、優れた技術者は東京に流れ出す一方であった。

一朝一夕の文明開化はあり得ない。焦らず、優れた人材を育成することが、結局は京都の未来を決める。

京都では、それまで寺子屋や私塾での教育が盛んに行われていた。しかし、幕末維新の混乱や廃仏毀釈によって、地域は寺ごと焼かれたり、破壊されたりして教育どころではなかった。

そこで、槇村が目指したのが、自治組織の再編成と小学校の設立を同時にしていくことであった。

本府に於て小学校を創設したるは、学制発布以前にして実に明治二年に在り。之より先明治元年王政維新の大業《たいぎょう》定まるや、車駕《しゃが》一たび東幸し、千有余年来の帝都の地は一朝にして荒寥寂莫《こうりょうせきばく》の野たらんとせり。識者之を憂へ、之を済《すく》ふは教育を普及して人材を養成し、産業を振興して富力を増進するに若《し》くはなしとなし、特に教育の事業を興恢《こうかい》せんことを企てたり。（『京都府誌　上』）

【意訳】京都において、小学校が創設されたのは全国に学制が発布される前の明治2年のことだった。これより先、明治元年の王政復古に伴う明治維新の大方針が決まるが、天皇が去った京都の地はほどなく荒れ果てていった。知識人たちはこれを憂い、この状況を打開するには人材教育をすすめ、産業を振興させて、社会を豊かにしていくしかないと考え、とくに教育事業を最優先にすることを目指した。

京都は平安建都以降、直線の道路で区分けされた「碁盤の目」が特徴の街である。東西南北の道路にはさまれた街区を「町《ちょう》」と呼び、「町」が複数集まった連合体「町組《ちょうぐみ》」という自治組織が構成されていた。

これを再編成し、それぞれの町組に小学校を建設するという。さらに町組ごとに警察、消防、種痘場などの行政・保健機能も持たせるという画期的な試みであった。

まず、もっとも小さい自治組織単位「町」を27ほど集め、「番組（旧町組）」という組織単位に編成する。番組は、京都の三条通を境にして北を上京《かみぎょう》、南を下京《しもぎょう》と分け、それぞれ計33番組（計66番組）を組織した。

原則的には1番組ごとに1つの小学校を設置。2カ所のみ、2つの番組で1校としたので、計64校を設置した。この町組制度は、現在にいたるまで受け継がれてきている。

じつは、全国に先駆けて小学校を整備したのが京都であった。新政府による学制発布は1872（明治5）年だから、その3年も前に64校も開校しているのは驚くべきことである。なかでも全国最初の小学校として産声をあげたのが、上京第二十七番組小学校（柳池《りゅうち》小学校）であった。

1869（明治2）年5月21日。長谷知事、槇村大参事らが参列するなか、上京第二十七番組小学校の開校式が挙行された。当時の校舎の写真を見ると、校舎に火の見櫓《やぐら》が設置され、消防の機能も備えていることがわかる。一部は石造りの洋風建築で、校庭にはのちにガス灯が設置された。

番組小学校では初、中、幼の3学年に編成。授業科目は句読、暗誦《あんしょう》、習字、算術の4科目で春と秋には定期試験が実施された。小学校の運営費は、町衆からの寄付でまかなわれたというから、京都市民の教育にかけるなみなみならぬ意気込みが伝わってくるようである。

小学校の設置完了後の翌年には中学校の開校、さらに語学学校として独逸学校、英学校、仏学校を、1872（明治5）年には、華族や士族の子女の学校である女紅場《にょこうば》を3校開校している。

これほどスピーディに各種の学校設立が可能になった背景のひとつとして、神仏分離政策の一環として接収された寺院や境内地が、学校としてそのまま利用されたケースが多かったことが挙げられる。

商工業の発展の礎は、教育にあり――。目先の経済政策よりも、時間をかけて人材を育成する施策は、千年の都・京都らしいものであったといえよう。

以上の京都の番組編成と、小学校設立を実質的に主導したのは大参事であった槇村正直であった。しかし、当時の京都に忘れてはいけない〝頭脳〟が存在した。

槇村がもっとも信頼を寄せ、府の顧問に抜擢《ばってき》した人物が山本覚馬であった。覚馬は同志社を設立した新島襄《にいじまじょう》の妻・八重の兄にあたる。

覚馬はもとは会津藩の砲術指南役であり、禁門の変では長州藩に対して果敢に戦い、武勲をあげている。このころ、覚馬は病によって失明。脊髄も傷つけ、足も不自由という満身創痍《そうい》の状態であった。

鳥羽・伏見の戦いの勃発時には会津藩を後方支援しようとして捕らえられ、薩摩藩邸の牢《ろう》に収監される。だが、この幽閉時に覚馬は新政府のあるべき姿を、獄中の会津藩同志と語り合い、新政府への建白書『管見』としてまとめあげる。

『管見』は、じつに先見性に富んだものだった。三権分立を説いた「政体」から始まり、「学校」「建国術」「製鉄法」「貨幣」「女学」「醸酒法」「条約」「港制」など23項目にわたっている。

山本覚馬京都府顧問

とくに「建国術」では、商工業の重要性を説き、「学校」のカテゴリでは、「我国ヲシテ外国ト並立文明ノ政事《まつりごと》ニ至ラシムルハ方今《ほうこん》ノ急務ナレバ、先ヅ人材ヲ教育スベシ」(『京都府誌』)

と、諸外国に負けない文明国家になるためには、まず人材教育である、と強調している。覚馬の『管見』は薩摩藩の役人から西郷隆盛の手に渡り、西郷は心底感心したという。やがて覚馬は釈放され、病院機能を備えた仙台藩邸に収容される。その時、岩倉具視《ともみ》と面会。それがきっかけとなって1870(明治3)年4月に京都府顧問に就任することになる。「弁官《べんかん》に稟准《ひんじゅん》シ、洋学者山本覚馬ヲ本府ニ登庸シ、以テ開物勧業ノ道ヲ伝習セシム」(同)。

山本覚馬は槇村の下、行政機能や産業、文化にいたる各分野で活躍した。新島襄が1875（明治8）年に同志社英学校（同志社大学）を創設する際には、現在の今出川《いまでがわ》キャンパスの敷地を譲るなど、とくに教育分野で尽力した。

さて、学校設立を呼び水にして、いよいよ京都復興の狼煙《のろし》が上げられることになる。槇村は同年に「京都府施政の大綱に関する建言書」をまとめあげているが、その際、覚馬の『管見』を大いに参考にしたと言われている。

一　京都市の全域を職業街とし、器械を使った産業を推進させること
二　遊休地を開墾し、地場の農産物の生産を盛んにさせること
三　水理を開き、道路を造成することで物流を増強させ、商業を盛んにさせること
四　職業訓練を推し進め、遊民を仕事に就かせること
五　常に海外の情報を取り入れ、市民の産業にたいする知見を高めること

上記の建言書をもとにした、京都における産業推進の実績は以下の通りである。

1869（明治2）年　西陣物産会社の設立
1870（明治3）年　舎密局の開所

1871（明治4）年　製革場の開設、勧業場の開設
1872（明治5）年　牧畜場の開場、養蚕場の開設
1873（明治6）年　製靴場の開設、栽培試験場の開設、製糸場の開設
1874（明治7）年　伏水製作所の開業、合薬会社（製薬局）の開業
1875（明治8）年　織工場の開設、化芥所《かかいしょ》（ゴミリサイクル施設）の設置（後の京都環境局）
1876（明治9）年　染殿の開設、梅津製紙場の開業
（光永俊郎『京都を復活させた敏腕知事　文明開化に尽力した槇村正直』）

覚馬と並び、新生京都の立役者となったキーマンをもうひとり紹介せねばならない。明石博高《ひろあきら》という人物だ。

博高は四条堀川の医薬商生まれ。槇村ら長州出身者がイニシアチブをとる府政のなかで、博高は少数派を占める生粋の京都人であった。鳥羽・伏見の戦いでは医師として、戦傷者の救護に当たっている。

博高は若くして蘭学を学び、堀川六角の自宅で、「煉眞舎《れんしんしゃ》」という理化学研究会を主宰。1869（明治2）年に開校した大阪舎密局に勤務した。

「舎密」とはオランダ語で chemie と書き、「化学」を意味する。舎密局はいわゆる、理化

学研究所だ。のちに大阪舎密局は京都大学の前身校である、第三高等学校になっている。

博高は大阪舎密局でクーンラート・ハラタマから薫陶を受け、槇村や山本覚馬のすすめで京都府に出仕する。ハラタマはオランダの化学・医学者で長崎医学伝習所や大阪理学学校で教鞭をとった人物である。

博高は長州藩邸の一部を借りてつくられた勧業場の敷地の一角に、京都舎密局を立ち上げる。京都舎密局立ち上げには新政府から支給された先述の産業基立金のうち、1万342円が製造器械購入費として充てられた。

初代京都舎密局長・明石博高

京都舎密局は1870（明治3）年12月23日、仮局として設立。翌年3月7日には正式に開局し、その初代局長に明石博高が就任した。

その設立にあたり、

「理化商科ノ学ヲ伝習シ。及ビ鉱物薬剤若《も》ク《し》諸飲料ヲ煉製シ。流伝ノ薬剤。舶来ノ飲食物ヲ検明シ。以テ毒物ヲ除キ。民生ヲ衛《まも》ル」

との目的を掲げている。大阪舎密局が講義中心であったのにたいし、京都舎密局では講義と実業とを兼ねていた。舎密局では「伝習生（学生）」を集め、教えていた科目は、化学、物理、地理、鉱物、生物学、植物学など多岐にわたった。

開発・製造されたのは、リモナーデ（レモネード）、鉄砲水（ラムネ）、ワイン、ビールなどの飲料のほか、石鹼、氷砂糖、七宝焼、ガラス、写真、印刷などさまざまであった。

京都舎密局の立地は、府が産業振興の拠点とする目的でつくった勧業場の一角。最初は仮局として開かれたが、事業が軌道に乗ると手狭になりだした。次第に施設は増床を繰り返して拡張し、最終的には鴨川沿いに洋館2階建ての本部棟および7棟の製造場（工場）が並ぶ理化学の一大拠点となった。

舎密局は開局以来、5年間で3000人もの受講生を輩出した。彼らは全国各地に散り、産官学の各方面で活躍をしていく。近代日本における理化学の発展に、京都舎密局は大いに寄与したのだ。

現在、舎密局の本部棟があった場所に京都市立銅駝《どうだ》美術工芸高等学校が、製造場が立地した場所にはザ・リッツ・カールトン京都が建っている。残念ながら、かつての面影はほとんど残っていない。

銅駝美術工芸高校の校舎はアール・デコ様式の重厚かつ古風な面持ちであるが、舎密局の元施設ではない。舎密局が役割を終えて取り潰された後の1938（昭和13）年建築のものである。当時を伝えるのは、同校舎脇に「舎密局跡」と書かれた看板のみである。

水運の高瀬川の起点となる一之船入のあたり

そこには、

「本格的な理化学の講義は島津製作所創業者・島津源蔵ら多くの人材を育て、京都の近代産業の発達に大きな役割を果たした」

とある。

この舎密局と地続きの場所に、高瀬川の一《いち》之船入《のふないり》がある。一之船入は、船の荷下ろしや方向転換を行う場所であり、京都と伏見を結ぶ運河・高瀬川の起点である。高瀬舟は最盛期には京都に48隻、伏見に110隻を数え、船頭は700人にも上ったという。

一之船入の北側に漆喰壁《しっくいかべ》の古い館（**11頁写真**）が建っている。まさにここそが、初代源蔵が醒ヶ井の仏具店から分家独立した新天地であり、その後60年間にわたって源蔵・梅治郎父子が暮らし、島津製作所本店としても使用された場所である。つまりは島津製作所の発祥の地なのだ。

最初の住まいは一之船入に面する、間口三間半の狭い長屋の一角であったが、事業拡大に伴い隣接する長屋を買い取り、さらに北側に工房兼住居を拡大していった。

この建物は現在、島津製作所 創業記念資料館の一部として一般に公開されている。2011（平成23）年に改築工事を実施しており、島津源蔵・梅治郎父子の足跡と、明治期京都の産業や島津製作所の歩みを、ここで知ることができる。

# 第2章

# 京都舎密局

## 舎密局への出入り自由

源蔵が分家し、この木屋町にやってきたのが１８６０（万延元）年のことだ。なぜこの地を選んだかについては、高瀬川の存在が大きいだろう。

高瀬川は江戸初期の慶長年間（１５９６～１６１５）に、豪商角倉了以《すみのくらりょうい》が京都と伏見とを結ぶ水路として開いたもの。主に米や炭などの生活物資の運搬に使われた。角倉了以別邸が高瀬川の起点に位置する一之船入の北側一帯にあった。島津源蔵邸も旧角倉邸の一角に建てられた。商売する上ではこの上ない立地にあった。

ちなみに一之船入の西方向に目をやれば、１９２７（昭和２）年に竣工した島津製作所の旧本社のビルがちらりと見える。ふんだんにアーチを取り入れたデザインで、玄関には今でも「島津製作所」の看板が掛けられている。土地と建物は島津製作所が所有しており、現在は、人気の結婚式場兼レストランになっている。

源蔵邸の周辺には、後に京都舎密局《せいみきょく》をはじめとする府のさまざまな機関の施設が建設されていく。さらには槇村正直邸、山本覚馬邸など府の要人の邸宅が集結していた。たまたまの巡り合わせだが、この地の利が源蔵にとっていろいろな出会いを生み、彼の事業にとって大きな追い風になっていく。

京都舎密局の建物（本局）。場所は現在の銅駝美術工芸高校

源蔵は三田忠兵衛という人物を介して明石博高と出会うと、意気投合。また源蔵と覚馬はご近所同士であり、恐らくは覚馬の推薦もあったと思われる。博高は源蔵の舎密局への出入りを許す。

舎密局への〝パス〟が得られたことは、源蔵にとっては願ったり叶《かな》ったりの出来事であった。本業である伝統的仏具の製造は細々と続けていたものの、すでに京都は近代化へと舵《かじ》を切り、源蔵の興味関心はむしろ科学分野に向いていたからである。

とくに、ドイツをはじめとする西洋諸国から最新の理化学機器がわが国にもたらされたことは、源蔵の好奇心を大いに刺激した。番組小学校整備にともない、学校の授業で使われる理化学機器の需要は高まりを見せ、源蔵もそこに商機を見出そうとしていた。

「お寺が学校に変わるのは時代の流れや。仏具はもうあかんかもしれへん。今のうちに科学の知識を習得して、実験器具を手がけるんや。そうや、西洋鍛冶屋《かじ》や……」

時代の変化に呑《の》み込まれるのではなく、それを逆手にとって推進力にしていく。源蔵の決心は固まっていた。

1875（明治8）年3月、源蔵は理化学機器の製造・修理を手がける島津製作所を創業するのである。

『京都府誌　下』（1915〈大正4〉年刊）にはその沿革がこう書かれている。

「府下に於て製産する教授用具の主なるものは各種学校用理化学機械及び博物標本にして、凡《すべ》て京都市に於て製産する外、或種の標本は愛宕《あたご》郡に於て少数の製産あり。理化学機械は明治五年小学校設置の当時島津源蔵大《おおい》に其の需要起るべきを察し、本府設立の舎密局に就き之が製作の技術を研鑽《けんさん》し、八年三月木屋町二条下る町に於て其の製作に従事せり。是れ実に我国斯業《しぎょう》の鼻祖にして現今の島津製作所即《すなわち》　是なり」

【意訳】京都府において生産していた教育用品の主たるものは各種学校用の理化学機器や標本類だ。すべて京都市で生産したほか、標本の一部は京都北部で生産した。理化学機器は京都に小学校が設置された時、島津源蔵氏が今後の需要拡大を予測し、京都府舎密局に入ってその製造法を習得していった。そして明治8年3月には木屋町二条で工房をひらいた。これがわが国における会社事業の始まり（実際には同時期、もしくはそれ以前に創業した会社は複数存在した。東芝の前身の「田中製作所」も1875年創立）であり、今にいたる島津製作所の源流である。

しかし、業を興したとはいえ、いきなり一人前に商売を営めるようなものではなかった。当初は舎密局から依頼される機械の修理をこなす日々が続いていた。つまり、この時点ではまだまだ家内工業の域を出なかったわけである。

だが、源蔵にとって願ってもない出会いが訪れる。

源蔵が舎密局に出入りし始めて4年ほどが経過したあるとき、ひとりのお雇外国人が教授としてやってきた。オランダ人薬学者アントン・ヨハネス・コルネリス・ゲールツ（オランダ語では「ヘールツ」）である。

初代島津源蔵

ヘールツはオランダのオウデンダイクの薬業家に生まれ、自身も薬学を修めて陸軍薬剤官となり、ユトレヒトの陸軍医学校で教鞭をとった人物だ。1869（明治2）年、新政府の招聘を受けて26歳の時に来日。長崎医学校（現在の長崎大学医学部）に着任した。

ヘールツは長崎に入ってくるマラリアの特効薬であるキニーネの分析、鑑定に携わり、薬品検査の必要性を強く説いた。その結果、1874（明治7）年に日本で最初の薬品検査機関・司薬場《しやくじょう》（東京・日本橋）がつくられることになった。これは劣悪を極めていた当時のわが国の衛生を、飛躍的に改善させる第一歩となった。

そこで、すでに薬物検査の設備が整っていた京都舎密局の敷地に、新たに司薬場を設けることになったのが1875（明治8）年2月のこと。京都司薬場の開設は、薬学に通じていた明石博高悲願の事業であった。

ヘールツは京都司薬場の薬品試験監督に任命される。同時に舎密局における薬学の指導や日本人教員の養成など、幅広く手がけた。

しかしながら京都司薬場は、同時期に大阪司薬場が完成したことで、早々にその役割を終えてしまった。京都司薬場閉所に伴いヘールツは横浜司薬場に転勤となり、京都を去っていった。その後ヘールツはコレラなどの防疫対策に尽力し、わが国における衛生改善に大いに寄与することとなった。

京都司薬場でヘールツが教鞭を振るったのは、わずか1年半。短い期間であったが、源蔵はその多くを吸収し、理化学機器製作の要諦を習得していった。

ヘールツは源蔵にたいし、熱意をもった技術指導を行い、源蔵は理化学機器の製造に昇華させていった。源蔵にとってさらなるチャンスがやってきたのが１８７７（明治10）年8月であった。

大久保利通の提唱によって、わが国最初の内国勧業博覧会が開催されたのだ。内国勧業博覧会は欧米のさまざまな技術に、日本のものづくりの技術を融合し、新しい産業分野を打ち立てていくことを大きな目的としていた。

会場は東京・上野公園。約３万坪の敷地に美術、農業、機械、園芸、動物に関するパビリオンが建設された。初回の出品数は１万４４５５点にも及び、約３カ月間の会期中の入場者は45万人に上った。

そこに源蔵も出品した。医療用器具である「錫《すず》製ブジー」だ。このブジーは京都の薬舗の主人、織田卯一郎が源蔵に作製を依頼したもの。ブジーはゾンデともいい、食道や尿道などの狭い管腔に挿入して病状を診たり、診断をしたりする医療器具だ。

源蔵は鋳物仏具製造で培った技術を駆使し、ブジーの製作に心血を注いだ。源蔵が手がけたブジーは、「其ノ用ニ適スルヲ観ル」（大変、実用的な優れた作品だ）として、大久保から褒賞を受賞する金星をあげた。

次いで4年後の１８８１（明治14）年に実施された第２回の内国勧業博覧会では蒸留器

を出品。この時には「有効賞2等」を受賞している。「内国勧業博覧会事務報告書」には、ヘールツの下で冶金学を学んだ成果である旨が書かれている。

京都府ノ島津源蔵亦《また》蒸留器ヲ出品シ、製作堅牢装置甚《はなは》タ完備ナルヲ以テ亦《また》有効二等ニ擬セラレタリ。父清兵衛鋳物ヲ業トス、是ヲ以テ源蔵幼ヨリ其法ヲ学ブ。明治八年蘭人『ヘールツ』京都ニ到リ司薬場ニ従事ス。源蔵因《より》テ冶金術ヲ学ビ、理化学機械ヲ模製ス。

【意訳】京都府の島津源蔵は蒸留器なるものを出品し、その作品はじつにしっかりとつくられており、完璧なものだ。したがって有効賞2等が授与された。父の清兵衛は鋳物を生業としており、源蔵は幼いころからその技術を学んだ。明治8年にオランダ人のヘールツ博士が入洛し、司薬場で従事していた。源蔵はそこで金属の加工技術を学び、理化学機器の製作にあたった。

理化学機器という新分野を切り拓《ひら》き、2度にわたる内国勧業博覧会での出品と、褒賞受賞という華々しいデビューを飾った島津源蔵。それは日本が科学立国として産声をあげた瞬間でもあったのかもしれない。

1877（明治10）年に開業した初代・京都駅

東京で第1回内国勧業博覧会が行われた1877（明治10）年は京都において、大きな節目の年となった。明治天皇の、東京奠都以来の京都還幸が実現したのである。

天皇は復興途上の京都に入り、その荒廃ぶりに衝撃を受けた様子だったという。そして、毎年4000円、12年間にわたって御所へ保存金を支給することを宣言した。このことが、京都御苑の整備、さらには京都三大祭りのひとつである葵祭の再興、古寺への援助などにつながった。ひいては「京都の歴史や伝統を保存し、『日本らしさ』『京都らしさ』を発信する起点となっていった」（小林丈広、高木博志、三枝暁子『京都の歴史を歩く』、岩波新書、2016年）という。

明治天皇はこの行幸で、京都―神戸間の鉄道開業式に臨席するのが大きな目的であった。京都における鉄道事業としては、1895（明治28）年、日本初の路面電車開業が知られているが、それよりも18年も早くに京都停車場（後の京都駅）が完成している。日本最初の鉄道である新橋―横浜間に次いで、この京都―神戸間が国内で2番目である。

京都停車場は現在の京都駅より若干北側にずれており、京都タワーの前のあたりだ。京都初の洋風レンガ造りで駅舎内にはレストランも設けられた。この駅舎は、1915（大正4）年に2代目駅舎に替わり、現在の4代目駅舎は、平安建都1200年記念事業の一環として1997（平成9）年に完成したものである。

京都停車場の式典に臨席した明治天皇はその後、京都府庁、舎密局、裁判所、女学校などの施設を視察して回った。

## お雇外国人ワグネル

ヘールツが京都舎密局を去ったことは槇村正直や明石博高らにとって、大きな焦りを生じさせることとなった。

ちょうどそのころには京都の復興は軌道に乗りつつあったからだ。番組小学校をはじめとする各種学校の開校、最新の科学技術の研究開発を行う舎密局の開設、産業振興のための人材育成などを担った勧業場など、目玉事業が立ち上がっていた。だからこそ、槇村府政にとって、ヘールツを失って出鼻を挫《くじ》かれたことは痛恨であった。

鎖国体制が長かった日本において、ヘールツのような世界に通用する技術指導者を探すことは難儀であった。優れたお雇外国人を確保できるか否か。第2代京都府知事に就任した槇村正直にとって、ヘールツの後任の選定は急務であった。

そこに白羽の矢が立ったのがドイツ人技術者のゴットフリード・ワグネルだ。ワグネルは、島津製作所の黎明《れいめい》期の〝支柱〟とも言える存在だ。

お雇外国人の存在なくしては、島津製作所事業の立ち上げは不可能であったと言い切れる。理化学機器製造への道筋をつけた人物がヘールツであり、そこに応用を加え、製造業としての軌道に乗せたのがワグネルと言えるだろう。

ワグネルは1831年にドイツ・ハノーファー生まれ。ゲッティンゲン大学やベルリン大学で数学、物理学、機械学、地学など理化学全般を修得した秀才であり、卒業後はパリで通訳や語学教師などを務めた。その後は、東洋に積極的に進出していた米国の貿易会社ラッセル商会に入社。技術者として石鹸工場設立に関わり、同社の長崎工場の新設にあたって来日した。

しかし、当時、わが国における石鹸の普及は時期尚早であった。長崎での事業は2年で頓挫する。その後、ワグネルは佐賀藩から有田焼の指導を依頼され、日本に残る道を選択。釉薬《ゆうやく》や窯《かま》の改良などの技術指導にあたり、有田焼の近代化に大きく貢献した。

ワグネルの顕彰碑。京都の岡崎公園

ワグネルは1871（明治4）年には東京に出て、大学南校（現在の東京大学）で理化学の講師に就任。1873（明治6）年、日本政府がウィーン万国博覧会へ初参加することを決めると、語学に通じるワグネルに白羽の矢が立つ。ワグネルに欧米好みのする出品物の選定を任せ、有田焼の改良で培った陶磁器の技術指導などを含めて、今でいうプロデューサーの役割を担わせたのだ。

ワグネルは、ウィーン万博で期待以上の活躍ぶりを見せ、日本政府からは高く評価された。次いで1876（明治9）年の米国フィラデルフィア万国博覧会においても尽力し、日本の高度なものづくり技術を世界に知らしめることに貢献した。

しかし、折しも勃発した西南戦争（1877・明治10年）で日本は財政難に陥り、ワグネルは教授職を失う。致し方なく東京に残って七宝焼の研究をしていたところ、槇村正直の目に留まったのだ。

ワグネルは京都府に出仕すると、舎密局や舎密局と隣接していた医学校で、おもに理化学の教授となった。舎密局においては、陶磁器や七宝焼などの改良にかかわった。さらに耐火煉瓦、ガラス、石鹼、ビール、清涼飲料水、マッチ、合金、電気メッキなど多岐にわたって技術指導、研究、製造にあたった。

なかでも興味深いのは、現代人にも広く飲まれているさまざまな清涼飲料やアルコール飲料をこの当時、開発していることである。

リモナーデ（里没那垤）はいわゆる「レモネード」である。レモンの果汁をベースにシロップなどを加えたものだ。コウゼンポンス（公膳本酒）は当時、「鉄砲水」とも呼ばれた。これは「ラムネ」である。

イホカラス（依剰加良私酒）はビール。日本におけるビール流通の歴史をたどれば1869（明治2）年に横浜山手46番地に開業したビール製造所「ジャパン・ヨコハマ・ブルワリー」が最初と言われている。京都舎密局でワグネルが指導したビールが市販されるのはその2年後の71（明治4）年のことだ。

ビールの流通は、その土地の食文化を大きく変化させていく要因にもなった。西洋料理店や中華料理店の出現である。

京都では伝統的な京料理や、おばんざいを振る舞う和食店以外は邪道かのような印象があるが、さにあらず。古くからの西洋料理、中華料理の佳店がとても多く、今でも市民に愛されているのはその背景に、早くからビール文化が根付いたことがありそうだ。

また、ワグネルは右京区梅津における府営の製紙場パピール・ファブリック（日本初の洋紙工場、1872年着工・1876年開業）設立や、伏見の鉄工所である伏水製作所の設立、京都御苑内における常設博覧会場設立の際にも、多くの助言を行っている。

つまり、ワグネルを抜きにして京都の近代化はあり得なかったと言っても過言ではない。その功績の大きさは左京区岡崎公園内にあるワグネル顕彰碑を見ても明らかである。高さ4メートル、幅9メートルほどの石碑にはワグネルの肖像レリーフがはめ込まれている。顕彰碑のある広場は今では市民の憩いの場所になっている。碑文にはこう記されている。

ドクトル・ゴットフリード・ワグネル君は独逸国ハノーヴェル州の人なり。維新の初我邦に来り。科学を啓導し工芸を掖進《えきしん》すること二十余年、主に本市に於て尤も恩徳あり。明治十一年、君本府の聘《へい》に応じ来て理化学を医学校に化学工芸を舎密局に教授し、旁ら陶磁七宝の著彩琺瑯玻璃《ほうろうはり》石鹼薬物飲料の製造色染の改善に及び、講演実習並び施し人才の造成産業の指導功効彰著官民永く頼る。大正十三年、本市東宮殿下御成婚奉祝万国博覧会参加五十年記念博覧会を岡崎公園に開く。初め本邦斯会に参加するや君顧問の任を帯びて本市に来り頗《すこぶ》る斡旋する所あり。是に至て市民益々君の功徳を思ひ遂に遺容を鋳て貞石に嵌《かん》し之を会場の一隅に建つ。庶幾《こいねが》はくは後昆瞻仰《こうこんせんぎょう》して長に旧徳を記念せむことを

さて、そんなワグネルから薫陶を受けた人物こそが、島津源蔵であった。彼とワグネルとの出会いは、舎密局内で自然な形でおとずれた。舎密局に出入りして前任のヘールツから教えを学んでいた源蔵は、ワグネルと出会うとすぐに意気投合する。二人の関係は師弟関係以上であった。互いに切ってもきれぬ信頼関係で結ばれていたという。

先述の通り、舎密局の南西に隣接するように源蔵の鋳物工房があった。ワグネルは壊れた実験用理化学機器の修理や、組み立てをするのに源蔵を重用した。当時舎密局には舎密（化学）器械が43種類、窮理《きゅうり》（物理）器械が28種類あったという。

源蔵にとっても、ワグネルが持ち込んだ器械を修理することはその理論や仕組みを自然に習得できる好機でもあったのだ。

かつての島津源蔵邸、現在の島津製作所 創業記念資料館には、ワグネルと源蔵との関係性を物語るひとつの道具が展示されている。

「木製足踏み式旋盤」だ。この旋盤は、現在ドイツ博物館が所蔵している1800年頃製造のライヘンバッハ製のものとほぼ同一で、ワグネルがウィーン万博で訪欧していた際に

購入して、日本に持ち帰ったものと考えられている。

この貴重な木製足踏み式旋盤が危うく失われてしまいかねない出来事があった。明治政府やワグネルら技術者はウィーン万博出品作品を参考資料として買い集め、フランス船便で送ろうとした。しかし、日本到着まであとわずかとなった1874（明治7）年3月20日未明、伊豆半島沖で遭難。貴重な資料の大部分が海の底に沈んでしまった。90人の乗客、乗組員のうち救助されたのはわずか4人だけであった。その船には京都の西陣織職人、吉田忠七が乗っていたが帰らぬ人となった。ワグネルと旋盤は別の船に乗っており、無事であった。

ワグネルと運命を共にした大切な旋盤だが、博士は源蔵に惜しげもなく操作法を伝授し、使わせた。それどころか、当時10歳を過ぎたばかりの長男・梅治郎にも触らせて、使用法を学ばせたという。その後、梅治郎は二代源蔵を名乗り、日本を代表する理化学機器メーカー島津製作所に成長させ、昭和初期には「日本十大発明家」のひとりに選ばれるまでになっていくが、彼の原点もまたワグネルにあったといえるのではないだろうか。

ワグネルが1881（明治14）年に京都を去る際には、この旋盤は源蔵に譲り渡された。ワグネルが源蔵をいかに信頼していたかを物語るエピソードである。そして、明治中期ごろまで島津製作所で実際に使用され、数々の発明品を生み出すことになる。

それは、源蔵が1882（明治15）年に発行した「理化器械目録表」を見てもよくわかる。

この目録表は、日本最古の理化学器械カタログと言われている。そこには、「御好次第何品ニテモ製造仕候也」（お好み次第で何でも製造します）と書かれている。源蔵のものづくりへの自負と顧客主義が伝わってくるようである。それは今の島津製作所の企業精神にもつながっている。今日、同社で取り扱っている製品数は1万点以上にも及ぶ。一見、現代における経営の定石「選択と集中」に逆行した、非合理的な生産体制かもしれない。だがそれは、創業から145年以上の長きにわたる「顧客主義」を貫いた証明だろう。

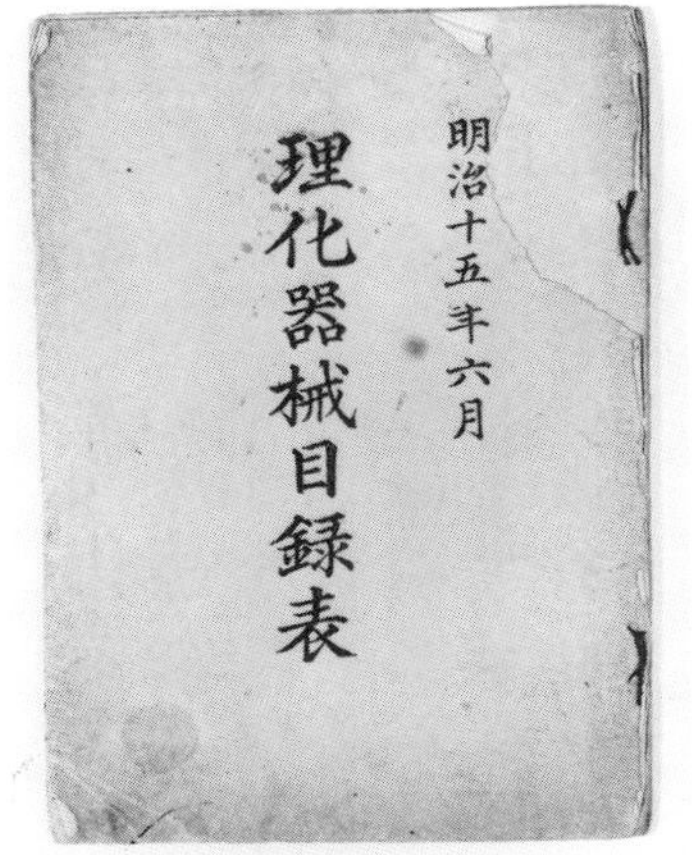

島津製作所で出した「理化器械目録表」の表紙

目録表には多種多様な理化学器械が価格表とともに5つの部門、110点の製品にわたって掲載されている。それぞれの製品につき、材質などを変えた「上等」「中等」「下等」の3つを用意。プロから家庭用にまで、幅広い人に製品を使ってもらいたいとする源蔵の心意気が伝わってくるようである。その一例を挙げてみよう。次頁の「表」を参照して頂きたい。

蒸留器の説明では、図面付きで、

| カテゴリ | 製品 | 上等 | 中等 | 下等 |
|---|---|---|---|---|
| 物性学及固体動静論二関スル器械 | ガラス粘着液 | 三円四十銭 | 二円二十銭 | 壱円 |
| | 毛細管力ヲ験スル管 | 壱円 | 六十銭 | 三十銭 |
| 水学及氣学ニ属スル器械 | 交通水槽 | 二円 | 壱円五十銭 | 壱円 |
| 熱学及光学ニ属スル器械 | 熱線反射試験器 | 二十一円 | 十五円 | 十円 |
| | 膨張試験器 | 七円五十銭 | 壱円六十銭 | |
| | 沸騰ヲ試験スル管 | 壱円五十銭 | | |
| | 蒸気ノ張力ヲ験スル管 | 壱円五十銭 | | |
| | 眼球雛形 | 三円 | | |
| 磁氣及電氣学ニ属スル器械 | 集束磁石 | 八円 | 五円 | 二円五十銭 |
| | 蹄鐵磁石 | 二円 | | |
| | 寒熱發電器 | 十二円 | 十円 | 五円 |
| | 摩擦發電器 | 三十円 | 十五円 | 七円五十銭 |
| | 電鈴 | 七円 | 三円 | 壱円八十銭 |
| | 絶縁机 | 三円五十銭 | 二円五十銭 | 壱円五十銭 |
| | 金箔験電器 | 二円 | 壱円五十銭 | 八十銭 |
| | 電車、渾天儀、電根子、電計 | 三円 | 三円五十銭 | 二円 |
| | 電池 | 五円五十銭 | 四円五十銭 | 三円五十銭 |
| | 電氣燈 | 十二円 | 七円 | 三円五十銭 |
| | 電気卵 | 十円 | 七円五十銭 | 五円 |
| | 水分析器 | 五円五十銭 | 四円五十銭 | 三円五十銭 |
| | 電信機雛形 | 十二円 | 十円 | 八円 |

「大小種々製造仕候、ワグネル先生新発明」

などと記されている。

源蔵はヘールツやワグネルからの指導を驚くべき吸収力で自分のものとし、木屋町二条で工房を構えてわずか10年足らずで、驚くべき理化学の成果物を次々と世に生み出したのである。

いわば島津製作所の草創期の指南役であったワグネル。博士の存在がなければ島津製作所の事業は軌道に乗ることはできず、明治の文明開化の荒波の中へと消えていたかもしれない。

ワグネルは1878（明治11）年から1881（明治14）年までの約3年間を京都舎密局で過ごした。1890（明治23）年発行の『ドイツ東アジア研究協会報告』によれば、

「ワグネル先生の一生の中で、日本にとって特に貢献が大きかったのは京都に滞在した3年間であった」

と記述されている。

## 第3章

# 島津の名をあげた軽気球

## 御所での気球飛揚に大成功

「島津はんが御所で、でっかい風船をあげはるんやて。なんと、人間も乗るちゅうんや。これは見に行かんと損や」

1877（明治10）年12月。島津源蔵の名を天下に轟かせる大イベントが計画、実施された。人間を乗せた軽気球の飛揚計画である。計画を主導したのは、府知事・槇村正直であった。

京都における科学技術の黎明を、市民に大きくアピールしたい。そして、理化学教育の必要性について啓蒙《けいもう》し、優れた人材を育て、京都こそが科学立国の牽引者であることを証明するのだ――。

この気球飛揚が成功すれば、民間では日本初の快挙となる。もっとも、正確にいえば、この直前に政府軍が非公式には気球開発に成功していた。

同年2月、明治政府と西郷隆盛率いる薩摩軍との戦い、西南戦争が勃発。勢いづいた薩摩軍は官軍のいる熊本城を包囲した。そこで政府は官軍と連絡をとるため、軽気球による通信を計画。急いで開発する必要性に迫られた政府は、陸軍と海軍で開発競争させていた。槇村らの元にも、陸軍士官学校の助教、上原六四郎がタッチの差で飛揚を成功させた、という情報が入ってきた。場所は築地であった。だが、この時、飛揚に成功したか、失敗に終わったのかは、微妙であった。少し浮いたものの、人を乗せて飛べるような代物ではなかったようだ。

さらに、熊本城の包囲は早期に解かれたため、実用化はしなかった。

この時、源蔵は第1回内国勧業博覧会にブジーを出品するため、東京入りしていた。そこで、政府軍による気球開発の噂を聞きつけた。

「気球か。ヘールツ先生やワグネル先生に習ったことを応用すれば、自分ならつくれるかもしれない」

源蔵は帰京後、槇村に気球の製造を進言する。槇村もまた、好奇心旺盛な男であった。槇村は源蔵に厳命した。

「よし、これは面白い。源蔵、やってみろ。来年もまた京都で博覧会をやる予定だ。それまでにつくるように」

この「京都博覧会」とは、ワグネルが進言して実現した京都独自の博覧会で、1871（明治4）年から毎年実施されていた。会場は京都御所だった。

しかし、気球の製造などは国内で例がない。ましてや、新政府に頼んでも、軍の試作の設計図など、見せてくれるわけがない。

ちなみに気球の有人飛行の世界で最初の例は、1783（天明3）年にフランスのモンゴルフィエ兄弟が手がけた熱気球での成功である。ライト兄弟による飛行機の飛行成功は１９０３（明治36）年のことだ。

そもそも熱気球にするのか、ガス気球にするのか。源蔵が選んだのは水素ガス式気球であった。すでに源蔵は鉄くずに硫酸を注げば、空気よりも軽い水素ガスが発生することを知っていたからだ。

最大の課題は、気球本体の素材であった。弾力性のある素材を用いつつも気密性を保たなければならない。ガス漏れは絶対に許されない。

源蔵は木綿の布に油を塗ってみたり、膠《にかわ》を摺《す》り込んだりしたがいずれもうまくいかなかった。こんにゃくをすりつぶして紙に塗ったりもしてみた。源蔵は寝食も惜しんで開発に没頭した。

そこで試行錯誤の末、ひとつの方法に帰結した。素材は絹を使用し、柔軟性のある羽二重織りを採用。樹脂製のダンマーゴムを荏胡麻《えごま》油で溶かして塗ったところ、気球に耐えうる強さと軽さを兼ね備えた素材ができた。だが、試験をしてみると大人の体重を持ち上げるだけの浮力は得られなかった。

そもそも、気球に誰を乗せるのか。万一、水素が漏れて引火しようものなら大爆発を引き起こしてしまう。それでなくとも強い風が吹いたら、籠から落下してしまったり、あるいは綱が切れ、遠くに流されてしまわないとも限らない。いずれにせよ、命がけの飛揚となることには違いない。

乗員は体重の軽い者から選んだ。この時、梅治郎は8歳。しかし、子どもを乗せるわけにはいかない。そこで、島津製作所と取引のあった三崎商店の奉公人で、中田寅吉が選ばれた。寅吉は当時17歳。「ちん寅」「小寅」「ちび寅」というあだ名で通っていたように、源蔵の知り合いのなかでは最も小柄で軽量であったのが理由である。

源蔵は自宅から徒歩15分ほど南に行ったところの、四条富小路《とみのこうじ》（現在の京都信用金庫本店辺り）の空き地で実験を繰り返した。

12月6日。朝早くから、仙洞《せんとう》御所の広場には紅白の幕が設置され、気球飛揚に向けての準備が着々と進められていた。11個の四斗樽《しとだる》が円形に配置されている。これは源蔵が伏見の酒蔵から買ってきたものだ。

その酒樽の中で発生させた水素ガスを、鉄パイプで大樽の中に集める。さらにこの大樽から鉄パイプが気球に向けて伸び、水素が注入される仕組みであった。源蔵と梅治郎は作業の様子を見つめながら、気が気でなかった。

「万一、ガスが漏れてしまえば大失敗どころか、大惨事になりかねない」

気球が徐々に膨らみ、立ち上がっていく。大勢の観衆が遠巻きに見守る。この日のために老若男女は着飾り、押し合い圧《へ》し合いの状態であったという。午前8時にはイベントの開会を告げる青、黄、赤、紫の小さい風船が揚げられた。大歓声が上がり、それを追いか

御所での軽気球飛揚の絵

ける市民もいた。

京都府は事前に、

「軽気球の小球を仙洞御所で揚げるが、落ちてきた場合には火に近づけるべからず。水素が入っているので爆発するから用心すべし」

とのお触れを出していた。

府は前売り鑑賞券4万8800枚を販売。一般料金は3銭だった。当時、米一升が5銭ほどの時代であるから、今の金額に直せば一般観覧料は500円ほどだろうか。当日の4日前までに完売した。また、各学校の教師、生徒は全員見にくるように指示をし、生徒には学割を設定してひとり1銭5厘とした。

午後1時には槇村正直知事が会場

に到着した。午後2時、いよいよ揚げられることになった。

寅吉の乗った気球がふわり、と地上を離れた。その瞬間、会場からは大拍手が沸き起こった。気球はみるみる上昇していき、飛揚の高度はおよそ20間（約36メートル）まで達した。

寅吉を入れた籠からは紅白の幕が垂れ下がり、風になびいていた。人びとはいまだかつて見たことのない光景に心底たまげ、興奮した。

寅吉は上空から写真を撮影するなどして無事、着地。次に、人形を乗せた上昇実験が行われた。こちらは150間（約270メートル）もの高度に達し、1時間ほどで地上に戻されたという。

府は予想外の収入を上げ、この事業は京都の産業振興に寄与することになった。翌1878（明治11）年には京都府が『明治孝節録』との本を出版し、各学校に配布。その出版経費120円は、この軽気球の観覧収入から支出したという記録が残っている。

新聞各紙は一斉にこのニュースを報じた。1872（明治5）年に発刊された朝野新聞（東京）は、1週間後の12月13日に、

「軽気球飛揚の大景気　官民五万の老若が押合ひへし合ひ大浮れ」

との見出しで大きく報じている。

日本初の軽気球飛揚成功のインパクトは極めて大きかった。天皇が去り、荒廃していく京都の市民に希望がもたらされた。また、京都の科学技術力を、内外に広くアピールする

ものとなった。

実際、愛知県から京都府にたいして、軽気球製造の依頼がきたほどである。

「よくやったぞ、源蔵」

槙村や市民から賞賛を浴びる源蔵を、梅治郎は誇らしげに眺めていた。

軽気球飛揚の成功は、のちの童謡「琵琶歌」の歌詞にも登場した。

〽苦心さんたん数カ月
かろうじて工をおえたるが
果たして飛揚するものか
心中の苦悶やるせなし
いよいよ飛揚の日はきたり
場所は御所の広庭にて
語り伝え聞き伝え
寄りくる人は群集して
立錐《りっすい》の地とてあらざりき
やがて実験を行いしが
ガスの発生盛んにて

みるみる球に充満し
全幅斉整悠々と
人を乗せてぞ飛揚して
あお空高く昇りける

こうした自由な発想に基づいて、新しいものに果敢に挑戦する京都のものづくりの精神は、現代にもしっかりと受け継がれてきている。それは、島津製作所の田中耕一をはじめ、京都にゆかりのある人材からノーベル賞受賞者を多数輩出していることとは、決して無縁ではないはずである。

## 源蔵とその一家

ここで、島津源蔵の家族関係をひも解いてみる。源蔵は1860（万延元）年に西本願寺前の仏具店から分家。木屋町二条に移り住み、しばらくは本家と同じく具足などの鋳物を中心とした仏具商を営んでいた。

源蔵は分家してすぐに、豪商角倉家のミサと結婚している。ミサは源蔵にとっては二人目の妻である。最初の妻は源蔵が婿養子に入った染物型紙商「菱屋」の長女ふさだ。しかし、ふさが病弱であったことに加え、菱屋が倒産の憂き目にあい、結婚生活は長くは続かなかった。

ミサと結ばれて1867（慶応3）年には長男・政次郎を、2年後の1869（明治2）年には次男・梅治郎を授かる。しかし、梅治郎を出産したばかりのミサは、忽然《こつぜん》と姿を消してしまう。梅治郎（二代源蔵）は母ミサについて後年、このように述べている。

「私は懐かしの母の顔も、その名も知らないのです。生まれた歳さえも、明治元年か2年さえも、はっきりしません（筆者注・戸籍上の誕生年は明治2年）。母は私を産み落とすと、間もなく父と別れたのですが、そのあとは行方さえもわからないのです」

島津製作所によって発行された社史『島津の源流』（1995年）では、ミサの出奔について こう述べている。

当時、源蔵は廃仏毀釈の影響で家業が成り立たず、苦難の渦中にあった。ミサはこれまで何不自由なく育った「お嬢様」だったため、その過酷な生活に耐えられず、夫や子どもへの愛情は保ちつつも逃避したのではないか——。

ミサの家出は、源蔵にとって想定外であり、大きな痛手であった。

仏具店の経営は早期に立て直さなければならない。しかも同時に、四六時中、目が離せない2歳の政次郎と生まれたばかりの梅治郎が手元にいる。

多忙な源蔵ひとりが幼子ふたりを育て上げることは不可能であった。源蔵は知り合いの農家に里子に出そうと試みた。しかし、梅治郎は源蔵から引き離されると大泣きし、源蔵は不憫《ふびん》になって再びふたりを連れ戻すようなこともあったという。

結局、長男の政次郎は、かつて源蔵が婿養子に入った菱屋の番頭、山田政七に頭を下げて養子にしてもらった。

次に梅治郎の受け入れ先をどうするか、であった。ちょうどそのころ、源蔵の姉カツが生後間もない子を亡くしていた。カツはまだ乳が出ていた。そこで、カツの嫁ぎ先である山崎村（現在の京都府乙訓《おとくに》郡大山崎町）の岡田家に梅治郎を託すことにした。

しかし、梅治郎が預けられた山崎村は、源蔵の住処である木屋町からは遠く離れていた。源蔵は心優しい男であった。店の経営がうまく軌道に乗れば、源蔵はいずれ梅治郎を引き取るつもりで泣く泣く梅治郎と別れた。

わが子を養子に出し、源蔵は本業に専念できる体制が整った。しかし、店の経営は厳しく、源蔵の生活苦は続いていた。

仏具商を営むには、木屋町という立地は決して恵まれた場所ではなかった。なぜなら、西本願寺のように大口の取引先となる有力寺院が周りに少ないからである。

たしかに、近くには日蓮宗妙満寺や法華宗大本山の本能寺はある。だが、東西本願寺などに比べれば寺院規模は知れている。それでなくとも明治初期の京都は、廃仏毀釈の機運が広がっており、仏具の新規受注などは、ほとんどなかった。源蔵は仏具以外の金工や鋳物で、かろうじて生計を立てていたと考えられる。

仏具商としては地の利に恵まれなかったが、しかし、結果的にはそれが幸運をもたらすことになる。先述のように源蔵邸の周辺地域には新政府の要人らが次々と邸宅を構え、また、殖産興業を担うさまざまな機関が次々と建設されていったからだ。

木屋町筋には、たとえば公家では京極宮（後に桂宮に改称）が別邸を構えていた。だが、18世紀に断絶した宮家の空いた土地およそ1400坪に、京都舎密局の本局が建設された（現在の京都市立銅駝美術工芸高校）。

さらに、一之船入の南側3700坪の土地に長州藩が藩邸を構えていた。しかし、長州藩は禁門の変の際に敗れ、あろうことか藩邸を焼き払って京都から逃げてしまった。

藩邸を火元とする火災は、強風に煽《あお》られ、どんどん燃え広がった。いわゆる「どんどん焼け」と呼ばれる大火である。京都市内の2万7000世帯を焼失する大惨事となった。どんどん焼けによって、京都はみるみる荒廃。のちに東京奠都論が浮上する要因になったとも言われている。

結局、大火災によって長州藩邸やその周辺の土地がぽっかりと空いた。そして、そこに産業振興を担う勧業場が完成した（現在の京都ホテルオークラのある場所）のである。

源蔵邸の周辺地図を参照いただきたい。源蔵邸の西側に隣接する地には府営織工場（織《おり》殿《どの》、現在の日本銀行京都支店）が、北側には理化学の拠点京都舎密局が、南側には勧業場が

## 創業時と現在の周辺地図

（1875年3月）（2020年8月）

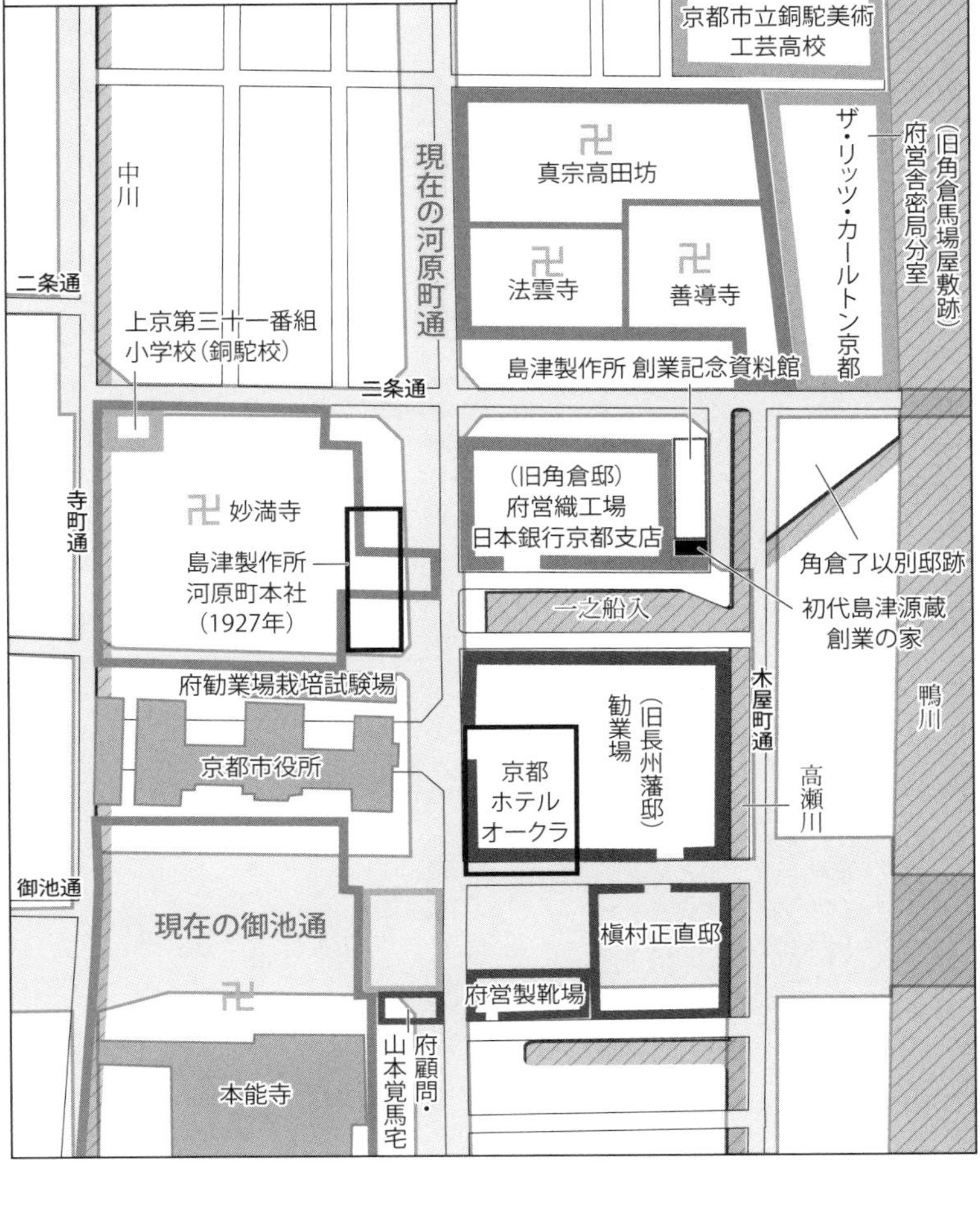

ある。

勧業場は1871（明治4）年に、旧山口藩邸に開場した。勧業場は、15万円の貸付金、勧業基立金を元手にして進められた勧業事業の中核施設としての位置付けである。具体的には、茶実、楮苗《こうぞなえ》、綿実《めんじつ》等の農産物の改良と生産。織物、紙、陶器そのほかの手工業や加工品の改良と生産。さらに失業者の就業支援、物資の流通整備などがおもな事業であった。

さらには勧業場をはさんでその南側には2代目知事の槇村正直邸が建設された。府顧問山本覚馬邸も徒歩5分圏内であった。

源蔵は舎密局が完成するや出入りを始める。すると、みるみる理化学やその実験器具に関する知識を習得していく。

そして1875（明治8）年3月には、同地にて理化学機器製造を業とする「島津製作所」を設立するに至ったのである。同年8月には学校で使用する実験器具の製造にも着手。ヘールツやワグネルに師事しながら、理化学機器製造に注力していく。内国勧業博覧会に出品し、褒賞を得てからは生活は徐々に安定していったと考えられる。

その証拠に源蔵は3番目の妻となるキクと、1876（明治9）年4月22日に結婚している。キクは宮中に出入りしていた装刀金工師の藤木久兵衛の次女であった。キクもまた、御所の女中を務めていた。

源蔵は、このタイミングで山崎の姉の元に養子に出していた梅治郎を引き取る決心をする。梅治郎が6歳、もしくは7歳のころであった。

源蔵と梅治郎。実質、初めての親子の同居生活であった。梅治郎少年にとっては実の母同然であったカツの元を去るのは、心中辛《つら》いものがあっただろうと推測できる。母親に甘えたい年頃の梅治郎の心の隙間を埋めてくれたのが、科学の世界との出会いであった。

梅治郎は木屋町に引き取られても、すぐには小学校には通えなかった。夜明けと同時に起床し、日が暮れるまで父源蔵について鍛冶や鋳物の技術を学ばなければならなかった。しばらくして、小泉武則という人物の、夜間の私塾「私益学館」の通学を許してもらえることになった。

私益学館は自宅から徒歩5分ほどのところ、島津製作所の前本社ビル（河原町本社）の場所にあった。だが、教科書を買ってもらえるほどの経済的な余裕もまだなく、机を並べる隣の学友の本を見せてもらって勉強に励むという毎日を送っていた。

そういう生活が1年ほど続き、梅治郎は10歳になって上京第三十一番組小学校（銅駝《どうだ》校）に入学することができた。そのころ、不思議な出来事があった。それを梅治郎は後に、このように回顧している。

「自分は、生母の名も顔も知りませんが、銅駝校に通っていたころ、名も告げずに鉛筆や菓子をくれた若い婦人がいました。それが生母だったに違いありません」（『島津の源流』より）

銅駝校における梅治郎の成績は極めて優れており、とくに算術が得意だったという。算術の先生が休むと、代わりに梅治郎が教壇に立つこともあった。

同級生は40人弱で、そのなかには傑出した人材が多くいた。後の貴族院議長で近衛文麿元首相の父近衛篤麿《あつまろ》、神奈川県知事有吉忠一、陸軍大臣津野一輔、ソウル駅旧駅舎などを手がけた建築家で東京帝国大学教授の塚本靖、木戸孝允の養子で南満州鉄道の鉱山開発に携わった木戸忠太郎ら錚々《そうそう》たる面々である。

しかしながら、次第に家業の手伝いが忙しくなり、梅治郎が小学校に通学したのは3年足らず。当時の小学校の義務教育は「通算して24ヶ月以上の教育を受ければよい」とされていた。従って、梅治郎は中学にも行っていない。

だが、源蔵は学校の師範以上に、さまざまな学びを梅治郎に与えていった。

育ての母から離れ、寂しさの渦中にあった梅治郎の心を晴らせたのが、源蔵と一緒に完成させた軽気球の製造であった。

この時、梅治郎は源蔵に軽気球に乗せてほしいと懇願。しかし、これぱかりは源蔵が首を縦にふることはなかった。仙洞御所の広場で4万8000人の観衆を集め、宙に浮いた軽気球を見ながら、梅治郎は心の中で

「お父さんはすごい」

と叫んでいた。

一日にして、源蔵は京都では時の人になった。

軽気球の開発の最中には、梅治郎にとって嬉しいことがあった。1877（明治10）年9月5日、源蔵とキクとの間に次男源吉が誕生したのだ。その6年後の1883（明治16）年には三男常三郎が出生、さらにその8年後の1891（明治24）年には長女ヒサが生まれている。

梅治郎、源吉、常三郎はのちに「島津三兄弟」と呼ばれ、島津製作所が株式会社となって飛躍していくなか、経営の中枢に関わっていくことになる。

木屋町の島津製作所は興隆とともに、次第に賑やかな所帯となっていったのである。

## 10歳でフランス物理書に親しむ

「軽気球を手がけた島津はん」

工房には市内の学校や研究機関からさまざまな道具や実験器具が持ち込まれた。それらを片っ端から修繕していく父の姿が梅治郎には眩《まぶ》しく映った。

「お父さん、この機械は外国製やね。いったい、どこの国でつくられたんやろう」

「フランスや」

源蔵は手を休めず、軽く返事した。

「フランスかあ。フランス人は偉いなあ。こんな機械をつくるなんて。でも、外国人がつくれて、なんで日本人にはつくれへんのや」

梅治郎の素朴な疑問に、源蔵ははっきりと答えた。

「日本人やかて、こんな機械、つくれへんことはない。そやかて、一生懸命に勉強した人がおらんのや。物理っちゅう学問や」

「物理って何や」

「ひと口で言えば、いろんなものが現れたりおこったりすることについて、その原理を知る学問のことや。たとえばな。なんで物は下に落ちるんや？　音はどうやって発しているんや。そういう物事の道理を知るのが物理学や」

「ふうん。お父さん、外国人にできることやったら僕にもできる。本さえあれば一生懸命に勉強する」

「ようし、お前が本気で勉強するんやったら、お父さんも一肌脱いでやる」

梅治郎にとって父源蔵は心底慕い、尊敬する存在であった。父の手伝いが終わった夜は書物を読みふけった。

当時、京都府学務課という部署があり、そこには輸入された洋書が保管されていた。

「梅治郎、役所でフランスの窮理《きゅうり》（＝物理）の本を見つけたで。向こうの実験機器がいろいろ載っていたわ」

それは、フランス人のガノー（A.Ganot）という人物が書いた物理書だった。ガノーは

1868（明治元）年に日本で初めて出版された物理の教科書『物理階梯』と『物理全志』の原作者だ。ガノーが日本に与えた影響は極めて大きく、日本における物理学の先導者とも言える人物である。同書の原典や英訳本は大学南校（後の東京大学）や東京外国語学校（後の東京外国語大学）、札幌農学校（後の北海道大学）の教材でも使われ、京都府学務課に入ってきたものも、同様のものと思われる。

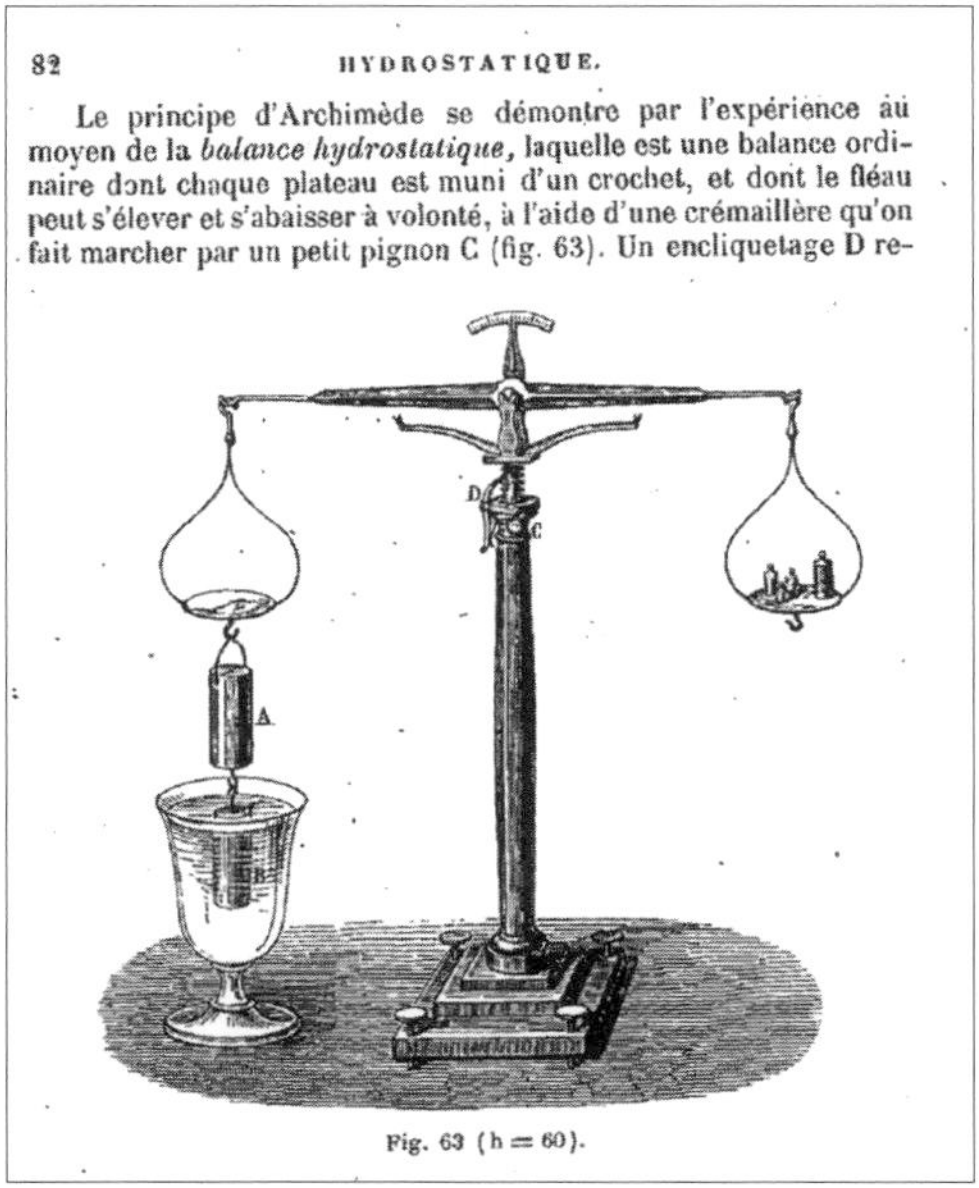
82　HYDROSTATIQUE.

Le principe d'Archimède se démontre par l'expérience au moyen de la *balance hydrostatique*, laquelle est une balance ordinaire dont chaque plateau est muni d'un crochet, et dont le fléau peut s'élever et s'abaisser à volonté, à l'aide d'une crémaillère qu'on fait marcher par un petit pignon C (fig. 63). Un encliquetage D re-



Fig. 63 (h = 60).

ガノーの『物理階梯』

「え、本当か。お父さん、僕、それどうしても読みたいわ。なんとか、借りてきてくれへんか」

「よし、ワシも読んでみたい。どうにか頼んでみるわ」

源蔵は、無理を承知で学務課に願い出た。学務課長は原田千之介であった。原田は源蔵の軽気球の飛揚計画の際、知事槇村正直にたいして応援して後押ししてくれた人物だ。

「うちの梅治郎がどうしても、と言うんや。すぐに返しますさかい、ちょっと貸してくれまへんか」

当時の洋書は国内でも限られた部数しかなく、府にとっては1冊限りの貴重なものである。それに、仏具職人の源蔵と10歳の少年、梅治郎の親子が読めるわけもない。軽気球飛揚を成功させた功績は認めるが、洋書の貸し出しを容易に認めるわけにはいかなかった。

原田は、にべもなく断ったが、源蔵はどうしても引かない。最終的には原田のほうが折れてしまった。

源蔵が持ち帰ったガノー本を見た梅治郎少年が、跳び上がるほど喜んだのは想像に難くない。ガノーの物理書は54章818項からなる大事典であった。実験装置や器械の原理、取り扱い方法などが660の図版で解説されている。本書はフランスのほかに、アメリカやイギリスでも物理学の教材として使われたもので、その内容を吸収すれば世界の研究者に比肩する知識を得られた。

梅治郎少年は、つぶさに図解を見ては、

「これは重さを量るものらしいなあ。なるほど、うまくできているもんや。しかし、僕にもつくれそうなもんや」

などと、想像力と閃《ひらめ》きでその原理を体得していったのである。源蔵父子が手に入れたのがフランスの原書か英訳書かは不明だが、とくに梅治郎は取り憑《つ》かれたように解読に精を出した。そして2年後にはそのおよそを解読し、西洋の理化学機器の原理を身につけてしまったのである。

ガノーの物理書の貸し出しに許可を出した京都府学務課長の原田千之介はその後、島津父子を陰から支え続けた。1886（明治19）年、源蔵が創刊した科学論文雑誌『理化学的工芸雑誌』の発刊号の祝辞で、原田はこのように寄稿した。

理化学ノ器械ヲ製造スル者我邦未タ多ク其人ヲ見ザルナリ　独リ京都ニ於テコレガ器械ヲ製造スル者我ガ島津源蔵ヲ以テ実ニ其嚆矢《こうし》ト為ス　島津氏ハ明治初年ヨリ理化学的ノ器械ヲ製造スルコトヲ始メタリ　凡《およ》ソ人其素力アリテ一ノ製造ヲ企図スルハ力ヲ用ユル少クシテ功之ニ倍シ其実功ヲ奏スル深ク恠《あやし》ムニ足ラスト雖モ島津氏ノ如キハ則嘗《かつ》テ素力アルニアラズ一貧憐ムベキ商估《しょうこ》ニ過ギス　然ルニ初テ器械ノ製造ヲ企テ苦慮百端徒《いたずら》ニ力ヲ用ユル多クシテ功之ニ従ハズ　親戚朋友モ之ヲ狂視シ顧ルコトナキニ至レリ

【意訳】理化学機器を製造する者は、これまで日本には存在しなかったが、京都の島津源蔵がわが国で最初に明治元年より理化学機器の製造を始めた。その素質は十分で、大変合理的に作業を進め、現実にありえないと思うようなことでも形にしていったが、最初は商売は順調とはいえなかった。苦難の末にやっと理化学機器をこしらえても、なかなか成果がでなかった。親戚や知人らも大変心配した。

梅治郎は独学で物理や化学の理論を学ぶ一方、ものづくりの要諦は、父から教わった。さらに、梅治郎は父とともに舎密局教授ワグネルから薫陶を受けたことも大きかった。梅治郎は小学校を満足に出ることはできなかったが、理化学への好奇心はあふれんばかりであり、知識をスポンジのように吸収する能力は桁外れであった。

「木屋町に梅治郎あり」

梅治郎の存在は、原田千之介ら京都府の関係者、および、舎密局に出入りしていた学者らの間で知れ渡ることになった。

## 「都をどり」を電灯で飾る

1884（明治17）年、京都の文明開化を象徴する出来事が起きた。京都の風物詩「都をどり」の会場で、電灯を灯《とも》そうというのだ。

都をどりは祇園甲部歌舞練場《こうぶかぶれんじょう》で毎年4月に行われる芸妓《げいこ》・舞妓《まいこ》による舞踊公演のことである。平成最後の上演となった2019（平成31）年は1952年以来、67年ぶりに南座で開催され話題となった。

この都をどりが行われた最初は1872（明治5）年のことであった。「京都博覧会」に娯楽性を持たせるためのいわば「余興」としてこの都をどりが企画されたのだ。

京都博覧会はウィーン万国博覧会（1873年）に京都府からも出品する計画が持ち上がり、その予行のために急遽《きゅうきょ》開かれたものだ。初年度の会場は西本願寺白書院であったが、翌年からは建仁寺や知恩院も会場に加わっている。京都博覧会は1928（昭和3）年まで毎年開かれている。

芸妓・舞妓の舞は本来、座敷でなされるものである。それを舞台で一堂に会して行うという。それは当時としては突拍子もない発想であった。発案者は槇村正直であり、踊りの作詞までを手がけたという。

この花街の「をどり」は、現在も継承されてきている。最古である祇園甲部の都をどりのほか、先斗町《ぽんとちょう》の鴨川をどり、宮川町の京おどり、祇園東の祇園をどり、上七軒《かみしちけん》の北野をどりの計5カ所である。

槇村は、この都をどりの舞台の照明を、京都初の電灯点灯事業としてやろうとしたのだ。日本初の電灯を人びとが見たのは、その2年前の1882（明治15）年11月、東京・銀座2丁目での東京電燈株式会社開業におけるデモンストレーション点灯であった。東京電燈は日本最初の電力会社である。

その情報を得た、新しもの好きの槇村は関西で最初に、ここ京都で電灯を灯したいと考えた。そこで、東京から電気灯と移動式発電機を借りようということになった。当時の発電機は蒸気機関による火力発電である。誰も操作法がわからないので、東京からイギリス人技師が付いてきた。

そこで、梅治郎を発電技師として手伝わせようということになったのだ。その仕組みや配線、操作法について学ばせるためであった。梅治郎は二つ返事で参加を決めた。

1884（明治17）年3月30日夜。ふだんは座敷部屋で、蠟燭《ろうそく》のあかりで踊りを舞う芸妓・舞妓らが、緊張の面持ちで祇園歌舞練場に集まってきた。

暗い舞台にパッと光が放たれると、観客から歓声が起こった。見たこともないような光量に照らされた芸妓・舞妓の着物が艶《あで》やかに浮かび上がる。観客はその美しさに酔いしれた。

京都博覧会の会期中、イギリス人技師が風邪をひいて作業を休まざるを得なくなったことがあった。そこで、何度か操作法を見て覚えていた梅治郎が難なく舞台照明をこなした。舞台が終わると梅治郎の周りに芸妓・舞妓らが集まり、いったい、どのような原理なのかを興味津々に聞いてきた。

梅治郎が丁寧に説明をする光景に、こっそり見にきていたイギリス人技師は、目を丸くして驚いた。

この年、初めて「電気」というものに触れ、大いに刺激を受けた梅治郎は、電気発生装置を自作しようと試みた。梅治郎がワグネルから借りた本の挿絵に、「ウィムシャースト式感応起電機」なる理化学実験機器が載っていた。これを15歳の少年がいとも簡単につくってしまったのだ。

ウィムシャースト式感応起電機（1911〈明治44〉年製）

ウィムシャースト式感応起電機はハンドルを回すと2枚のガラス円盤が反対方向に回転する仕組みになっている。円盤を回転させることで、帯電する。帯電した静電気は金属棒へと集められ、その後、ガラスの円柱状の蓄電池へと貯められる。電圧が増していくと、電極でパチパチと火花と音が生じ、放電した。

火花の高さは最大20センチメートルにもなったという。推定で20万ボルト前後の高圧静電気を発生させたことになる。後に、文部大臣森有礼《ありのり》が京都を訪れた際に梅治郎作の感応起電機を見て、心底感心し、梅治郎を褒《ほ》めて帰ったという。

梅治郎が手がけたウィムシャースト式感応起電機は改良が重ねられ、1912（大正元）年に「島津式感応起電機」として販売され、全国の理化学教育の現場でしばしば用いられるようになった。俗に「島津の電気」とも言われ、島津製作所の初期のアイデンティティとも言える製品となったのだ。

梅治郎が18歳になった時、前年から京都府師範学校（後の京都教育大学）の金属手工（金工）科の教員に招かれていた源蔵の後を継いで、梅治郎は同校の講師となる。そして家業の傍ら5年間にわたり、教鞭を振るったのである。ろくに小学校も出ていない梅治郎であったが、当時の京都の知識人らが梅治郎に一目も二目も置いていた証拠だろう。

源蔵と梅治郎父子はこのころ、なにかと共同で事業を成し遂げている。

1891（明治24）年11月には鹿児島で教育品展覧会が行われ、源蔵は「日光幻灯」「日光顕微鏡」「電気鉛」「電気風車」「電車」等の理化学機器を出品している。会場に赴き、講演や公開実験をしたのが梅治郎であった。10日間にわたったこの教育品展覧会では約4万人が来場し、梅治郎による公開実験はとくに好評を得たという。

## 梅治郎の結婚

1890（明治23）年、21歳になった梅治郎に縁談が持ち込まれた。持ち込んだのは、同じ木屋町に住む桐火鉢職人の吉川平兵衛という人物であった。吉川の知り合いである綴《つづ》喜《き》郡井手村の素封家・乾久次郎の次女つるとの見合いをしてほしいという。

仕事が楽しくて仕方がない梅治郎は、結婚には乗り気ではなかった。見合いの当日を迎えても、梅治郎は面倒臭そうな態度をとった。髪もヒゲもぼうぼうで、誰が見てもみっともない風体であった。

困った平兵衛は、梅治郎をいさめた。

「梅治郎さん、えらい髪の毛が伸びているやないか。これから見合いやっちゅうのに、ちょっと床屋に行って、綺麗にしてきてんか」

しかし、梅治郎はにべもない。

「私は忙しいんです。床屋などに行く暇などあらへんのです。さっさとお相手のところに連れていってください」

場所は木屋町から25キロほども離れた、奈良にも近い農村である。人力車に揺られて半日もかけて、ようやく井手村に到着した。

当時つるは19歳であった。梅治郎（後の二代源蔵）の金婚式の際に記念発行された『發明報國の一路』にはこう書かれている。

「玉川の水で育って、山吹の花のやうに美しいお嬢さんがある。芳紀まさに十九歳、田舎育ちではあるけれど、花の都の聟《むこ》を持たせて、よく釣合ふ才色兼備、これは至極良縁だといふ」

当日、乾家で見合いの席に立ち会ったのは、つるの叔父である井手村村長だった。見合い自体はつつがなく終わったが、梅治郎が帰ってから乾家で一悶着が起きた。

まず、久次郎に対し、口火を切ったのが久次郎の妻であった。

「大切なハレの見合いの日に、髪も切らず、髭《ひげ》も剃《そ》らないで出てくるような無造作の人のところにやっては、この子が可哀想ではありませんか」

「うむ。見どころある青年とは思ったんだが……。たしかにあの容姿ではなあ」

そこに割って入ったのが、村長だった。

「私の見るところ、あの青年はなかなか偉いよ。並ひと通りの人間ではないで。こういう見合いの席では、並の若者なら、めかした上にさらに飾り立ててるもんやが、あのように素朴な姿でやってくるというのは滅多にあらへん。人間の値打ちは容姿の上にあるんやない。あの男、よう見れば髭と髪を切れば、かなりの男前やで。つるさん、あんたどう思う?」

つるは、黙って下を向いていたが、最終的には結婚に同意した。無愛想な梅治郎であったが、初対面のつるに内心では、かなりの好感を抱いたことは想像に難くない。

結婚式はこの年の5月23日。つるは、島津家に入るにあたって、苦労を覚悟していた。なにせ、商売の「し」の字も知らない田舎の娘であった。

当時、島津製作所は規模が急拡大し、30人以上の従業員を抱える所帯であった。従業員は家族同様である。つるは経営者の妻として、さまざまな気配りが要求される。そこはつるの与り知《あずか》らない世界――日本でも最先端の研究と、ものづくりが行われる男の社会――であった。

義理の父である源蔵も、夫梅治郎もせわしなく働き、自宅を離れていることも少なくなかった。そのうえ、島津家は、大家族になっていた。

21歳の梅治郎を最年長に、13歳の次男源吉、7歳の三男常三郎、さらに1891（明治24）年には源蔵とキクとの間に長女ヒサが生まれた。さらに、キクの姉が夫と死別し、子どもを連れて同居していた。

新妻のつるはまだ暗いうちに起床して、二斗ものごはんを炊き、家族と従業員の朝食を用意した。また、ヒサのオムツ替えなどの世話をしながら、昼間は家事に専念。夜には明日の食材を買いに行き、遅くまで食事の下ごしらえや縫い物をしなければならなかった。つるは休む暇もなく、目に見えてやつれていった。

梅治郎は案じた。

「これでは、つるの体がもたぬ」

そこで、つるの両親や源蔵と話し合い、つるをいったん、里帰りさせることにした。しかし、つるがいなくなった島津家は、うまく潤滑せず、家業にも影響がで始めた。そこで、再び源蔵らとの相談のうえ、梅治郎・つる夫妻が木屋町の自宅を出ることになった。

梅治郎とつるは自宅から南西へ10分ほどの距離、三条麩屋《ふや》町《ちょう》にあった借家を借りた。現在の繁華街寺町通りから、少し西に入った場所である。そこで梅治郎はつるの内職のために文房具店を開業する。店では学校に必要な筆記具のほかに運動具や楽器などをそろえた。

梅治郎はそこから歩いて会社に通った。

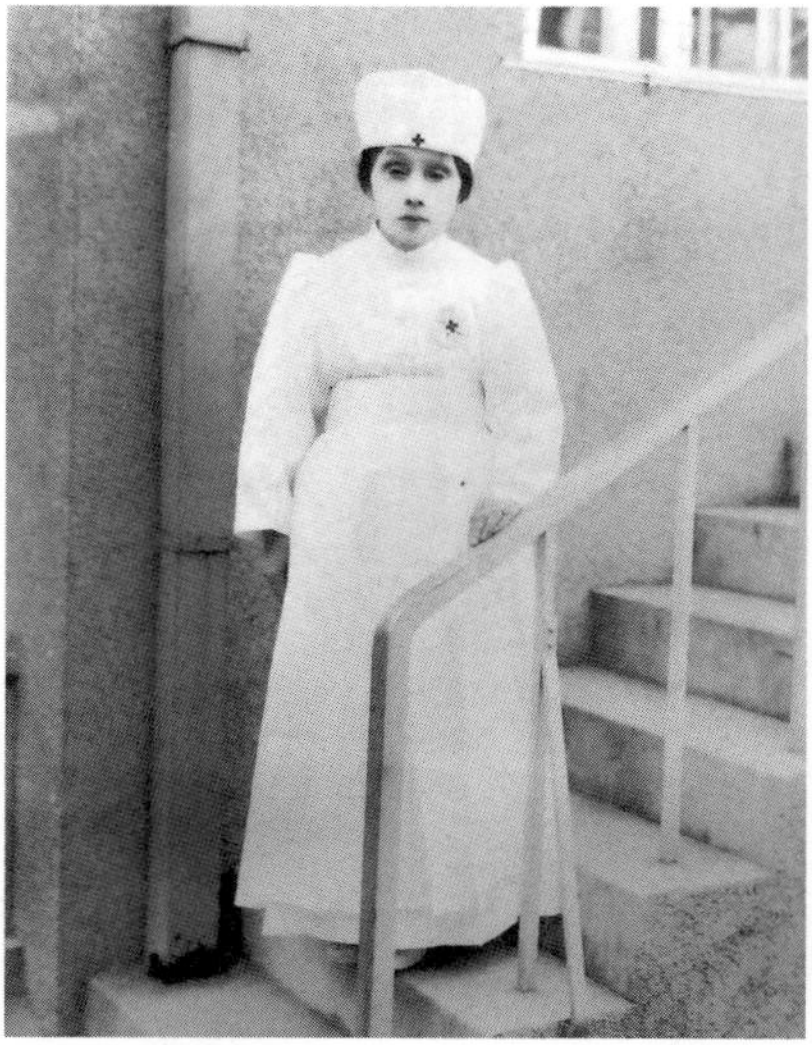
梅治郎の妻つる

つるが島津家に嫁入りしたこのころ、島津製作所は事業を飛躍的に拡大している。梅治郎は京都府師範学校の講師を辞めて、本業に専念せざるを得なくなっていた。1893（明治26）年には長男孝太郎が誕生した。源蔵にとっては初孫であった。島津家は公私ともに、一層の繁栄を迎えつつあった。

しかし、孝太郎が生まれた翌年、1894（明治27）年のことであった。この年、朝鮮の支配権を巡って日清戦争が勃発。9月17日の黄海の海戦で日本軍が勝利し、10月には遼東半島に上陸、さらに旅順、大連を占領するなど戦いを有利に進めていた。

12月8日、この日は島津製作所で従業員の出征を控え、壮行の宴が催されていた。その酒宴の最中、源蔵は脳溢血をおこして倒れた。そして、意識を失うとそのまま帰らぬ人となった。享年55であった。

源蔵の葬式は関連会社4社との合同社葬として、同月14日に西大谷本廟にて実施された。また、日本の科学技術の向上に尽くした功績によって、正五位勲三等を授与された。

源蔵の墓所は南禅寺塔頭の天授庵にある。源蔵の17回忌の際には、墓所の一角に「島津製作所功労者之墓」も立て、従業員の納骨も行った。島津家の墓と従業員の墓は今でも生花が絶えない。

島津製作所の従業員は家族——。源蔵のそんな思いが伝わってくるようである。

梅治郎をはじめ家族や従業員は突然の大黒柱の喪失に悲しみ、途方に暮れた。末っ子ヒサは当時3歳。まだ父の逝去の意味を知らないほど、幼かった。

ある日突然にして、梅治郎は家督を継いだのである。梅治郎は父の名前を踏襲し、源蔵（二代源蔵）と名乗った。梅治郎26歳の冬の出来事であった。ここからは、源蔵を「初代源蔵」、梅治郎を「源蔵」とする。

## 京都で開かれた内国勧業博覧会

父初代源蔵は脳溢血で亡くなる直前、店舗や事業を広げる計画を進めていた。京都では、復興事業の集大成とも言える大イベントが打ち出されたからである。

それは1895(明治28)年に実施された平安遷都千百年紀念祭と第4回内国勧業博覧会の同時開催である。とくに京都の産業界にとっては、高度なものづくり技術を国内外に知らしめる絶好の機会でもあった。

だが当時、日本は日清戦争の渦中にあった。興行などで浮かれているような社会情勢ではない。しかし、政府は殖産興業重視の姿勢と、京都の復興をさらに勢いづけるため、開催を後押しした。

勧業博は第1回が1877(明治10)年、第2回が1881(明治14)年、第3回が1890(明治23)年と3回連続で東京・上野公園で実施していた。それが、4回目にして京都府や京都の実業界による誘致が実を結んだ。最新の理化学機器を内外に広くアピールするこの上ない好機とあって、初代源蔵は腕をまくっていた。

平安遷都千百年紀念祭は、桓武天皇が平安京に都を移してから1100年目の節目を祝う京都の一大行事である。参考までに、その100年後、1994(平成6)年に実施さ

平安遷都千百年紀念祭で建てられた平安神宮

れた「平安建都1200年記念事業」の主たる事業は、京都迎賓館の建設、地下鉄東西線の整備などであった。

平安遷都千百年紀念祭のメイン事業は、桓武天皇を祀る平安神宮の造営だ。その平安神宮と隣接して、内国勧業博覧会会場を設営するという。

会場敷地面積は計17万8000平方メートル。正面入り口には大理石の噴水が噴き上がる演出もあった。パビリオンは美術館、工業館、機械館、水産館、動物館、農林館の6施設だ。

水産館は今でいう水族館である。大きな水槽に鯉やフナ、ウナギなどを泳がせた。また、美術館ではフランス帰りの画家、黒田清輝の描いた裸婦像が大論争となった。結局、裸婦の下半身

日本で最初の路面電車が走った

を布で覆う措置が取られた。

この勧業博の跡地は岡崎公園として整備され、現在はロームシアター京都、岡崎グラウンド、京都市京セラ美術館、京都府立図書館、国立近代美術館、京都市勧業館みやこめっせなどの文化施設が立ち並ぶ。

紀念祭では、洛中の名所旧跡の修繕・保存などの事業も進められた。対象となったのは、左京区の熊野神社拝殿や、山科区の坂上田村麻呂墓、東福寺山門、神泉苑、長岡京遺跡などである。

勧業博でもっとも世間を驚かせたのは会場内に日本初の路面電車を走らせたことである。路面電車は会場である岡崎と塩小路東洞院（現在の京都駅）、伏見下油掛町までを結んだ。これは、1885（明治18）年に着工し、1890（明治23）年に完成した琵琶湖疏水《そすい》の副産物であった。

琵琶湖疏水とは琵琶湖から京都市内までを結ぶ運河のことである。京都府は琵琶湖疏水事業に5年の歳月と府の年間予算の2倍という巨費をかけた。財源は先述の明治天皇の下賜金であった。琵琶湖疏水が完成しなければ、京都の殖産興業は成功しなかった、とも言われている。

疏水は琵琶湖から山科に抜け、京都の岡崎までを結ぶ全長約20キロ。とくに岡崎公園を悠々と流れる疏水はこの地のシンボルで、疏水脇の小径は市民の憩いの場になっている。近くの南禅寺境内には煉瓦造りの水路閣（疏水の引き込み）が現存する。界隈を散策するだけで、明治期京都の産業遺産をいくつも見ることができる。

疏水の主たる目的は水運・灌漑《かんがい》・市民の飲料水確保であった。だが、疏水の設計監督の田邉朔郎《たなべさくろう》は設計の過程で、アメリカで水力発電が開発されたことを知る。そこで、急遽渡米し、発電所を疏水事業に組み込んだのである。

この蹴上《けあげ》発電所は水力発電所としては日本初、世界でも2番目という快挙であった。なんと、運転開始からおよそ130年が経過した今もなお、現役の発電所として稼働し続けている。現在、蹴上発電所は関西電力が管理している。

この発電所から供給される電力によって、日本で最初の路面電車が運行された。電車の開発には、源蔵はしばしば技術上の相談に乗っている。

この路面電車によって、大阪から淀川を使って船でやってくる客が伏見で電車に乗り換えることができた。

こうして第4回内国勧業博は大成功を収めた。4カ月にわたる会期中で、入場者数は約

蹴上発電所。現在も使われている

岡崎公園を流れる琵琶湖疏水

114万人を記録。京都での内国勧業博は、京都の旅館をはじめとする観光インフラの整備にも貢献した。今につながる国際観光都市京都の幕開けでもあった。

さて、京都が千百年紀念祭と勧業博の同時開催の準備で盛り上がっているころ、初代源蔵は自宅兼工場の北側3軒を買い取り、店舗拡張の工事に入っていた。現在の店舗と新店舗の二階をつなげてワンフロアにし、理化学機器のショールームとする計画であった。

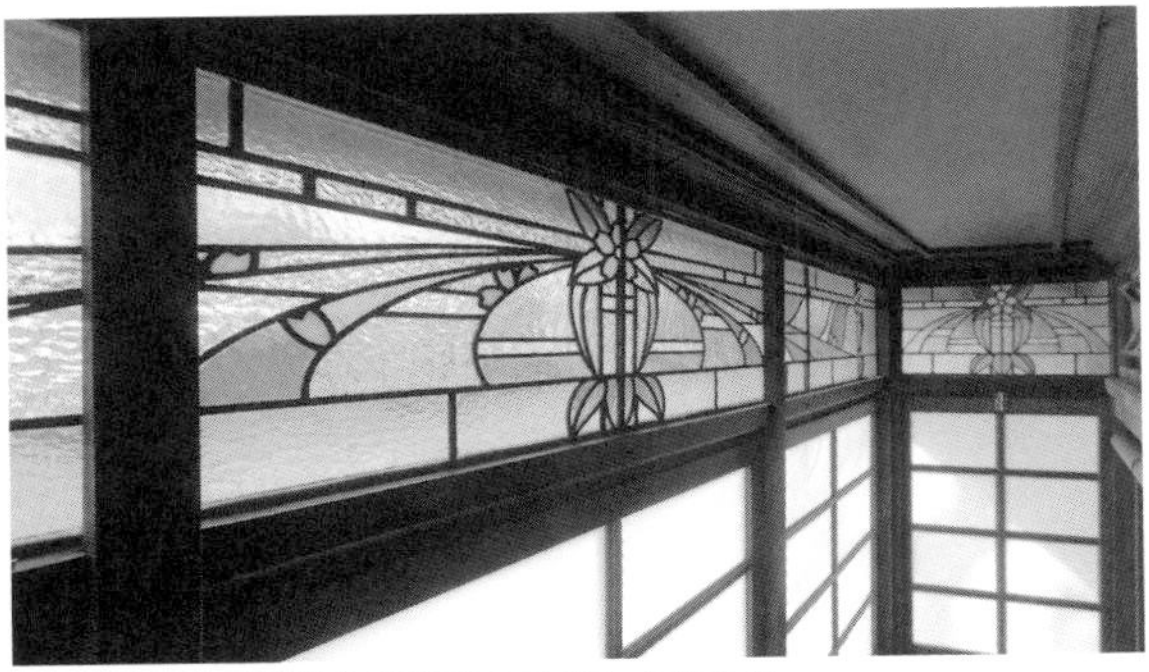

島津製作所 創業記念資料館のステンドグラス

その外観は伝統的な京都の町家風でありながら、縦長の窓をふんだんに取り入れたモダンなつくりであった。窓の上部には鴨川や桜をモチーフにしたステンドグラスがはめられた。この建物は現在、島津製作所 創業記念資料館として一般公開され、当時の島津一家と工房の雰囲気を感じることができる。

初代源蔵は増床工事を進めつつ、内国勧業博の出品準備にも追われていた。そんな最中の急逝であった。悲嘆に暮れている時間はなかった。家督を継いだ二代源蔵は、身が引き締まる思いであった。

つるとの夫婦水入らずの生活を、三条麩屋町で送っていたがそれも2年でピリオドを打った。そして文具店も閉じ、夫婦で木屋町二条に戻ってきた。

源蔵は朝は3時に起床し、職人たちの段取りをつけ、日中は新製品の開発研究に没頭する日々を送った。そんな多忙な源蔵であるから、彼は趣味らしい趣味を持たなかった。ただひたすらに、発明と経営に明け暮れる生涯を送ったのである。

初代源蔵の遺志は、とにもかくにも第4回内国勧業博を成功させることであった。数点の出品物のうち、自信をもって開発したひとつがウィムシャースト式感応起電機だ。さらにビャンキ排気器と合わせて、勧業博会場で実験を行ってみせ、観客の喝采を浴びた。この2品が勧業博の有効賞2等を受賞した。

島津製作所の事業は拡大し、順風満帆かのように思えた。だが、その実態は借金まみれであった。工房の拡大、さまざまな設備投資に加え、30人を超える従業員の人件費、さらには所主の源蔵自身は、大家族を抱えていた。一刻も早く事業を軌道に乗せ、借金を計画的に返済していかねばならない。そのためには、島津製作所としての主力商品の開発が急務であった。

源蔵が家督を継いだころの島津製作所の主軸は、学校を相手とする理化学の実験器具である。それもドイツをはじめとする欧米の理化学機器の模倣に過ぎなかった。

源蔵は思案した。

「科学の力で世の中を便利にして、人のために尽くすような製品を開発していくんや」

源蔵にはオリジナル商品の腹案があった。それは、感応起電機の製作や歌舞練場におけるアーク灯点灯事業などを通じて培った日本製蓄電池（バッテリー）の開発である。源蔵は生涯で178の特許を取得しているが、その最たるものは蓄電池製造のための技術である「易反応《いはんのう》性鉛粉製造法」である。

源蔵が手がけた蓄電池は、日露戦争の艦隊無線電信用電源として搭載される。そして、ロシア軍率いるバルチック艦隊を撃破する端緒となった第一報「敵艦見ゆ」の打電の快挙へとつながるのである。

# 第4章

# 日本で最初の蓄電池

## 自宅兼工房で生まれた蓄電池

島津製作所は現在、クロマトグラフ（クロマトグラフィーという手法を用いて成分を分離分析する装置）や質量分析計などの分析計測機器、X線撮影システムなどの医用機器、ターボ分子ポンプ（半導体製造装置などに使用する）といった産業機器を経営の主軸としている。また世間一般にはあまり知られてはいないが、航空機搭載機器事業も手がけている。

島津製作所の軍需産業との関わりの歴史は古い。それこそ、平安遷都千百年紀念祭と第4回内国勧業博覧会同時開催にさかのぼる。

その目玉は官民あげての琵琶湖疏水事業、そして疏水から導かれた琵琶湖の水を使って発電する水路式水力発電事業であった。この電力を使って路面電車がわが国で最初に整備されたことは先述の通りである。

この豊富かつ、安定的な電力を元にして、1888（明治21）年に設立されたのが京都電燈株式会社である。京都電燈は戦時統制によって1944（昭和19）年に清算させられ、今は存在しない。だが、その旧社屋（昭和12年竣工）はJR京都駅烏丸口の前にある関西電力京都支社になっている。京都電燈の創業の地は、島津製作所から南に500メートルほど行った高瀬川沿い（旧立誠小学校跡）である。

京都電燈は1892（明治25）年、その3年前に発足した京都市（ただし市長は置かず府知事が市政のトップであった）にたいし、電力の供給を申請し、本格的な電力事業に乗り出す。その嚆矢《こうし》は先述の、都をどりにおける舞台点灯であった。

当時、東京や大阪などの大都市でも電力事業が立ち上がっていたものの、発電方法はコストの高い火力発電であった。京都電燈も設立当初は火力発電事業からスタートしていた。そこで京都電燈が目をつけたのは日本初の水力発電所である蹴上発電所だった。蹴上発電所が完成後、京都電燈は火力発電事業を停止。火力よりも半分のコストで供給される蹴上発電所の直流電流を交流に転換し、主に市街地の電灯の普及をねらった。

京都ではこの安価な電力を背景にして、産業はさらにスピード感を増して拡大していく。

ちなみに京都において、ガス（瓦斯）が登場するのは、電気よりもはるかに遅い1910（明治43）年のことである。京都瓦斯は下京区中堂寺坊城町に工場を建設し、1日に約2000立方メートルのガスを供給し始めたのが事業の最初である。

じつは、ほかの都市では、京都に比べてはるか前にガスが整備されていた。横浜に日本で最初のガス灯が点《とも》されたのが1872（明治5）年で、20世紀に入ると全国には約70ものガス会社が存在したという。京都におけるガス供給が遅れた背景には、疏水事業における電気整備が先行していたことがある。

島津製作所の所主、島津源蔵は工場における電力導入を、産業界に先駆けて推し進めたひとりであった。

京都電燈の発足直後には、島津製作所は工場の動力源に火力発電の供給を受けていたとみられる。本格的に工場に電動機を備えるのは１９００（明治33）年のことである。この時、3馬力の電動機を1基導入。さらに事業の拡大に応じて１９０３（明治36）年に5馬力を、１９０６（明治39）年にはさらに5馬力2基を追加している。

さて、時を少し戻そう。

初代源蔵の一周忌が終わったころ、ようやく源蔵に時間的、精神的な余裕が生まれてきた。そこで、かねてから源蔵の最大の関心事であった蓄電池の開発に着手することになる。

当時、日本には電池は存在していた。しかし、それは「使い捨て」であった。原理は、硫酸に銅板と亜鉛を浸すことで直流電流を発生させる。しかし、この方法では化学反応が終わると、発電が終了してしまう。これを「一次電池」といい、今でも一般的に使われている乾電池やボタン電池などがこれに当たる。

一次電池は１８４９（嘉永2）年に松代藩士・佐久間象山が日本初の製造に成功している。象山は22歳で江戸に出て朱子学者となったが、のちに蘭学に傾倒。液体式のダニエル電池の開発のほか、妻のコレラ治療でも使用されたと言われる電気治療器、地震計、写真機、ガラス製造などを手がけた、江戸後期の天才であった。

明治に入って、国産の一次電池は初代源蔵が改良を重ね、一般に流通させている。１８

82（明治15）年に発行したカタログ「理化器械目録表」にも、「電池」として掲載されている。販売価格は3円50銭から5円50銭であった。

一次電池にたいし、「二次電池」は、なんども繰り返し使える電池のことだ。いわゆる「バッテリー（蓄電池）」である。現在、蓄電池はさまざまな工業製品に使われており、われわれの生活には欠かせない存在となっている。自動車やバイクに搭載するバッテリーはもちろん、ノートパソコン、スマートフォンなど、例を挙げればキリがない。近年は電気自動車が普及しだし、高性能バッテリーの需要は増している。

この蓄電池を世界で最初に発明したのはフランスの科学者、ガストン・プランテである。1859（安政6）年のことだ。プランテの蓄電池は、2枚の鉛の板を硫酸の入った容器に浸した構造であった。すると、両極板に酸化・還元反応が起き、充放電をする。充電された電気を必要な時に取り出し、電気がなくなれば、再充電すると電池が復活するというものだ。

プランテの考案したこの原理を使って、日本で最初に蓄電池を開発したのが源蔵であった。源蔵が蓄電池開発に取り組む上での、最初のきっかけは1894（明治27）年ごろ。初代源蔵が、かねてから懇意にしていた同志社大学教授のゲーンズの蔵書を譲り受けたことで、創作意欲が湧いてきたという。

蔵書のなかにデスチャネル著『自然哲学（*Natural Philosophy*）』が含まれていた。そのなかに蓄電池の原理図が描かれていたのだ。だが、同書を見ただけでは製作方法はつかめずにいた。島津父子は、蓄電池の原理図を見ながら、悔しがった。

「なんども使える電池らしいけどな。これがつくれたら素晴らしいんやけどなあ」

ところが、すぐに求めていた書物に出合った。ホプキンス著『実験科学（*Experimental Science*）』をめくっていた時、蓄電池の原理と製造法が書かれてあったのだ。本書を頼りに、父子は幾日も試行錯誤を重ねた。だが、この時は完成には至らなかった。

機が熟したのは初代源蔵の死後3年が経過した1897（明治30）年のこと。京都帝国大学に理工科が新設された。

源蔵は、そこで最新の科学を教えてもらえるとの期待を抱き、大学に出入りを始める。源蔵はすでに学者の間では有名な存在であった。教授らは、惜しげもなく源蔵にさまざまな科学の知識を伝授した。

ほどなく、ひとりの教授が源蔵に声を掛けた。

「島津はん、あんたに実習用の蓄電池をつくってもらえんだろうか。容量は10アンペアほどや。感応コイルを使った高圧実験用の電源にしたいんや。あんたにそれがつくれるやろか」

源蔵は、しばし考え、そして答えた。

「たしか、この大学に古い外国製の鉛蓄電池がありましたな。よし、それを見本にして一度つくってみましょか」

源蔵は京都大学から工房に蓄電池を持ち帰ると、早速、電池の極板を引き抜いてみた。

「なるほど、これは思ったより小さいもんやな。原理はわかる。前に親父と一緒に見たホプキンスの原理と同じや。これなら比較的簡単につくれそうや」

勢いづいた源蔵は短期間で容量10アンペアの蓄電池の試作品を完成させることに成功した。教授は、心底感心してこう言った。

「あんたはやっぱりすごい。この蓄電池なら、どの大学でも欲しがるで」

教授が言うように、蓄電池の完成はたちまち全国の大学に知れ渡ることになり、源蔵の元には製造依頼がいくつか舞い込んできた。だが、島津製作所が商業用蓄電池の製造を始めるまでには、まだまだ改良を重ねる必要があった。

当時、日本の電力事情は安定せず、断続的な停電や故障に見舞われていた。そのため、連続的な使用を要する映画館、劇場、無線通信、鉄道などにとって、予備電源としての蓄電池は不可欠な存在であった。しかし、国内に製造会社はなく、すべてが高価な輸入品に頼っていた。島津製作所による蓄電池開発はある意味、社会全体の要請であり、急務であった。

しかし、島津製作所が蓄電池製造を手がけるには、木屋町二条の自宅兼工房では手狭すぎた。そこで源蔵は1903（明治36）年1月、本店の目と鼻の先の河原町二条に、約1

500坪の土地を取得する。現在の京都市役所の北側である。

この土地の一部は元は日蓮宗妙満寺の境内地であり、明治初期の上知令によって土地が空いていた。そこに島津製作所河原町工場を新設した。この地には、のちに1927（昭和2）年に島津製作所旧本社ビル

当時の河原町の島津製作所旧本社ビル（1927〈昭和2〉年竣工）。現在は結婚式などで使われている

が建設されている。その建物は現存しており、結婚式場兼レストランとして利用されていることは先述した通りである。

源蔵は、この河原町工場でより容量の大きいクロライド式蓄電池の開発に着手した。クロライド式蓄電池とは1891（明治24）年創業のイギリス・クロライド社が開発した蓄電池である。しかし、クロライド式蓄電池の製造法を巡って、源蔵は思わぬ苦戦を強いられる。

それは極板の化成方法であった。クロライド式蓄電池の容量は、陽極の極板に仕組まれている鉛リボンの表面に生じる過酸化鉛の付着量が多いほど大きくなる。この皮膜の生成手法において、当時、「絶対禁物《きんもつ》（タブー）」とされていたのが硝酸であった。

「今まであらゆる研究を凝らしたけれど、使っていないのは、あの絶対禁物の硝酸だけや。しかし、硝酸が禁物というのであれば、それを使ってみて、どんな作用が生じるのかを試してみても無意味やないと思う。仮に失敗しても、硝酸では使いもんにならんかったことを知ることができれば、それはそれで価値あることや」

源蔵は勇気を奮って硝酸を使ってみた。すると、意外にも薄い皮膜ができているのが確認できた。

「やった。やっぱりなんでも試してみるもんや」

源蔵はその後、何度となく改良を重ね、1903（明治36）年の暮れ、ついに150アンペアのクロライド式蓄電池が完成したのである。その試作品は、すぐに販売せず自社の河原町工場に設備した。これが、わが国で最初の商業用蓄電池の第一号となった。工場には計80基もの蓄電池が据え付けられた。

このクロライド式蓄電池開発の成功は運命の引き金であった。島津製作所に大きな転機が訪れる。

1904（明治37）年2月、満州や朝鮮半島の権益を巡り、日露戦争が勃発。日露両国は、仁川沖海戦、旅順の攻防、乃木希典《のぎまれすけ》率いる二〇三高地の占領、奉天会戦など各地で激戦を繰り広げた。奉天会戦では両軍で60万人もの兵力を投入し、約16万人の死傷者を出したと言われている。

開戦直前の1904（明治37）年2月。海軍の木村駿吉なる人物がふたりの男を連れて、源蔵のいる河原町工場にやってきた。木村自身、無線通信の研究者でもあり、「海軍技術部の至宝」と呼ばれていた人物であった。この木村に同行したのは当時電池研究の第一人者、京都帝国大学教授の難波正とその助手だった。

（これは、ただ事ではあらへんな）

源蔵は緊張の面持ちで3人を応接室に通した。挨拶もそこそこに、木村が切り出した。

「島津さん、じつはおりいってのお願いがあってここに参ったのです。はなはだ唐突ですが、容量150アンペアの蓄電池を至急に納入していただきたいのです」

「どういう方面にご入用なんです？」

木村と難波は顔を見合わせ、そして声を潜めて続けた。

「ここから話すことは絶対に秘密です。口外しないことをお約束ください。じつは軍艦に搭載する無線電信の電源用の蓄電池が必要なのです」

「えっ、軍艦に載せる……」

源蔵は言葉に詰まった。

「そうです。わが軍の無線電信の技術そのものは高い完成度をほこり、なんの問題もありません。しかし、いざ無電を軍艦に設置するとなると、蓄電池が絶対に必要になってきます。無電用蓄電池は外国製が少しあるだけで、まだまだ不足しています。軍はいま、蓄電池のかき集めに必死になっているのです。東京帝国大学、京都帝国大学にある蓄電池は徴集しました。しかし、まだまだ足りません。そこで難波先生に相談したところ、島津さんが開発に成功されたということで、ご紹介していただいたわけです」

「いや、それはよくお話しくださいました。それで大体、いつまでにお納めさせてもらえばよろしいやろ」

「納入が遅れれば遅れるほど、戦局に影響します。一刻も早くにお願いしたい」

「そうですか、しかし、相当な分量をいちからつくるとなると……」

源蔵は腕を組んで思案した。

たしかに、軍用蓄電池は艦船の生命線とも言える存在であった。当時、ロシアが誇る太平洋艦隊と、日本帝国海軍連合艦隊はほぼ互角の戦力であった。そこで、ロシア海軍はバルト海に展開していた艦艇を加えて増強。極東にその戦力を結集させようとしていた。これが、通称バルチック艦隊（ロシア第二・第三太平洋艦隊）である。

このロシアの動きにたいし、日本海軍は、バルチック艦隊を日本海に展開させないよう、迎撃態勢を整えていた。そのため、敵艦の通信の傍受、そしていち早い無線電信による打電が求められた。

　バルチック艦隊には、最新鋭のドイツ製の無電と蓄電池が設備されているということは日本側は承知していた。だが、連合艦隊の場合、無線技師の木村によって無電自体は完成しているものの、それを各軍艦に搭載するために必要な蓄電池がなかったのである。

　バルチック艦隊による日本海展開を許せば、それこそ喉元に刃を突きつけられたと同様、戦局はたちまち悪化する。蓄電池をいかに確保するかが、日露戦争の明暗を握っていたと言っても過言ではなかった。

　源蔵は自分の会社に降りかかる責任の重大さを、嫌というほど、痛感した。しかし、安易に受注し、納品が間に合わない場合を想定すると……それこそ責任問題である。

　木村が再度、口を開いた。

「どうでしょうか。至急、納めていただくことはできますか」

「国家の存亡をかけた一大事であることはわかります。私ごときの研究でも、お役に立てることができれば、国民としてこれほどの光栄はないのですが、しかし、一刻を争うということとなると……。誠に残念ではありますが……」

　源蔵がそこまで言うと、木村と難波はがっくりと肩を落とした。源蔵もうつむいたまま、言葉を継ぐことはできなかった。長い沈黙が続いたその時であった。源蔵は妙案が浮かんだように、ハッと頭を上げた。

河原町工場に据え付けられていた初期の蓄電池

「難波博士、ちょっと、ちょっと工場まで来てください。いいことを考えつきました」

源蔵は難波と助手のふたりを工場に引き連れていき、すでに据え付けられている大型蓄電池を見せた。工場内のレンガ壁にそって、ずらりと据置型の大型蓄電池が80基、整然と並んでいた。

「これをご覧ください。うちの工場用につくった蓄電池です。このままでは無電用には使えない大きな代物ですが、木箱に入るサイズの携帯用に改造することは可能です。この方法なら、すぐに着手できます。しかし、改造したからと言って、果たして軍艦の中で使えるものでしょうか」

難波は即答した。

「いや、問題はありません。十分に役立ちます。しかし、この蓄電池を工場から取り外せば、この工場は稼働できなくなり、作業に支障が出るでしょう」

「ご心配は無用です。たしかに仕事に支障は出ますが、もはや島津製作所の都合がどうの、というような場合ではないでしょう。島津製作所の名誉、いや、私自身が果たさなければならない国民としての義務です。どうか、この蓄電池をお役立てください」

「ありがとう！　島津さん、恩に着ます」

源蔵は木村と難波たちを送り出すと、工員総出ですぐさま蓄電池の取り外しと改造に取り掛かった。大型蓄電池をばらし、木箱入りのサイズに入るように改造した。源蔵はもとより、工員も不眠不休でその作業に当たり、わずか2日後には改造を終えた。そうして計11個の携帯型蓄電池が完成し、すぐさま横須賀基地へと送り届けたのである。

## 「敵艦見ゆ」

1905（明治38）年5月、バルチック艦隊はフランス領インドシナ（ベトナム）を経て、極東ウラジオストクへと向かっていた。同月27日未明、連合艦隊巡洋艦「信濃丸」は長崎県五島列島の西方沖の朝霧の中に、バルチック艦隊の艦列の影を発見する。すぐさま、信濃丸は、連合艦隊の旗艦である「三笠」に向けて通信文を発した。

この時、源蔵が改造した蓄電池と結ばれた無電は、駆逐艦以上の軍艦すべてに配備が完了していた。

「敵ノ第二艦隊見ユ　２０３地点」（敵の第二艦隊が見える。２０３地点）

当時、連合艦隊の多くは釜山沖の加徳水道に展開。三笠のみ、大本営との通信連絡上便利な朝鮮半島の鎮海湾に入っていた。だが、どういうわけか第一報は三笠にはすぐに届かなかった。しかし巡洋艦「和泉」がこれを傍受、機を逸せずに中継して、三笠へと届けられた。

三笠は、信濃丸からの「敵艦見ゆ」の第一報と、順次入ってくるバルチック艦隊の動きを報告する無電を大本営へと転電した。

敵艦隊見ユトノ警報ニ接シ聯合艦隊ハ直チニ出動、コレヲ撃滅セントス。本日天氣晴朗ナレドモ浪高シ。（敵艦を発見したとの報に接し、連合艦隊はただちに出動し、撃滅に向かう。本日は天気に恵まれているが波は高い）

連合艦隊司令長官東郷平八郎は、三笠に出撃命令を出したのであった。

午前6時35分、三笠は鎮海湾を出ると、連合艦隊と合流。三笠は以下計40隻の艦艇を率いて、対馬海峡へと向かった。

午後1時39分、対馬海峡の南西方向にバルチック艦隊を発見。東郷は戦闘旗を掲げて、戦闘開始を命令した。迎え撃つ態勢の連合艦隊は、常に風上にたち、敵艦の動きや編隊をいち早くとらえることができた。そのため、バルチック艦隊からの被弾を最小限に抑えられ、一方で敵艦に集中砲火を浴びせることができた。

この日本海海戦は日没後も続き、翌28日午前10時34分、ついにバルチック艦隊は白旗を掲揚した。

バルチック艦隊は計36隻のうち沈没21隻、被拿捕《だほ》6隻、中立国に抑留6隻という壊滅状態であった。無事ウラジオストクに到着したのはわずかに3隻だけであった。たいし、連合艦隊の損失は水雷艇が3隻沈没したのみという、圧倒的勝利を上げたのである。

この歴史的勝利の背景に、無線電信を使ったネットワーク作戦があった。敵艦の情報をつかみ、いち早く大本営に伝え即時命令につながったほか、戦闘中の各艦同士の情報共有が可能となった。なにより、信濃丸からの「敵艦見ゆ」の第一報によって、連合艦隊の持てる兵力をすべて日本海海戦に投入できたことが最大の勝因となった。

奇跡的な圧倒的勝利に国民は沸いた。京都・木屋町の島津製作所にもその報はすぐに寄せられた。日本海海戦における陰の立役者が、若き技術者であり、若き経営者の島津源蔵その人であったことに疑う余地はない。

その証拠に島津製作所 創業記念資料館には、東郷平八郎から軍艦和泉の乗組員水谷寅松に送られた感謝状の写しが掛けられている。感謝状にはこう書かれていた。

明治三十八年五月廿七日午前早ク敵艦隊ト觸接シ爾後敵ノ砲火等ニ屈セス敵ノ監視ヲ

シテ我陸軍運送船等ヲ援護シタルノミナラス詳カニ時々ノ敵情ヲ観察報告シ連合艦隊ノ作戦ヲ利セシコト少ナカラス其功績大ナリトス仍テ茲《ここ》ニ感状ヲ授與《より》スルモノナリ

明治三十八年六月廿日　連合艦隊司令長官東郷平八郎

【意訳】明治38年5月27日未明に敵艦隊と接触し、交戦状態になり、勇ましく戦った。敵を監視しつつ、わが陸軍の輸送船などを援護するだけでなく、適時、詳細に敵の様子を観察・報告し、連合艦隊の作戦を有利に進めた。その功績は甚大で、ここに感謝状を贈るものである　明治38年6月20日　連合艦隊司令長官東郷平八郎

これを見ても、日本海海戦においていかに通信戦が重要であったかがよくわかる。この島津製作所と海軍との一連のエピソードを、源蔵の長弟の島津源吉が後に述懐している。

「明治37年2月3日の夕刻、〝仁川沖で露国軍艦ワリヤーグ号を撃沈す〟という号外が出て、非常に沸き立っていたのですがちょうどその晩は私の結婚式で、式場の飾りに蓄電池を使い、ついたてに電球で富士山の形をこしらえ、イルミネーションを点灯し、列席のみなさんにご覧願いました。ところが、翌4日に海軍技師木村駿吉氏、京大の電気科の難波正氏、同助手の田子正次氏の3人が、わざわざ河原町の島津へいらっしゃって、その蓄電池を電

源用としてぜひ海軍へ譲ってほしい、と買い上げの交渉です。で、荷造りをして引き渡したのが確か2月6日だったと記憶しています。その蓄電池が軍艦和泉で偉功をたてたとのお話を聞き、感慨深いものがあります。話はさらに、この後日談になりますが、日露戦争が終わった後、海軍からこの蓄電池の極板を参考にせよということで、島津に送ってくださった。ところが、驚いたことには、極板の活動物質はほとんど脱落してしまっていて、まるで障子の桟のようになっており、よくここまで使ったものだと、皆で感心しながら話し合ったことも憶えています」（島津製作所社史編纂委員会『島津製作所の歩み　科学とともに一〇〇年』島津製作所　１９７５年。史実と日付が異なるが現文通りに掲載）

蓋を開ければ、日本海海戦は日本連合艦隊の圧倒的勝利であった。世界に名を轟かせたバルチック艦隊は日本海の藻屑《もくず》と消えた。ロシアは事実上、海軍の兵力を失った。日本海海戦の３カ月後の１９０５（明治38）年9月1日、日露両国は休戦議定書に調印。５日にはポーツマス条約が調印された。

西本願寺門前の仏具職人から転じて30年。島津製作所はこのころすでに、わが国の富国強兵・殖産興業政策を担う中核企業の一角を占めていたことは間違いないだろう。仏具製造から総合理化学機器メーカーへ。島津製作所は華麗なる脱皮を果たしていたのである。

## GS蓄電池

日露戦争後も軍に蓄電池の納入を続けていた島津製作所は、その需要に即応するため、1908（明治41）年に受注生産から見込み生産に踏み切る。この時、島津源蔵（Genzo Shimadzu）のイニシャルを取って、「GS蓄電池」とのブランド名を掲げた。

初期のGS蓄電池携帯用（複製品）

このころ、国内では日露戦争後の軍備拡充によって、多くの軍需関連産業が生まれていった。それに連動するように、島津製作所の事業も順調に推移していく。蓄電池へのニーズは相変わらずの強さであった。

軍需だけにとどまらず、教育実験、一般の電信電話、鉄道、電力など販路を広げた。カタログを製作し、広報宣伝にも注力した。

島津製作所が一般の予備電源として受注を受けた第一号は、新京極に開業した活動写真（映画）館「みかど館」（後の菊水映画劇場）だった。ちなみに京都における映画館の最初は、1911（明治44）年に開館し、その後成人映画館としてリニューアルした八千代館である。

みかど館は白亜の洋館のようなつくりで、大いに賑わった。京都ではこのころ、水力発電所蹴上発電所の運用によって、さまざまなところに電気が使用されていくが、まだまだ供給能力には限界があり、京都における送電は基本的に夜間のみであった。従って、まずは街灯の整備が優先的に進められた。明治後期になって、新京極周辺には劇場が次々と開業したが、そういった事情で日中の興行に限られていた。

また、停電や故障が断続的に続くなど、電力の品質は決して良好、といえるものではなかった。とくに不断の通電が求められたのが鉄道などの交通のほか、劇場関係であった。映画などは上映中に停電になれば館内は漆黒の闇に包まれ、一気に興ざめである。

GS蓄電池はそうした不安定な電力事情を補うための予備電源として、劇場や映画館の目に留まった。GS蓄電池を使えば、停電にならないどころか、一日中営業できる。実はこうしたプロモーション活動のアイデアを考案したのは源蔵自身であった。

みかど館が先んじてGS蓄電池を導入すると、新京極の映画館が軒並み停電して騒ぎになっているのに、みかど館だけは煌々《こうこう》と電気が灯って上映を続けられている、と話題になった。この評判は瞬く間に全国の劇場に広がっていく。

大阪の千日前に1911(明治44)年に開業した劇場の敷島倶楽部(現在のTOHOシネマズなんば別館)、東京・日本橋の大丸呉服店、日比谷の帝国劇場などがGS蓄電池の設備を整えた。

急速に拡大するGS蓄電池への需要に応えるため、源蔵は1912(大正元)年10月、思い切って大規模工場の建設に踏み切ろうとしていた。島津製作所は当時の京都の企業のなかで、屈指の規模に成長しつつあった。

明治後半以降、京都ではさまざまな分野の産業が立ち上がり、新しい企業がつくられていった。だが、大型の資本を投入し、大工場を整備していくような類のものはほんのわずかで、多くが家内工業の域を出なかった。

1912(大正元)年の京都市内における、職工10人以上の工場数は368で、市と隣接する地域の工場173を合わせると計541工場であった。職工50人以上の規模の工場となると市内に33カ所に過ぎなかった。この541工場のうち電力設備のある工場は、島津製作所を含む3分の1の181工場であった。(『京都の歴史 8』)

しかし、島津製作所は当時、河原町工場建設時の債務が残っていた。源蔵は銀行に足を運び、新工場建設のための融資の説得を続けたが、現実は厳しかった。

だが、源蔵はどうしても新工場をつくりたかった。この強い情熱に拍車をかけたのは、

1913（大正2）年7月、源蔵自身がイギリスの旅行代理店トーマス・クック社主催の世界一周ツアーに参加したこと、であろう。源蔵に賛同して、世界一周に同行したのは旧知の内貴《ないき》富三郎、京都帝国大学教授の小木虎次郎らであった。

源蔵らが最初に訪れたのはフランスであった。フランスでは顕微鏡工場を視察した。次いで、理化学機器製造では最先端をいくドイツに入った。ドイツには日本にも支店を出している発電・通信機器製造大手のシーメンスがあった。

この時のやりとりが、島津製作所社史『島津の源流』（1995年）に詳しく紹介されている。受付で源蔵らが名刺を差し出すと、工場の上役が出てきてこう言ったという。

「はるばる日本からおいでいただいたのですから、うちの製品をお見せしたいのはやまやまですが、お引き取りください。大学の先生や電燈会社の技師の方であれば構いませんが、島津さんがおられるので申し訳ありませんが、お見せするわけにはいかないのです」

源蔵は相手が自分の存在を知っていることにまず、驚いた。いまや世界のシーメンスと島津製作所が競合する関係にあることを知ったのは誇らしいことである。しかし、わざわざ日本から視察に訪れたのである。そうはやすやすと引くことはできない。そこで英語が堪能な小木が説得にあたった。

「あなた方は島津を日本の技術者だと思って見学を断ろうとされていますが、そうではありません。この人は資本家です。外国の電機工場や機械工場を見て、日本に足りない機械を買いに来たのです。もし見せていただけなかったら、これからは日本ではシーメンスの機械を買うことはできず、また紹介もできません。考え直していただけないでしょうか」

この説得が功を奏したのか、関係者は源蔵らを中に招き入れてくれた。そして製品の展示室に通された。だが、それまで英語で話してくれていた案内人はドイツ語で話し始めた。源蔵らが理解できないようにするための露骨な嫌がらせであった。

シーメンスにはさまざまな最新の理化学機器が陳列されていた。電車や船舶の電化機器、通信、医療、衛生機器など。源蔵はドイツ語が理解できなくとも、おおよその製品の機能は理解できた。しかし、ある機械にでくわしたところ、源蔵と小木とで意見が割れた。そこは衛生機器を展示するコーナーで、ガラス管の中を水が通る仕組みになっていた。源蔵は口を開いた。

「小木さん、これは、水道水を殺菌する機械やと思う」

「源蔵さん、それはどうやろね。私は違うと思う。水に何らかの薬品が接触しているところを確認できない。ただ水が管の中を通っているだけで殺菌できる理論があるだろうか」

ドイツ人の案内人に尋ねてもニヤニヤして立っているだけであった。

翌日、アルゲマイネ社を視察した。アルゲマイネは現在、ＡＥＧという大手家電メーカーで知られている。日本では食器洗い機やＩＨクッキングヒーターなどの高級ブランドとして人気がある。

アルゲマイネの工場では、大倉組（大倉財閥）から出向してきた日本人技師が案内人を務めてくれた。しばらく陳列品を見ていると、昨日のシーメンス社で結論が出なかったガラス管の衛生機器の類似品が置かれているのを発見した。小木が質問した。

「これはいったい、何ですか。シーメンスにもあったのですが」

「これは水道の水を電気でオゾンを発生させることで殺菌して、飲料水にする機械です」

日本人技師がこう答えると、源蔵は満足そうな表情を浮かべた。

「やっぱりや。昨日、シーメンスで医療用機器を見ていた時に、室内殺菌装置があった。そこで例のドイツ人案内人が手まねで空気を浄化するような素振りをみせ、『オツオーン』と言ったんや。それで僕は、空気の殺菌にオゾンを使っているんやと考えたんや。水道の装置もオゾンで殺菌していると察しがついた」

京都帝国大学で電気工学を教えている小木は源蔵の観察力と洞察力に心底、感心した。

その後、一行はイギリスを経てアメリカに入った。アメリカでは造幣局を見て回り、11月に帰国。

源蔵にとって、この世界一周視察旅行はまさに「百聞は一見にしかず」の旅となった。最先端の技術を目の当たりにし、日本と欧米の科学技術の歴然とした差を思い知ることもできた。

「優れた欧米の製品を日本はもっと取り入れるべきや。同時に、できるものから早急に国産体制を図っていくことが必要や。まずうちでできることは蓄電池の量産体制の確立や」

この視察をきっかけに源蔵は、悲願であった新工場建設を決断したのだった。

そこで、源蔵は初代京都市長で、「京都財界四元老」のひとりに数えられた内貴甚三郎の長男、清兵衛に相談。清兵衛は世界一周旅行に源蔵と一緒に参加した内貴富三郎の兄で、実家の呉服問屋「銭清」の若主人であった。源蔵は訴えた。

「清兵衛さん、蓄電池をつくり続けることは時代の要請や。日本には海外製の蓄電池が入り続けている。需要はきっとある。どうか、力を貸してもらえへんやろうか」

「よくわかりました。あなたの事業計画はきっとたしかや。しかし工場用地の取得や大規模工場の建設となると、巨額の資金が必要となります。私にはそこまでの資金はあらへんけど、京都商工銀行へ話を通してみましょう。きっと必要な資金は融通してくれるはずや」

源蔵が工場建設に目をつけていた土地は、今出川新町（現在の同志社大学新町キャンパス）にあった日本製布の工場跡地であった。日本製布は1895（明治28）年に綿ネルの需要拡大を受けて設立。わが国で唯一の製布工場を持っていた。しかし、思うように収益が上がらず1908（明治41）年に倒産し、その工場跡地が売却にかけられていた。

内貴清兵衛の斡旋《あっせん》があり、京都商工銀行から融資を受けられた源蔵は、当地を買収。そして、河原町工場の蓄電池製造機能を移転する。さらに増床を重ね、1921（大正10）年までに京都では珍しい、セセッション様式と言われる幾何学文様をふんだんに取り入れた洋風工場群をつくりあげた。

それは鉄筋コンクリートづくりで、地上3階、地下1階、延べ床面積はおよそ3000平方メートルに及んだ。わが国で鉄筋コンクリートが普及するのは、1923(大正12)年の関東大震災がきっかけであったが、工場設備においても島津製作所が時代を先取りすることになった。当時、エレベーターや暖房設備までを備えた最新の設備を誇った。

源蔵が資金調達に腐心していたこの時期、追い風となったのは第一次世界大戦であった。1914(大正3)年6月28日、セルビアの首都サラエボで一発の銃声が響いた。オーストリア皇太子の暗殺である。この事件をきっかけに、オーストリアはセルビアに宣戦布告。ロシアとドイツも戦争を始め、欧州に戦線が広がっていく。日本は日英同盟のもと、8月には早々にドイツに宣戦布告した。

第一次世界大戦は当時、さまざまな機械類を「舶来もの」に頼っていた産業界に画期をもたらした。海上封鎖によって、ヨーロッパからの貿易船が入ってこなくなったのだ。

それを打開しようとドイツは潜水艦Uボートを開発。1915(大正4)年12月21日に日本郵船の客船「八坂丸」が地中海を航行中にUボートに撃沈させられるという事件が起きた。これを契機にして、完全に外国製品の輸入は途絶えた。その結果、GS蓄電池に需要が集中することになったのである。

日露戦争後、第一次世界大戦までの軍需の拡大は、たしかに島津製作所の事業を大いに後押しした。だが、それは同時にライバル企業同士の群雄割拠の様相を呈していくことになる。

各社がしのぎを削り、さまざまな機械の納入を巡ってシェアの奪い合いが生じ、そして〝事件〟が起きた。このころ、島津製作所には優れた技術者が多数、在籍していたが１９１５（大正４）年４月、光学系の大卒技術者を含めた多数の社員が一斉に辞表を提出したのだ。同業他社からの引き抜きにあったのである。

木屋町二条の時代から、研究に研究を重ね、独自のＧＳ蓄電池を開発し、いよいよ大量生産体制を整えようとしていた矢先の、痛恨の出来事であった。手塩にかけて育てた社員が、島津の技術を持ってライバル会社に移籍――。源蔵は引き抜き先がどの会社かはすぐに察しがついた。源蔵が事業を始めてこのかた、最大の挫折であった。

「ここまでして、わが社の足元をさらってくるというのは憐れむべきことや。しかし、不正に対しては断固として戦わねばならん。去る者は去れ。最終的にはこの源蔵ひとりさえここに居れば、島津製作所が脅かされることは何もないんや。わが道を行くしかないんや」

強気の姿勢を崩さない源蔵であったが、この大量退社は自身の人生に大きな挫折と教訓を与えた。たしかに、これまで島津製作所はその技術力をもって優秀な人材を集めてきた。だが、一方で、経営者としての源蔵は激しい気質の持ち主で、社員に対して激昂《げきこう》することもしばしばであった。そんな源蔵についていけない社員も少なからずいた。

また、社内における社員教育が的確に行われ、企業統治がなされてきたかといえば、経営者としてなおざりになっていた面もあった。

「島津製作所は、もはやものづくりだけをやっていればええという会社ではないんや。企業哲学をしっかりと確立し、社員の人格教育にも力を入れていかんとあかん。ここで、一から仕切り直しや」

源蔵は改めて優れた技術者を招き、欠員を補い、陣容を一新し、再スタートを切った。

余談ではあるが源蔵の性格の根本は、この失敗の後もあまり変わらなかったようである。1951（昭和26）年10月22日付の京都新聞では、同月3日に鬼籍に入った源蔵の人となりを、元秘書であった藤井尚（当時日本輸送機社長）が回顧している。

記事の見出しは「はげしい性格の人　人間島津源蔵の想い出」である。

藤井は大学卒業後、島津製作所に入社。新卒にもかかわらず、いきなり源蔵の秘書を任されたという。当時、源蔵は56歳。もっとも脂の乗った時期であった。藤井の最初の仕事は、洋書や外国からの手紙を読むことであった。

藤井は、こう語っている。

「家に帰って寝るほかはほとんど一時間も翁（源蔵）から離れていられない」

藤井は早朝会社から迎えの車が来ると、当時、東洞院押小路にあった源蔵邸に入り、一緒に朝食を取り、出勤。昼食や夕飯も一緒で、トイレまでお供していた。大便の際、源蔵

は藤井が近くにいるのを確かめるために、

「藤井、紙を持ってこい！」

と怒鳴りつけることしばしばであった。

源蔵の自宅には、藤井専用の食器まで用意されていた。その食器は、

「腰が曲がるまで島津にいろよ」

という意味を込めて、エビ模様があしらわれたものであった。

部下に厳しいだけではなく、重役や軍部に対しても自分流を頑固に貫いたと、藤井は明かす。

重役会では、

「重役会の決議であっても会社のためにならんことは断じて従わん」

と高らかに宣言し、ある時は軍幹部らとも再三、衝突したという。

藤井は海軍省艦政本部長から、

「今度こそ社長のクビを切るぞ」

と何度も怒鳴られたが、当の本人はケロリとしていたというから、その神経の太さは並大抵ではなかったようだ。

だが、唯一、源蔵がぐうの音も出なくなる会話の切り札があった。出奔した実母ミサのことを藤井が切り出すと、源蔵は決まって沈黙したという。何事にも一途で向こう見ずな

強さと、情にほだされる弱さとが共存した経営者であった。

さて、話を戻そう。

禍福は糾《あざな》える縄の如しである。災いの次には思いがけない幸運が飛び込んでくるものだ。新しい技術者が入社してきてほどなく、鉄道院からの大型依頼があった。

「GS蓄電池1000基を至急、納入せよ」

1915（大正4）年11月10日、大正天皇の即位の礼が京都御所紫宸殿で実施されることになっていた。大正天皇とその一行はお召し列車で入洛する。鉄道院は列車内で電灯などを点灯させるため、外国製の蓄電池の発注をかけていた。ところが世界大戦の勃発によって、船が入ってこなくなった。急遽島津製作所に白羽の矢が立ったのだ。

このような大量発注は、島津製作所創業以来のことであった。工員挙げての作業の末、納期に間に合わせることができ、源蔵はホッと胸をなでおろした。

無数の電飾が施されたお召し列車は、東京と京都を往復。沿線の住民からは盛大な歓迎を受け、即位礼は滞りなく行われたのである。

怒濤《どとう》のような需要の急拡大に、蓄電池部門は島津製作所の一部門では担いきれなくなっていった。蓄電池事業はすでに国策事業の様相を呈してきたからである。そこで源蔵は、島津製作所本体とは切り離した別会社をつくる必要性に迫られた。

1917（大正6）年1月17日。島津製作所は蓄電池工場の権利を分離・譲渡して、日本電池株式会社を設立した。資本金は350万円であった。日本電池は、現在のバッテリー製造大手ジーエス（GS）・ユアサコーポレーションの前身である。

新会社設立にあたって支援したのは、先の内貴清兵衛のほか三菱合資会社京都支店銀行部（三菱財閥、後の三菱銀行）、合名会社大倉組（大倉財閥）などであった。

なかでも三菱合資会社京都支店長・加藤武男の決断は大きかった。加藤武男は1877（明治10）年に栃木県上郡賀郡落合村（現在の今市市）の庄屋の長男に生まれた。慶應義塾大学を卒業後は三菱合資会社銀行部に入社。京都支店の立ち上げに加わり、初代支店長を務めた人物である。三菱銀行創設時は、取り付け騒ぎが起きた1927（昭和2）年の金融恐慌、金輸出再禁止などの激動の金融界にあって立て直しに尽力。1943（昭和18）年には三菱銀行頭取に就任している。

第二次世界大戦後は公職追放にあうが、その後は吉田茂内閣の経済最高顧問、経団連顧問、日本銀行参与などを務めた実業界の重鎮である。

その加藤が源蔵から事業出資の提案を受けた時、三菱財閥は神戸造船所（現在の三菱重工業神戸造船所）において独自の蓄電池事業に着手するも苦戦していた。それは、急激に開発競争が進んでいた潜水艦用の蓄電池であった。

蓄電池の開発が遅れれば、それだけ日本が他国から脅かされることになる。加藤は上京し、三菱合資会社社長の岩崎小弥太に面会。日本電池の蓄電池技術がいかに優れ、同社に

潜水艦用蓄電池を任せることがいかに国益に利するか、などと説得を行った。岩崎は、加藤の熱意に押され、

「日本電池の構想とるべし」

との判断を下した。

この加藤の調整がなければ、日本電池構想は頓挫していた可能性がある。加藤はその後20年以上にわたって日本電池の取締役に就任している。

日本電池の設立と同時に、それまで源蔵の個人企業であった島津製作所は三菱の出資を受ける形となり、株式会社島津製作所として生まれ変わったのである。日本電池は、「もうひとつの島津製作所」として産声をあげた。

新生島津製作所は資本金200万円、この時の従業員数は360人であった。株式会社化に続き、同年11月には現在の本社がある三条の地に、巨大工場建設のための土地取得にも動き出した。

そこは敷地面積1万坪。用地買収は2年ほどかかり、第1期工事で計22棟の工場が建設された。製造分野はレントゲン工場が150坪、機械工場が200坪、木工場が70坪、鋳物工場が150坪のほか、鍛造工場、塗装工場、研究棟、社員食堂、宿舎などが点在していた。

この三条工場は1925（大正14）年に河原町本社工場も組み入れるなど、段階的に拡

張。1941（昭和16）年には本店をこの地に移し、現在に至っている。

この時期、京都では島津製作所だけではなく、機械、電機、化学の分野の企業がこぞって株式会社化するなど規模を拡大している。日本電池が設立、島津製作所が株式会社となった1917（大正6）年から、日新電機、吉田忠商店、松風工業（後の松風）、第一工業製薬、西村貿易店、大沢商会、日本クロス工業（現・ダイニック）、日本新薬などが続々、株式会社化されたり、創立されたりした。

第一次世界大戦は京都のものづくり産業にとっては、需要拡大のビッグチャンスとなったのである。

しかし、このころ、島津製作所社内や京都の大手企業に、不穏な空気が漂いだしていたのも事実だ。

大戦が勃発して、物価の上昇が続いていた。1918（大正7）年に入ると、とくに京都における米価は高騰し、当時の役人の親子4、5人暮らし世帯の場合、平均月収のほぼ半分が米代に飛んでいくという、ひどいインフレ状態にあった。

このような不穏な社会情勢のなかで、京都の多くの企業で賃上げ要求が上がり始める。京都電鉄、京都市電、西陣の職工組合、金箔職人組合などで労働争議が勃発。島津製作所でも労働争議がいつ何時か起きかねない状況になっていった。

島津製作所では、そんな緊迫した情勢の緩和を図るため、労働組合の先手を打って同年

8月に賃上げを実施。同時に、米や日用品の廉売供給を行った。こうしたガス抜き措置は、鐘紡、日清紡、奥村電機、京都瓦斯、京都織物などの京都工場でも実施された。

だが、零細家内工業が多い京都において、米価の高騰は市民生活を直撃。富山の米騒動から半月が経過した同年8月10日、東七条柳原で起きた暴動を皮切りに、市内全体に米騒動が広がっていく。群衆は、

「米屋を叩き壊せ」

と口々に声を上げながら、米屋を襲っていき、安価で販売させる約束を強引に交わさせた。島津製作所のある木屋町筋でも米騒動は起きた。島津製作所から高瀬川沿いに下った米穀商沼田定次郎が襲われた。市内では計39軒の米屋が襲撃された。警察も拡大する一方の暴動を抑えきれず、翌11日には全国で初めて軍隊が出動をみることになった。

京都府下の米騒動で起訴されたのは、200人余り。当局は、米騒動の早期の完全鎮圧を図るため、13日に市内の有力者100人を府庁に招いて対策を指示した。そこでは、米を廉売するために50万円の義援金を広く募集する「臨時救済団」が組織された。その委員に、源蔵や内貴甚三郎らが名を連ねた。

この義援金は同月中に60万円を突破。しかし、その配分などを巡って、貧富の差が考慮されていないなどの不満も生じさせた。

島津製作所では大きな労働争議には発展しなかったが、このころ、源蔵は眠れぬ夜を過

ごしていた。

## 苦心の末の鉛粉

京都御所の北側には今出川通が走っている。今出川通を挟んで北側一帯は現在、同志社大学のキャンパスになっている。沿線の東方には京都大学、京都府立医科大学等の大学が点在しており、常に学生たちが界隈を闊歩している。明治の市電事業では今出川線の敷設が行われていた。

京都御所を左手に今出川通を進み、新町通を右折する。しばらく行くと、京町家の住宅街の中に同志社大学新町キャンパスが見えてくる。

その新町キャンパスの東南角に、「日本電池　発祥地」と揮毫《きごう》された天然石が置かれ、旧日本電池本社社屋の外壁の一部がモニュメントとして残されていた。

ここが、日本電池の誕生の地である。本社が1942（昭和17）年に西大路に移転してからも今出川工場として稼働し続けた。1959（昭和34）年には学校法人同志社が買い取ることになったが、本社社屋は「臨光館」と命名され、校舎として活用。だが、2005（平成17）年にはそれも取り壊されてしまった。

現在、日本電池の面影を伝えるものは、この石碑と外壁の一部のみである。だが、かれこれ100年前、たしかにこの地には、純日本産の蓄電池の開発を志す、源蔵と従業員らが働いていたのだ。

しかし、そこには難題が立ちふさがっていた。

蓄電池の製造において、その最も肝心な材料は「鉛の粉」であった。極めて微細な鉛の粒子をいかにつくるか。当時の島津製作所、いや日本の工業技術では到底不可能であった。その点では、源蔵のGS蓄電池はまだまだ「半人前」であった。

当時、世界最高の蓄電池を誇っていたのがドイツのチュードル社である。

源蔵はチュードル社に岩城という技師を派遣、視察させていた。だが、第一次大戦中であったため、岩城は敵対するドイツに入ることができず、フランスに留《とど》まっていた。フランスにもチュードルの支社があり、岩城はそこを訪れた。

岩城はフランス人の技師から、こう言われた。

「良い蓄電池をつくるには鉛の粉が基本です。それのつくり方さえわかれば、あとのことは何でもありません。秘密の鉛粉、つまり亜酸化鉛をいかにつくるかが生命線です」

岩城は即答した。

「亜酸化鉛のつくり方をぜひ、伝授してください」

当然、そこは企業秘密中の秘密である。相手は、

「250万フランでお教えしましょう。図面を見るだけなら12万フランでよろしい」

と揺さぶりをかけてきた。

２５０万フランといえば、当時のレートでおよそ２００万円である。現在の貨幣価値に直せばおよそ10億円という大金だ。

日本電池今出川工場跡の碑

困り果てた岩城は、遠く離れた源蔵に電報を打った。

〈ナマリノコナノヒミツカイタシ２００マンエンオクレ〉

源蔵は思案した。仮にチュードル社から製造法を教えてもらい、日本電池で再現ができればいずれ、その投資を回収することは十分、可能だろう。２００万円の巨費を、いまの日本電池の体力で工面できないことはない。しかし、それが失敗に終わったら、責任問題である。

チュードル社から鉛粉の技術を買うか、自社で開発するか。源蔵は判断を迫られた。源蔵の呼びかけで臨時取締役会が開かれることになった。

「200万円で鉛粉の技術を買うか、それともわが社独自で開発するか。皆の意見が聞きたい」

場はしんと静まり返ったが、ひとりの取締役がフランスにいる岩城から送られてきた報告書を読み上げた。

『外国製品の輸入されざる今日において、当会社の製品を外国品と同等の程度以上に進め置かざる時は、製品の値段および品質上よりして、戦後外国との競争に耐えずと存ぜられ候。今日優良なる電池の製造権を獲得し置かざる時は、将来に禍根を遺し、且《か》つ注文引き受けに影響するやも図り難く。この機を逸しては又、いつの日にか好機を得られるや図り難く……』

源蔵は目を閉じて、じっと聞いていた。別の取締役が口を開いた。

「ドイツはわが国よりも何歩も先をいく工業大国です。この際、先進国の優れた蓄電池の技術を学ばせてもらい、それに倣って蓄電池を製造することが将来のためであり、時機に適したものでありましょう」

すると、ほかの役員からも同意する意見が続いた。取締役会では、チュードル社からの製造権を取得するのが合理的であるとの結論でまとまりつつあった。賛否を明らかにしないのは源蔵ひとりだけになった。

源蔵は昔、父初代源蔵に投げかけたあの言葉を思い返していた。

（外国人にできるもんが、なんで日本人にできんのや）

取締役らが、源蔵の最終判断を待っていた。

「いましばらく時間が欲しい。鉛粉の製造を私にやらせてもらえないか」

「えっ、岩城技師はどうするのです」

「アメリカ経由で帰国するよう打電しよう」

「交渉打ち切りということですか」

会議は一転、動揺に包まれた。ひとりの重役が源蔵に詰め寄った。

「あなた個人の問題じゃないですよ。蓄電池製造は国策上重要な問題です。あなたの努力で完成できなかった場合はどうしますか」

そこに助け舟が入った。

「いやいや、専務（当時は社長の制度はなかった）がそれほどまでに言われるのだ。勝算があるのでしょう」

「では、いつまで待てばよろしいのか」

源蔵は毅然《きぜん》として、こう言った。

「みなさんの言うことはごもっとも。では今年いっぱいまで待ってもらいましょう。それで完成できなければ、チュードル社の製造権を買うことにします」

源蔵は、そうは言ったものの見通しがあったわけではなかった。ひとり残された会議室で、源蔵はじっと腕組みするしかなかった。

## 鉛粉から生まれた塗料メーカー

源蔵は工業を専門にする大学教授の元を訪ね歩く日々が続いたが、鉛粉をつくる技術を誰も持ち合わせていなかった。ある時、金箔工場で機械式ローラーを借りてきたこともあったが、粗雑な粉にしかできず、まったく役に立たなかった。

そこで、源蔵は藁《わら》にもすがる思いで、国立陶磁器試験所の所長・植田《うえだ》豊橘《ほうきつ》を訪ねることにした。陶器の原料にする土や石を粉砕する機械を植田が所有していたからである。植田は、かのゴットフリード・ワグネルの助手を務めていた人物であった。したがって、源蔵と植田は旧知の間柄であった。

源蔵は植田に頼み込んだ。

「西洋では、鉛を粉砕するための機械があるようですが、私もやってみたいのです。先生の大切な機械であることは承知です。陶土粉砕機を貸してもらえへんでしょうか」

「困ったなあ」

植田はため息をついた。そして、

「それはむちゃな話や。鉛なんか砕いたら、機械が壊れてしまうがな。機械が壊れなくとも、黒い鉛の粉が混じってしまえば、白色の陶器をつくる際に、どす黒くなって真っ白い陶器が拵《こしら》えられなくなるやんか。それに、鉛は薬で酸化させて脆《もろ》くしてから粉にするしかない。金属をそのまま粉にしようというのは乱暴な話や。気の毒やが、お断りする」

「学者先生の理論や学説はわかります。しかし、僕らは現場の人間です。自分たちのやり方で成功させたいのです。機械はちゃんと洗って返しますさかい」

源蔵は、頑として拒み続ける植田の元を去り、陶土粉砕機を所有している知り合いの陶器屋の主人にも頭を下げに行ったが、こちらでも断られてしまった。しかし、気を取り直すと再び植田の元に行き、何度も何十回も頭を下げ続けた。植田はその都度、断り続けたが、最終的には根負けしてしまった。

「本当に君には驚いた。私の負けだ。機械は貸しましょ。しかし、貸せるのは一番古いやつや。でも、私は無理やと確信していますよ」

「いや、きっとうまくいきます」

植田の言う通りであった。できた粉は粗すぎて、使い物にならなかった。源蔵は何度も試行錯誤を繰り返す。しかし、いずれにしても結果は同じであった。その噂は植田の耳に入り、日本電池の技師が植田の元を訪れた時には、

「君の会社の社長は化学というものを知らんね。機械に鉛の玉を入れてガラガラと回せば、

それだけで粉になると思い込んでいる。君から社長によく忠告してやりたまえ」

とまで嫌みを言われた。

源蔵は陶土粉砕機での鉛の粉砕をあきらめざるを得なかった。しかし、そこで白旗をあげるわけにはいかない。今度は三菱神戸造船所を頼って、直径・長さ共に1・5メートルもの円形ドラムを発注。これをもとに大型粉砕機を自作した。だが、これもうまくいかなかった。

半年ほど試行錯誤を繰り返したある日の朝のことであった。粉砕機の鉛を投入する穴の付近に黒い埃《ほこり》のようなものが付着していた。源蔵は手で拭って、また粉砕機を動かすと、また黒い埃がたまりだした。つぶさにそれを眺めてみると、極めて微細な鉛の粉であった。

「粉砕機の回転中に空気によって舞い上がったものに違いあらへん。よし、この方法や。この粉を大量につくって一カ所に集めることができれば、それこそ完成や」

源蔵は粉砕機に送風機を取り付け、微粉を飛散させながら、一カ所に集める方法をとった。この鉛粉は単なる鉛の微粉ではなく、それこそチュードル社の技師が教えた「秘密の鉛粉」、つまり空気中の酸素と化合した亜酸化鉛だった。

源蔵が臨時取締役会で自ら提示した開発リミットである1918（大正7）年暮れまで、わずか数日を残すのみであった。

この偶然とも言える発見は「易《い》反応《はんのう》性鉛粉製造法」と呼ばれ、1923（大正12）年の

第3回発明品博覧会電気工業の部では大賞を受賞するほどの高い評価を得た。易反応性鉛粉製造法は世界的にも大発明であった。なぜならそれまでの化学的製造法では150時間もかかっていたのにわずか5時間足らずで粉末にできたからである。

源蔵は易反応性鉛粉製造法の発見をもって、速やかに特許の申請準備にとりかかった。だが、日本の特許局はこの成功に懐疑的で、なかなか特許申請を認めようとしなかった。

社内では特許出願に否定的な立場をとる者もいた。

「せっかくの考案も、特許認定の公告がされてしまうと、秘密が世間に知れて盗まれる恐れがあります。特許は必要ないのでは」

だが、源蔵は国内特許にこだわった。特許局が認めない理由はあった。特許局の審査官はこう突っぱねた。

「易反応性鉛粉製造法は方法論の発見であって、誰もがつくり得なかったモノではないでしょう」

源蔵はそれに、真っ向から反論した。

「未知の物理学上の原理を発見して、それを応用していままで存在しなかった装置をつくったのです。それで工業用の鉛粉が大量につくれるようになった。この点をよく検討いただきたい」

源蔵はしばしば特許局を訪れ、審査官を説得すること3年。1922（大正11）年2月

23日、「日本帝国特許第41728号」が公示、ようやく国内で特許が下りたのである。

現在、易反応性鉛粉製造法を用いた鉛粉製造機の縮小模型が、GSユアサ本社にある旧役員館につくられた展示室レガシーホールに展示され、往時を偲《しの》ぶことができる。

この易反応性鉛粉製造法は思わぬ副産物を生んだ。

源蔵は亜酸化鉛の特性を生かして、錆《さび》止め塗料への転用を思いついたのだ。亜酸化鉛の防錆効果はすこぶる高く、また、鉛は貝や藻などが毒物として認識するためとくに船底への塗装が有効であった。こうした海洋生物の船底への付着は艦船の航行の足かせとなり、燃料も無駄に消費する原因であった。

日露戦争でのバルチック艦隊が地中海からインド洋を経て、太平洋、そして日本海へと回り込む際、大量のフジツボなどが船底に付着し、航行スピードが落ちていたことも、連合艦隊に敗れた要因のひとつといわれている。

船底への防錆塗料の品質は国防にも関わる問題であり、その点で島津製作所による亜酸化鉛の高防錆効果の発見は、時代の要請に見事に応えるものであった。

この発見は欧米各国に特許出願され、許可された。それを契機にして1929（昭和4）年、日本電池から塗料部門を分離独立させ、鉛粉塗料株式会社が設立されたのである。

1936（昭和11）年には、横浜の旭ラッカー製造所を吸収合併し、大日本塗料株式会社として再スタートを切るとともに、源蔵は同社の会長に就任している。大日本塗料は現在、関西ペイント、日本ペイントに次ぐ国内第3位の総合塗料メーカーに成長している。

## 海外との特許訴訟

易反応性鉛粉製造法の特許申請は海外にも及んだ。最終的にはアメリカ、イギリス、ドイツ、フランスなどで特許取得に成功している。もっとも早くに特許が下りた国はフランスであった。

イギリスでの特許はわずか1日の出願の差で、源蔵に軍配が上がった。クーパーという技術者が「水酸化鉛蓄電池」の論文を科学雑誌に発表。それは従来の蓄電池に比べて3倍以上の電気容量があるというものであった。

ドイツでの特許を巡っては、一悶着があった。特許出願は1922（大正11）年5月で、1925（大正14）年に同国で公告されると同時に、蓄電池製造大手のチュードル社が異議を申し立ててきたのだ。チュードル社は、過去に日本電池の技師が視察に訪れた際、

「製造法を伝授するかわりに250万フランを支払え」

と要求してきたあの会社である。

チュードル社は、蓄電池の技術を特許申請して公開することを選ばず、「鉛粉の秘密の製法」として秘匿しながら法外な権利報酬を得るというビジネスを展開していた。ところ

が、源蔵がドイツ政府に対して特許出願するや、その方針を撤回し、

「以前からチュードル社では鉛粉を製造しており、各国にその製造権を譲渡していた。この技術は源蔵の開発した鉛粉製造の原理と同じであり、日本電池の特許は認められるべきではない」

と主張してきたのである。源蔵は、日本電池製の最大の特徴である送風装置が、チュードル社の鉛粉装置には存在しないと、反論した。

チュードル社がドイツ政府にロビイ活動したか否かは定かではないが、最初ドイツ特許局も日本電池の特許許可にたいし、露骨に消極的姿勢を見せてきた。

「鉛を微粉にすることは現在のところ不可能な技術である。それを立証するには実験が必要で、あなたの特許申請は図面と説明書だけでは受け付けられない。ドイツ特許局において機械を設備し、果たしてできるものならばその上、検討して許可する。ただし、そのための実験費用として3000円が必要」

などと言ってきたのである。

しかし、日本電池とドイツ特許局とがもめているちょうどその時、ノーベル化学賞受賞者で国際的にも知られたドイツの物理化学者フリッツ・ハーバーがたまたま来日。その際、京都に入って日本電池の「易反応性鉛粉製造機」を視察したのだ。博士は易反応性鉛粉製造機を絶賛。源蔵がすかさず、ハーバーにドイツにおける特許取得の後押しをしてくれる

よう願い出たところ、博士は快諾した。

ほどなく、ドイツ政府から

「実験費用の納入は必要なし」

との連絡が入り、チュードル社の異議申し立ては却下されたのであった。

一方で、デンマークだけは

「機械による鉛粉製造は到底不可能」

として特許許可は出なかった。

ドイツにおける特許騒動に比べても、はるかに厄介であったのがアメリカであった。いったんはアメリカでの特許を取得できたが、その後、現地の蓄電池メーカーと特許権を巡って泥沼の訴訟沙汰に発展することになったのだ。

源蔵がアメリカに特許を出願したのは1922（大正11）年7月のことである。アメリカの特許事情は複雑であったため、島津サイドでも難航を予想していた。案の定、出願書類の審査はなかなか進まず、1925（大正14）年に技師であった石村隆保をアメリカ本国に渡らせ、直接交渉を行うことになった。

その甲斐あって、1925（大正14）年5月に許可が出た。源蔵がホッとしたのもつかの間、今度はアメリカ最大の蓄電池会社エキサイド社から、

「ぜひとも特許権を譲渡してもらいたい」

との申し出があった。

島津側は見積書を作成し、現地に滞在中であった石村に協議させた。

「買収金額を150万ドルとする」

という段階まで交渉が詰まれてきた時、暗雲が垂れ込めてきた。

石村から、

「わが社の特許はアメリカでは無効になる可能性があります」

との報告を受けたのである。

ほどなく、エキサイド社がアメリカ特許局に対して「亜酸化鉛の製造法の特許申請」を行ったとの情報が入ってきた。

源蔵が特許を取得した亜酸化鉛の製造法は、それ以前にエキサイド社の技師フォールが開発したものであると主張してきたのだ。源蔵や島津関係者は唖然《あぜん》としたが、アメリカの当時の特許制度では、いったん許可を受けたものでもその後6カ月間は「再出願」できることになっていた。

エキサイド社は当時ドイツのチュードル社と技術提携を結んでおり、フォールはチュードル社の技術を応用して鉛粉製作の技術開発に乗り出していた。そこに第一次世界大戦によって米独が敵対、断絶した混乱に乗じて、エキサイド社独自に鉛粉砕機を考案。島津製作所が米国に特許を申請して審査中の1924（大正13）年3月に、特許申請をかぶせてきたのである。

しかし、先に出願した島津製作所の特許が認められることになった。この時点で、フォールの出願はまだ未公告であった。にもかかわらず、その出願をもって「改良訂正」して再提出。さらに、島津製作所にたいして特許抵触訴訟を起こしてきたのである。

この裁判は1927（昭和2）年に第一審が始まり、1932（昭和7）年に最終審が結審。その内訳は以下の通りである。

第一審　フォール有利　1928（昭和3）年2月18日
第二審　島津勝訴　1929（昭和4）年8月29日
第三審　島津勝訴　1930（昭和5）年11月26日
第四審（最終審）島津勝訴　1932（昭和7）年6月20日

最終審での判決主文は、「発明の優先権は島津に許す」。5年以上にわたる裁判は、フォールの請求を退け、島津製作所側の全面勝訴となった。これでやれやれ、と源蔵が安堵《あんど》したのも束の間、事態は急変する。

裁判の最中、島津勝訴の流れの情報をつかんだオンタリオ州ナイヤガラホールズに本社を持つ自動車専用蓄電池大手USL社から、

「裁判に勝訴したあかつきには、亜酸化鉛製造法の権利を買いたい」

との申し出があった。島津側勝訴となったことで、USL社が35万ドルで特許実施権を

購入することになった。

しかし、敗訴したはずのエキサイド社が、島津製作所の鉛粉技術に改良を加え、大量に鉛粉製造を実施している事実が判明する。

そこで、今度は島津製作所とUSL社が合同で、改めてエキサイド社を提訴したのだ。

この時、源蔵は
「特許権で勝訴したのだから、放っておけばよいではないか」

と提訴に消極的であったという。

しかし、35万ドルを払って島津製作所から権利を買ったUSL社のほうが黙ってはいない。結局、両社は8000万ドルという巨額の賠償請求をエキサイド社に起こすことになった。

この訴訟は5年10カ月に及んだ。しかし、最終審においてどんでん返しが待っていた。

第一審　島津勝訴　1936（昭和11）年12月
第二審　島津勝訴　1938（昭和13）年8月
第二審が終了した直後の1938（昭和13）年11月10日付読売新聞は「米國の賠償二億七千萬圓　電池訴訟期限切れ」と題して、次のように報じている。

京都上京區今出川新町上ル日本電池株式会社社長島津源蔵氏が鉛粉蓄電池製造法の

特許権侵害を掲《かか》げて米國エキサイト（ド）会社に対し二億七千萬圓といふ厖大な損害賠償を提起した日米國際的大訴訟は米國エキサイト社との永年に亙る係争の結果既に第一審、第二審とも日本電池の勝訴となり全國民の耳目を聳動《しょうどう》させたがいよいよ第三審の猶豫期間たる二ヶ月は去る八日で満了、エ社が上告を棄却した場合は二億七千萬圓が確実に転げ込むわけで確報の入るのは十日頃と日本電池では見てゐる。

【意訳】京都市上京区今出川新町の日本電池社長、島津源蔵氏が鉛粉蓄電池製造法の特許権侵害訴訟を起こし、米国のエキサイド社に対し2億7000万円という膨大な損害賠償を求めた国際訴訟で、第1審、第2審ともに日本電池の勝訴となったことは大変な驚きであった。そして第3審への上告猶予期間である2カ月は去る8日で期限切れ。エキサイド社の上告が棄却されれば2億7000万円が確実に日本電池の元に入ってくることになる。その確実な知らせが入るのは10日ごろと日本電池では見ている。

この時点では、島津製作所（日本電池）は、状況を楽観視していたフシが見られる。目論見では、上告審でエキサイド社の請求は棄却され、莫大《ばくだい》な損害賠償金が島津側に支払われるはずであった。

だが、そうは問屋がおろさなかった。裁判記録にはこう記されている。

第三審　エキサイド社有利　１９３９（昭和14）年４月

つまり島津源蔵による鉛粉製造法の特許を無効とし、再審査を命じたのだ。

この判決を不服とし、島津側は即刻、再審査訴訟を起こす。しかし、こちらも最終審で敗訴となってしまった。そうこうするうちに、日米開戦の火蓋が切られ、エキサイド社との紛争はうやむやとなってしまった。

結審した後の１９４２（昭和17）年８月に発行された『科學日本の光』（善行会出版部）は、１９３２（昭和７）年６月20日の源蔵の勝訴判決をふまえ「米國に勝つ　特許権をめぐりて」との見出しが躍る。しかし、その後、源蔵が逆転敗訴となった事実は『科學日本の光』には一切、触れられていない。戦時中の言論統制の影響があったのかもしれない。

## 電気自動車デトロイト号

新大阪駅から京都駅へと走る新幹線がスピードを落とし始めたとき、進行方向の左手に大規模な工場群が見える。「ＧＳユアサ」の本社および工場である。２００４（平成16）年、日本電池とユアサ コーポレーションが経営統合。同社は自動車用バッテリーで国内シェアでトップ、世界シェアで２位を誇っている。

ＧＳユアサの本社に入ると、日本電池初代専務取締役（当時は社長制ではなかった）の島津源蔵の銅像が迎えてくれる。落ち着いた雰囲気の本社のロビーの中には、１台のクラシックカーが置かれていた。

漆黒のボディにむき出しの大きな車輪。車高はすっと高く、庇《ひさし》のついた屋根のラインがじつに美しい。まるでシルクハットを被《かぶ》った英国貴族のような佇《たたず》まいである。このクラシックカーのドアの中程に、「丸に十」の島津の家紋が入っている。

これは日本電池が設立されたその年、源蔵がアメリカから輸入した電気自動車「デトロイト号」である。現在はＧＳユアサが所有している。同社によれば、現存する電気自動車のなかでは日本最古だという。当時、デトロイト号は１９１７（大正6）年と１９２１（大正10）年に各5台ずつ計10台が輸入されている。

日本電池が発行した社史『日本電池１００年』によれば、最初の5台のうち2台は源蔵が、自宅から会社までの通勤用および自家用として購入したものであった。残りの3台は京都電燈が購入した。あとの5台は大阪電燈が所有したという。

日本電池は１９２５（大正14）年にさらに2台のデトロイト号を購入し、源蔵所有のものと併せて計4台を所有していたことになる。余談ではあるが、日本電池と合流してＧＳユアサを形成することになる湯淺蓄電池製造所（後のユアサ コーポレーション）の創業者・湯淺七左衛門もまた、デトロイト号を所有していたという。

電気自動車は、今でこそ自動車メーカー各社がエコカーブームに乗じて研究開発に注力している。次世代カーのイメージが強い。1世紀も前の京都で、島津源蔵らが電気自動車に乗っていたというのは驚きである。

事実、電気自動車の歴史は古い。最も古い電気自動車は1873（明治6）年ごろ、イギリスで製作されたものだ。GSユアサによれば、1915（大正4）年にはニューヨークでおよそ2000台の電気自動車が走り、1926（大正15・昭和元）年ごろにはアメリカ全土で約2万9000台が存在していたという。

アメリカで電気自動車が発売されたことを知った源蔵は1917（大正6）年、2台輸入している。現存しているのは1台だけだ。

「これからは日本も自動車の時代や。蓄電池は自動車には欠かせない。日本電池が成長していくためには自動車に搭載する蓄電池を開発せなあかん」

源蔵は輸入したデトロイト号に、自社製の蓄電池を積み込んで改造を施した。デトロイト号は、日本電池および島津製作所の「走る広告塔」と言える存在であった。

このデトロイト号、現代の自動車の常識では考えられないような設計をしている。まず運転席が後部座席にあるのだ。その理由は、デトロイト号のバーハンドルというハンドルの設計にある。つまり、円形のハンドルではなく、水平になったバーを手前に引くと右折、前に倒すと左折という仕組み。前の座席にバーハンドルがあると、フロントガラ

二代源蔵が愛用した電気自動車デトロイト号。現在はGSユアサ本社のロビーに展示されている

スに当たってしまうので運転席を後部にしたのだ。

アクセルも足踏み式ではない。ハンドルの横のバーで操作する。足元にはブレーキペダルだけがついている。速度計などの計器類は一切ついていない。

近年に復元を実施したGSユアサは、こう説明する。

「タイヤのまわりに使われている部品はどれも同じものはなく、サイズの違う部品を溶接で固定するなど、苦労や工夫の跡が見られます。これは、日米の単位の違いからくる現象だと考えられます。日本の部品がセンチメートルサイズでつくられているのにたいして、アメリカの部品はインチサイズ。1インチは2・54センチですから、アメリカの部品の入手が難しい当時の状況では、日本の規格部品を加工して使用するしかありません。この事実は、メンテナンスにおける悩みの種だったでしょう。しかしそこは、島津源蔵の『開拓者魂』が創意工夫を生み、身近な部品で修理を実施。島津源蔵をはじめ、さまざまな技術者たちに手をかけられ、大切に乗られていた車なのだと改めて実感しました」

デトロイト号が輸入された大正初期、道路はアスファルト塗装などされていない時代であった。路面電車以外の交通手段といえばせいぜい、馬車や人力車であった。

デトロイト号の当時の性能は最高速度60キロ、1回の充電走行距離は40キロ、最大トルク25N・m（推定）というものであった。馬車や人力車はせいぜい時速5～6キロ。市電でも30キロほど。そのため、京都市民の目線では、この電気自動車は「弾丸のような」速さであったに違いない。定員は5名、車両重量は1・6トンで、電圧84V・総電力量11kWhの鉛蓄電池を搭載していた。

GSユアサには当時、大雪の中を疾走するデトロイト号の写真が残されている。よくも、スリップして事故を起こさなかったものだ。

「あ、源蔵さんのシルクハットや」

京都市民は源蔵の運転するデトロイト号が走る姿を見るのが楽しみであった。源蔵は通勤以外にも市内をよくドライブしたという。子どもたちはデトロイト号の後ろを走って追いかけ、停車しようものならデトロイト号の周りは人だかりができた。

源蔵がかつて懇意にし、デトロイト号で足繁く通った上京区円町の法輪寺（だるま寺）の住職はこう語る。

「3代前の住職と島津源蔵さんが懇意だったと、伝え聞いています。うちの寺のすぐそばに北野天満宮がある。天神さんは学問の神様なので、発明ごとに関してご利益にあずかりたいということで、デトロイト号を飛ばして天神さんにお参りに行かれたようです。そのついでかどうかはわかりませんが、うちの寺にもクルマでよくいらっしゃった。源蔵さんは法輪寺の熱心な信者さんだったようです」

その証拠に源蔵はのちに法輪寺に不動明王像や学神堂を寄進していて、今でも境内に残っている。当時、源蔵は北白川に住んでいた。北白川の自宅の一角が開発されて、病院（現在の日本バプテスト病院）が建てられる時には、その場所にあった茶室の待合を法輪寺に移築させている。

デトロイト号が市内を疾走していた当時の京都の道路事情も紹介しておこう。

デトロイト号が輸入される2年前の1915（大正4）年、京都御所で大正天皇の即位の礼が実施されることになった。現上皇・天皇の即位礼は東京の皇居で実施されたことは記憶に新しいが、旧皇室典範では「即位ノ礼及大嘗祭ハ京都ニ於テ之ヲ行フ」と定められていた。したがって、大正・昭和天皇の即位礼・大嘗祭は京都御所が会場となったのである。

大正天皇の即位礼に際し、御所では2000本以上の植樹がなされ、芝生が敷き詰められた。また、御所の東側を流れる鴨川から玉砂利を3年かけて拾い集めて、御所に敷き詰める整備も実施された。

とくに大正天皇の通る道すがらの施設は、軒並み真新しくなった。まず、初代京都駅がわずか25年間の使用だけで、新たに建て直されることになった。

この2代目京都駅のある場所がほぼ、現在の京都駅舎と一致する。駅前には広場が設けられ、そこから御所へと向かう「行幸道路」が拡幅・整備された。それが、現在の烏丸通である。

二代源蔵の北白川の家から移築されて法輪寺にある茶室の待合

京都駅から御所まで15間（約27メートル）の道幅を取り、歩道と車道が区別された。歩道には4間（約7メートル）間隔で街路樹のユリノキが植えられた。

また烏丸通のほかに、御所から二条城までの丸太町通、御所から泉涌寺《せんにゅうじ》（江戸時代の天皇陵がある）までも「行幸道路」として整備された。

大正天皇が通過する際には行幸道路に白砂が敷かれたという。こうして大正天皇の大礼をきっかけにして、京都の道路事情は劇的に改善されていったのである。

さて、デトロイト号は源蔵が日本電池社長に就任してから退くまでの30年間、愛用され、乗り倒された。戦後、進駐軍が入洛してきた時、米兵らは京都の街をスイスイ走るデトロイト号を見て、感嘆の声をあげたという。

デトロイト号は1945（昭和20）年に源蔵が社長を辞任すると同時に引退。源蔵の没後は、日本電池の倉庫に保管されていた。だが、第二次電気自動車ブームの1970年代に展示用に修復されることになった。

この際、1台のデトロイト号から部品が取られ、組み替え修理をして1台にまとめられることになった。解体されたのはデトロイト号よりも車高が低い、デザインの異なるタイプのものであった。

修理を終えたデトロイト号は、日本電池のロビーに展示されていた。

そして、第三次電気自動車ブームの渦中にあった2008（平成20）年、日本電池改めGSユアサ社内から、

「走行不能になっていたデトロイト号をもう一度走らせよう」

との声があがる。同年8月より車体の調査と修復作業がスタート。すると、源蔵のものづくり精神がこの車両のいたるところに詰め込まれていることがわかった。

たとえば緩やかな弧を描く天井部分。素材は木材で、柿渋をたっぷり塗った紙が貼られていたのだ。天井は風雨や直射日光にさらされ、30年の間に相当傷んだと考えられる。戦時中には、米国で製造された当時のオリジナルの天井は修復が不可能になり、替わりに和傘などに使われる日本の伝統的防水技法である柿渋が使われた。

デトロイト号は、GSユアサ製の電動車両用鉛蓄電池が搭載されるなどして翌2009(平成21)年5月20日に復活した。大勢の報道陣が見守るなか、デトロイト号がGSユアサの本社のアプローチを周回すると、大きな歓声があがった。

その後は、2018(平成30)年4月には平安神宮参道で行われたクラシックカーレースのパレードに登場している。こうして100年の時空を超えて蘇《よみがえ》ったデトロイト号。その車内に座る源蔵の姿を思い浮かべた島津製作所やGSユアサ関係者も、多かったに違いない。

# 第5章

# 古都が育む企業力

## X線機器の開発

蓄電池の開発はたしかに、島津製作所に飛躍をもたらした。衰退した京都の再生における疏水事業。その果実としての電力供給。さらに、その延長上に生まれた蓄電池事業。京都を電気で蘇らせることは、復興の成功を強く印象づけ、市民に大きな勇気と活力を与えた。

当時、日本は富国強兵政策の渦中にあった。「平和利用」であったはずの島津製作所の蓄電池は、その後の日露戦争で連合艦隊の通信手段に転用されることになった。

「敵艦見ゆ」

この無電の成功が奇跡の勝利をもたらし、島津製作所の蓄電池の評価は高まっていった。一方で、島津製作所は軍需色を次第に濃くしていく。

しかし当時の島津製作所は、軍需産業だけにどっぷりと依存していたわけではなかった。島津製作所の黎明期において、蓄電池と並ぶ一大成果があった。

1896(明治29)年10月10日、木屋町二条の島津製作所において、日本で初めてX線の撮影に成功したのだ。

現在、島津製作所の事業の主軸は分析計測機器と医療用機器である。同社の各事業分野に横串を刺す技術のひとつが、X線である。工業用の非破壊検査機器、医療用の検査機器などX線関連製品は「島津スピリット」を今に伝える重要な事業だ。

X線は、その前年の1895（明治28）年11月に、ドイツのヴュルツブルク大学の物理学者ヴィルヘルム・コンラート・レントゲン博士が世界で初めて発見していた。大学内の研究室で、クルックス管（実験用真空放電管）を用いて実験をしていたところ、机の上の蛍光紙に黒い線が出現したことがきっかけであった。

X線を初めて発見したレントゲン博士が1901（明治34）年、第1回ノーベル物理学賞を受賞したことはとくに有名である。

X線（レントゲン）撮影は現在、病気の診断などで使われ、医療現場では欠くことのできない技術だ。X線はX線管球と呼ばれる特殊な真空管に高電圧をかけ、真空管のフィラメント（陰極）から飛び出した熱電子が陽極のターゲット（金属）に衝突することで発生する。

X線は、対象物を透過する特性がある。X線は人体を透過し、適正に使用すれば人体に痛みや障害を生じさせることはない。X線を人体に透過させ、写真フィルムに焼き付けて可視化させ、医療診断に用いるのがX線撮影である。

X線が体を通過した部分は黒く写り、体がX線を阻止した部分は白く写る。体の部位に腫瘍などがあると、X線透過度が低くなって印画紙に白い影を落とすのだ。

当時、この目に見えない不思議な光が、人体をも透かして見せる技術は奇異をもって取り上げられ、瞬く間に世界中に報じられることになった。ちなみにX線というのは数学で「未知の数」を表すことから、ひとまずレントゲンが名付けたものだったが、このネーミングがよりミステリー性を呼んでニュースが拡散した。

レントゲンによるX線発見の報は、すぐに日本にも届き、物理学者の関心を大いに集めることとなった。そして、東京帝国大学が主体となってX線の研究が進められることになったのである。

京都では、大阪舎密局を前身にもつ旧制第三高等学校（後の京都大学）の物理学教授、村岡範為馳《はんいち》がいちはやくX線の研究に取り掛かった。

じつは村岡はレントゲンとの接点があった。村岡がドイツのシュトラスブルク大学に留学中、研究室の助教授にレントゲンがいた。そして、半年間ほど直接指導を受けていたのである。村岡は師弟の関係性をもって、レントゲンに直接その原理などの詳細を問い合わせている。

村岡はレントゲンの指導をもとにX線の追実験を試みた。だが、村岡が所属する第三高等学校では設備に限界があった。当時の京都には、高圧電源を必要とする高度な実験ができる教育施設がなかった。

そこで村岡は源蔵を頼り、電源設備が充実している島津製作所を実験場として借りることにしたのだ。実験に関わったメンバーは、村岡と助手の糟谷宗資《かすやむねすけ》、さらに源蔵と源蔵の弟である源吉の4人であった。

ここで島津源吉の説明をしよう。

源吉は1877（明治10）年生まれ。源蔵とは8歳違いの長弟である。源吉が生まれた年には、初代源蔵が京都御所で軽気球飛揚を成功させている。

源吉は早くから兄源蔵のもとで蓄電池開発を手伝うなど、島津製作所を陰で支えたひとりである。源蔵は常日頃から、「兄弟は両手の如し」と述べ、社員らには訓示を垂れていた。それほど、島津家では兄弟間の信頼が厚かった。

なお、源蔵の末弟には、後に島津製作所副社長になる常三郎がいる。源蔵、源吉、常三郎は「島津三兄弟」と呼ばれ、それぞれがなくてはならない存在になっていた。常三郎はのちに兄源蔵について、このように感想を述べている。

「兄の源蔵とは全然性格が違うので、事業経営上の方針で喧嘩《けんか》したのもやむを得ぬこと。兄は徹頭徹尾自我の人というべく自信が強すぎるくらいに強く、悪く言えば非常識ともいえるくらいですが、この性格がまた一面、技術家肌の兄を発明家に導いたゆえんです。（中略）ある意味においては事業の発展に関し、絶えず討論を戦わすことにもなりますが、喧嘩も決して悪くないと思っています」

源蔵は1941（昭和16）年に以下のような「兄弟訓」を表明している。

「兄弟は両手の如し」といふ訓《おしえ》のとほり、兄弟姉妹はお互いに深い思いやりを以つて、援《たす》け合はねばならぬ。同じ兄弟の仲でも、父がちがふとか、母がちがふとかの間には、ひとしほ深い理解と信頼が必要である。

若《も》し（源）頼朝と範頼と義経の三人が、堅く一致協力してゐたなら、源氏が三代で滅びるやうなことは、決してなかつたに相違ない。然るにあの三人は互に母がちがふので、嫉みや疑ひの心をいだき、その隙間につけ込んで讒言《ざんげん》をする者があつたので、いはゆる兄弟牆《かき》に鬩《せめ》いで外其侮《そし》りを招く結果となつたのは、痛ましい次第である。

兄弟姉妹の間若し和を失することがあれば、お互ひに他を責める前に自ら反省し、相集り腹を打ち明けて談《はな》し合はねばならぬ。さすればどんなむつかしい事柄でも、必ず打ち解けるのである。利害の不一致や意見の衝突のあつた時、相遠ざかつて居ては疑心暗鬼を生じて、益々融和がしにくゝなる。

長幼の序《じょ》は、五常の一つであつて、東洋道徳の重要なものである。長は下を慈しみ、幼は上を敬ふべきことであるが、特に弟妹は能く兄姉に従ふことを忘れてはならぬ。

殊《こと》に父なき後、長兄はその家督を継いで総領となるは、吾が国家族制度の美風であるから、次兄以下は家の中心として、相共に終生長兄に随順してこそ、家門の栄誉を末長く保つことが出来るのである。
兄弟姉妹仲良くして家を栄えしむるは、親や祖先へのもっとも手近い孝行である。

昭和十六年一月

島津源蔵

源蔵は事業において、とくに源吉に目をかけていた。島津製作所の事業が軌道に乗ると、源蔵は源吉に上京を命じる。源吉は東京担当の常務を任された。

当時、源吉は新宿区中井の1000坪の広大な屋敷に住んでいた。源吉が1939（昭和14）年に2代目社長（初代源蔵は創業者、二代源蔵が初代社長）に就任するタイミングで京都に戻り、その土地は小説家の林芙美子に売却。現在は、林芙美子記念館になっている。

島津源吉

さて、話を戻そう。木屋町二条の施設でのX線実験は失敗の連続であった。試行錯誤も行き詰まりを見せつつあったある日、源蔵は15歳の時に製作した、ウィムシャースト式感応起電機を電源に用いてみることにした。ウィムシャースト式感応起電機は直径1メートルのガラス回転盤を備えていた。実験ではドイツ製の真空管を天井から吊るし、熱電子を照射、そこに起電機を回転させてみた。そのまま数十分後、現像してみるとうっすらとX線像を確認することができた。これが日本で最初のX線撮影となった。

助手を務めた糟谷宗資がこの実験の様子について、述懐している。

「実験にあたって、ウィムシャースト式感応起電機より発する高圧の極を決めるのには苦労しました。また、写真乾板を枠にいれて被写体をその上に置けばよいということも、初めはなかなか思いつかず、かなり遠いところに被写体を置いたり、乾板は赤紙で何枚も包み、その上に黒い布で包んだりしました。また写真のことですから、日中は避けて連日夜中に実験するなど、今から思えば馬鹿馬鹿しいようなことを頭からそうだと信じてやったものです」

村岡は源蔵の理解の速さと優れた研究洞察力に、

「島津は神か、妖神か」

と感嘆したという。

1896(明治29)年、実験初期段階のX線写真が残されている。そこに写し出されていたのは糟谷の左手と、村岡のメガネケースとがま口財布であった。糟谷の左手は、指輪と骨格が影として写し出された。さらにメガネケースの中の村岡のメガネ、財布の中のコインと鍵が、クッキリと黒い影となって現れていた。

源蔵らはその後、電源・電圧の改良などを行い、ようやく性能が安定するのが、レントゲンがX線を発見して2年が経過した1897（明治30）年ごろである。同年、島津製作所によって教育用X線装置の完成が発表された。

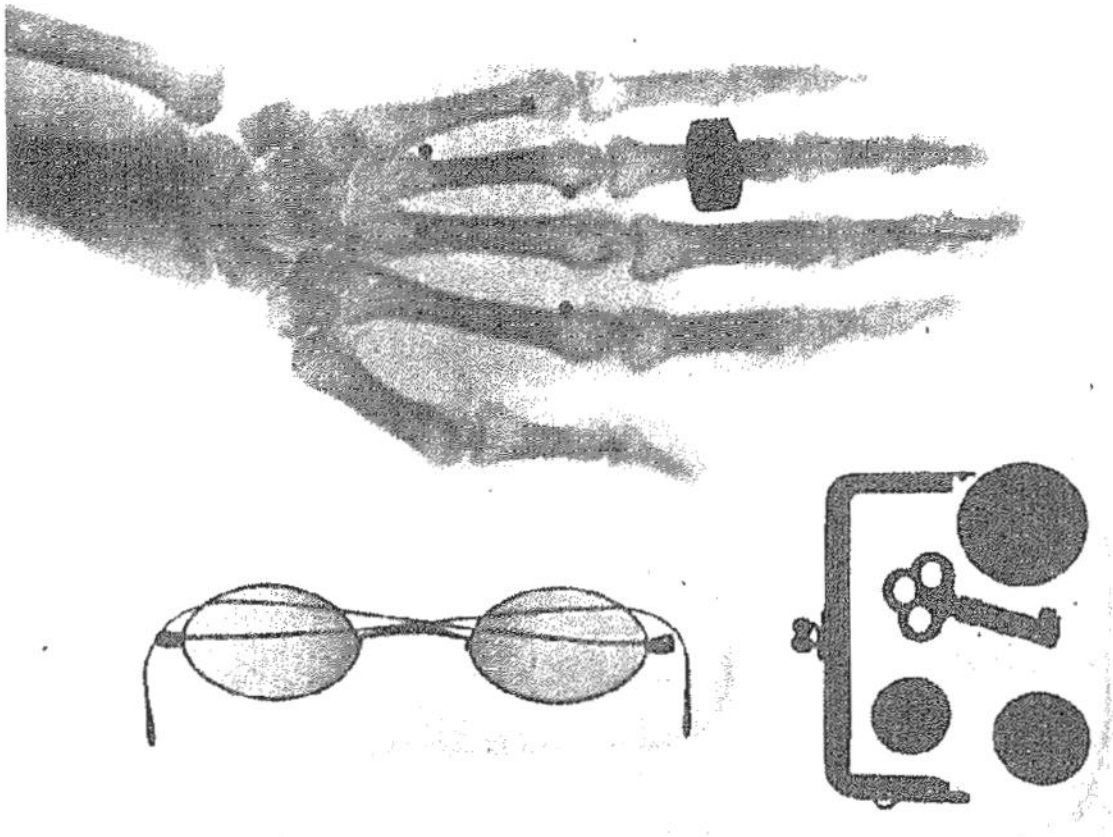

初期のX線写真。手は糟谷助手、メガネとがま口は村岡博士のもの

木屋町二条の本社店頭に、源蔵による「口上書」が掲げられた。いまでいう、広告であろうか。口上書は現在、島津製作所 創業記念資料館に展示されている。

一部、抜粋要約して紹介しよう。

今や理学は長足の進歩をなし、諸種の発明日に月に頻出するに当て、突然世人をして呆然たらしめ一大光彩を理学界に放ちたるは、去る明治二十八年十二月独乙国《ドイツ》「ウルツブルヒ」大学教授「レントゲン」氏の発見せしX線とす。（中略）紙、木板、金属の薄板に対し、透明にして又能《よ》く動物の肉体を透過す。故に其管面に人手を置き蔵化白金「バリヤム」を塗れる紙を見れば骨を現出し、之を写真版に映せば数分にして骨骼を撮影し得るなり。（中略）夫《そ》の越歴《エレキ》の大王「エジソン氏」の如きは、直ちに之を応用し、人体疾病の箇所を知るの器を製し、外科医は之に因りて多年肉中にある弾丸を採出し痼疾《こしつ》を癒すに至れり。（中略）弊所は之に感ずる所あり、客（昨）年来該器製作に苦心し、幾多の失策と経験を積み、暫《しばら》く適当なるものを製するを得るに至るを以て、是より広く貴需に応ぜんとし、茲《ここ》に其器械を装置し大方諸彦《しょげん》の観覧に供す。冀《こいねがわ》くはX線の何たるかを了解し、併せて弊所の微意を賛賞せられんことを。

明治三十年五月

京都市木屋町二条南
島津製作所主　敬白

当時、京都市内において電力を確保することは容易なことではなかった。それは島津製作所においても同様であった。だが、明治30年代後半になってくると送電線から直接電源を得られるようになり、資本力のある大病院のなかには、島津製作所の医療用X線装置の導入を目論むところが現れ始めた。

病院におけるX線装置導入の第一号が、1909（明治42）年に納入した千葉県の国府《こうの》台衛戍《だいえいじゅ》病院（現在の国立国際医療研究センター国府台病院）である。続いて大津赤十字病院に、交流を直流に変換する形式の感応コイル式X線装置を納入している。

## 日本十大発明家に選ばれる

蓄電池やX線撮影の開発などによって島津製作所の認知度が上がってくると、本社には政府や皇室の賓客がしばしば視察にやってきた。

皇室では1918（大正7）年3月、成人したばかりの伏見宮博義《ふしみのみやひろよし》を皮切りに、同年11月には博義の父博恭《ひろやす》が続いた。

博義らは本社工場における製造現場のほか、3階の商品陳列室を見学。源蔵らとの写真撮影などにも応じた。とくに博恭は皇族出身の軍人でもあり、日露戦争では連合艦隊旗艦「三笠」の分隊長として参加、戦傷を負っている。それだけに、島津の蓄電池にはひとかたならぬ関心の持ちようであった。

昭和に入っても皇族の視察はますます増え、高松宮宣仁《のぶひと》、東久邇宮稔彦《ひがしくにのみやなるひこ》、閑院宮載仁《かんいんのみやことひと》、賀陽宮恒憲《かやのみやつねのり》らが続々と本社を訪れている。

源蔵にとって、光栄の極みであったのが１９２５（大正14）年5月、当時皇太子であり摂政であった迪宮裕仁《みちのみやひろひと》（後の昭和天皇）に拝謁できたことであった。この皇太子の京阪行幸にあわせ、京都府は源蔵ら京都の事業家を招いた。そして、皇太子閲覧用の製品も提出させた。

府庁にやってきた皇太子は、陳列されている日本電池製の潜水艦用蓄電池の前で足を止めると、

「この製法と性質、応用等について発明者自身が説明せよ」

と述べた。

源蔵は恐縮しながら、丁寧に説明すると皇太子は感心し、満足そうな表情を浮かべたという。

昭和天皇が即位した後、１９２８（昭和３）年には源蔵は勲五等瑞宝章を授与された。『日本科學の勝利　発明王島津源蔵』（１９３９年）にはこの時の源蔵の感激の様子が描かれている。

「発明功労者として勲五等を拝受した時、至大な御仁慈に感泣し、更に一身を捧げて此の無上の光栄に酬ひ奉らんことを心に誓つた」

その翌年、叙勲と源蔵の還暦を祝って島津製作所と日本電池の合同祝賀会が開催されることになった。当時、両社合わせて１０９７人の社員が在籍していた。この全社員が金を

出し合って源蔵の胸像を贈り、源蔵の自宅に設置されることになった。

ここで少し源蔵の住まいの変遷について触れる。

源蔵は初代源蔵が死んでから、木屋町二条の本社兼工場と棟続きの自宅に住んでいたが、1903（明治36）年に河原町工場を新築するに伴って住所を移転した。そこには後に、河原町本社が建設されている。

1916（大正5）年からは、中京区東洞院押小路付近（現在の地下鉄烏丸御池駅近く）に自宅を構えた。この地に居たのは10年ほどであった。

源蔵は50歳を過ぎると、終《つい》の住処《すみか》を静かな場所に求めるようになった。これまで慣れ親しんだ京都の中枢部から離れ、河原町工場から4キロほど離れた北白川の瓜生山《うりゅうざん》に1万2000坪という広大な土地を取得する。工事は4年間にわたり、1929（昭和4）年に竣工し、移り住んだ。そこから例のデトロイト号で、通勤したのである。

晩年、今出川新町から西大路九条に移転した日本電池本社に通勤する際には、いつも同志社大学前で充電が切れたという。そこで停《と》まると、その場所でバッテリーを切り替えて、再び日本電池へと向かったエピソードも残されている。

この自宅を源蔵は「暁雲荘」と名付けた。暁雲荘は白亜の洋館であった。当時、一般住宅としては珍しい鉄筋コンクリート造りで、地上4階建て。屋上には展望室まで付いている。1階はデトロイト号の車庫になっており、当時の数少ない写真に写ったデトロイト号を確認することができる。

北白川の島津邸は戦後GHQに接収され、一家は離れに移り住んだ。また接収を免れた施設には茶室もあった。この茶室の待合のみ1962（昭和37）年に円町の法輪寺に移築され、当時を偲ぶことができる。茶室には、源蔵自筆の木版がかけられ、こちらは後に島津製作所 創業記念資料館に寄贈されている。

この木版は「分福茶釜について」との題名でこのように綴られている。

北白川・瓜生山に構えた二代源蔵の自宅

「この屋敷内で多数の方にお茶のご接待をいたします場合に『分福茶釜』でお茶を煮ることにして居ります。この茶釜は今から壱千年ばかり前山間僻地の村々に名高い茶釜がありまして昼食のお茶を村長のところで煮ますると、蒸気の力で釜の蓋を動かしまして、まことによい音がします。そして其音がかなり高いものですから、閑静な田舎では相当遠方までも聞こえまして村の人達が『さあ、昼御飯だ』と言ってこれを合図に田圃から家庭へ帰ることにしておりましたので、誰言うとなく『分福茶釜』と申したのだそうであります。

かくの如くわが国では蒸気の力を早くから実生活上に活かして用いていたのでありますが今一歩深く考えることをせなかった為に、イギリス人ワットをして汽車汽船発明の功を成さしめたことは、ワットの発明が今から僅かに百七十年以前に過ぎないのに比して分福茶釜が壱千年以前に利用されて居たことを考えると、如何にも残念な感が致します。

紀元二千六百年　洛東北白川暁雲山荘　島津源蔵」

源蔵は後に「科学は実学である。人の役に立たなければ理論だけを知っていても意味がない」と語っている。「机上の空論」ではなく、人びとの生活を豊かにするモノづくりを志向する源蔵らしい言葉である。

現在、島津邸の跡地の大方は日本バプテスト病院になっていて、当時の面影は残っていない。わずかに、病院へとつながる小径《こみち》に旧島津邸を取り囲んでいた土塀が、今も応時を物語っている。

島津邸に設置された源蔵の胸像であるが、除幕式が行われたのは北白川の自宅が竣工してまもないころであった。戦後、GHQの接収に伴い、銅像も撤去されることになったが、源蔵の意思によってその死後、1952（昭和27）年4月に日本電池（現GSユアサ）の本社玄関脇に移された。

さて、1930（昭和5）年12月11日は、源蔵が名実ともに「大発明家」として広く認知される日となった。「十大発明家」が審査によって選出され、そのひとりに、源蔵が選ばれたのだ。宮中の昼食会に呼ばれ顕彰されることになった。

それがどれほど栄えあることであるかは、1885（明治18）年に「専売特許条例」が制定されてこのかたの特許数が物語っている。国内特許数は約9万件、実用新案は約15万件である。そのなかから社会に大きなインパクトを与え、国民生活を変えていくような大発明をした発明家10人を「十大発明家」として選び、称号が与えられたのだ。

二代源蔵の銅像はいま、GSユアサの本社にある

源蔵は、かの「易反応性鉛粉製造法の発明」が評価されたことが選定理由であった。ほかの9人とその功績は以下の通りである。

- 鈴木梅太郎　東京帝国大学教授（農学博士）……ビタミンB1の抽出に成功
- 御木本幸吉　御木本真珠店（現在のミキモト）創業者……真円真珠の人工養殖に成功
- 杉本京太　日本タイプライター（現在のキヤノンセミコンダクターエクィップメント）創業者……邦文タイプライターの発明
- 山本忠興　早稲田大学教授（工学博士）……交互磁極誘導子型交流発電機（テレビ）の発明
- 密田《みつだ》良太郎　逓信省電気試験所第三部長（工学博士）……水銀避雷器の発明
- 蠣崎《かきざき》千晴　朝鮮総督府獣疫血清製造所（医学博士）……牛疫ワクチンの開発
- 本多光太郎　東北帝国大学教授（理学博士）……特殊合金鋼の開発
- 田《た》熊《くま》常吉　田熊汽罐製造（現在のタクマ）創業者……ボイラーの発明
- 丹《に》羽《わ》保次郎　日本電気技術部長（工学博士）……写真電送方式（ファクス）の開発

10人のうち6人までが博士号を有する超一流の学者である。とくに本多光太郎はのちにノーベル物理学賞の有力候補に挙げられるまでの重鎮であった。そうした、錚々たる研究者が揃うなか、小学校すら満足に卒業していない源蔵は異色であった。しかし、それだけに島津製作所や日本電池の社員らは、源蔵の偉業を誇りに思った。

源蔵が日本の発明家十傑に挙げられてから約70年後の2002（平成14）年。再び島津製作所は栄光の真ん中に立つ。

島津製作所のいち研究員であった田中耕一（現エグゼクティブ・リサーチフェロー）がノーベル化学賞を受賞したのだ。田中は大学院を修了しておらず、「学士でのノーベル賞受賞は異例」と言われた。

十大発明家に選ばれ、宮中で顔を合わせた9人（当日、蠣崎千晴は病欠）は、互いの功績を称《たた》えあった。そして、毎年秋に「会合」を開くことを約束するのである。源蔵は御木本と共にその世話役を引き受けることになった。

その後、日本の社会をも大きく変えることに寄与した大発明家たちを、北白川の源蔵宅に招いたこともあった。この定期会合は1942（昭和17）年まで続けられたという。

## 戦争とマネキン

島津源蔵は家庭内では寡黙な人であった。

源蔵のひ孫にあたる太田泰能（島津製作所勤務）は1957（昭和32）年生まれで、生前の源蔵は知らない。だが、自身の母や叔母は源蔵夫妻に可愛がられたという。つるは太田が8歳の時に亡くなっている。太田は話す。

「源蔵の孫である母や叔母によると、二代源蔵は家のことには一切、関わらなかったようです。一方でつるは、島津製作所の事業が軌道に乗り、自宅が大きくなっても家庭の一切を見ていました。まさに内助の功。つるは、とても苦労したようです。源蔵の印象は、口数の少ない質素で地味なおじいさん。家庭においてはカリスマ性はあまり感じられなかったようです。しかし、自宅でもずっと何かの実験をしていました。私の母や叔母は源蔵から口酸っぱくこう言われたそうです。『お前たち、電車に乗る時には必ず、真ん中に乗りなさい。万一、事故になった場合、真ん中に座っていれば一番安全だからな』と」

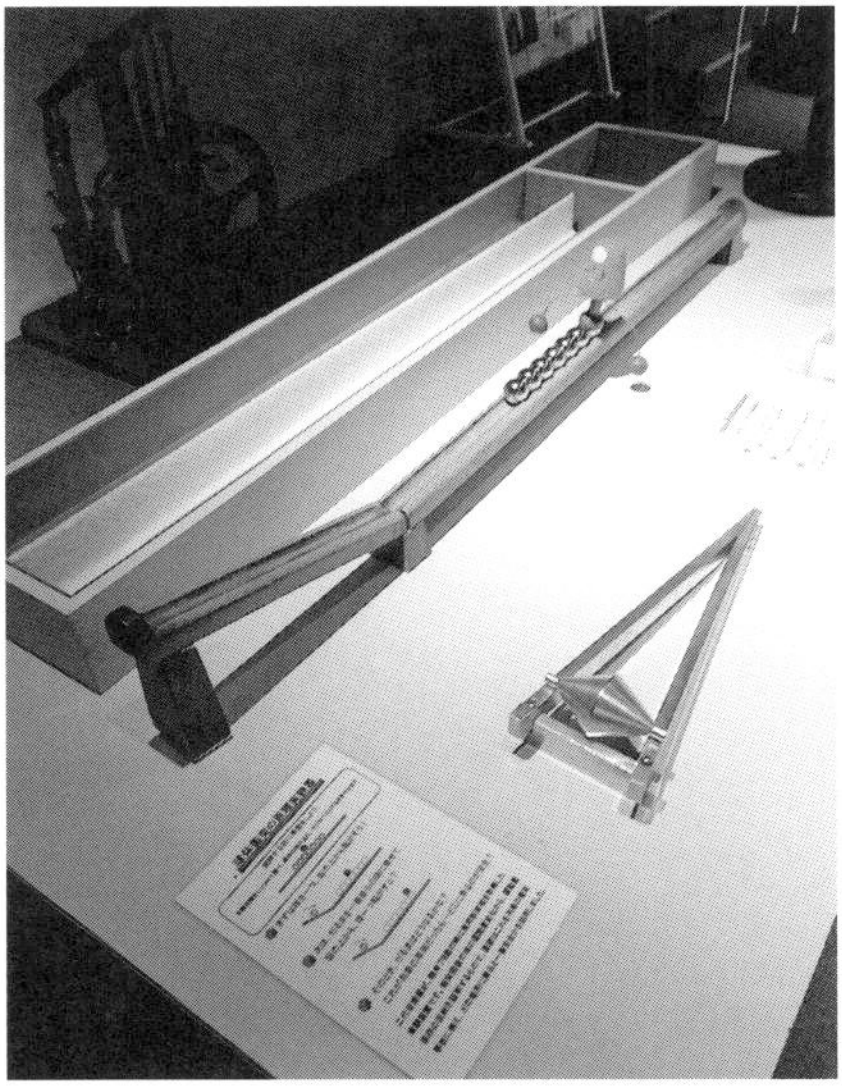

晩年の源蔵が自宅で行っていた「球体衝突の原理実験」器具

源蔵が自宅で行っていたこの実験は、「球体衝突の原理実験」

である。源蔵は1951（昭和26）年に満82歳で亡くなるが、晩年も研究開発には精力的で、球体衝突の原理については79歳の時に実用新案権を取得している。

このような原理である。

8個ほどの金属製の球を、レールに載せて一列にくっつけて並べる。次に、やじろべえをどこかの球の上に置く。そして、一方から手にした球を転がしてぶつけてみる。最後列に置かれたやじろべえは飛ばされてしまう。しかし、真ん中の球に置いたときは、やじろべえはほとんど揺れない。

これは「ニュートンのゆりかご」とも呼ばれている玩具と同じ原理だ。紐《ひも》にぶら下げられた複数の球の一番端の球を弾くと、真反対の球だけが弾かれ、その後カチカチカチと同じ運動が続く。真ん中の球は微動だにしない。これは物理学の運動量保存則と、力学的エネルギー保存則に基づくものである。

つまり、源蔵はこの原理を列車の衝突事故にたとえて、孫に伝えていたのだ。この実験器具は実際に、島津製作所 創業記念資料館の2階に置かれ、誰でも触って実験ができるようになっている。

源蔵はつるとの間に3男2女をもうけた。長男孝太郎、長女満智、次男良蔵、三男敬三、次女英である。長男の孝太郎は京都第一中学校に在籍中の1910（明治43）年、17歳で夭折《ようせつ》。当時源蔵は蓄電池開発と納入に追われ、多忙を極めていた時期であった。

その時、源蔵は中国（清国）に政府主催の実業家たちによる経済視察団の一員として出張に出ており、看取ることはできなかった。清に滞在中に孝太郎の訃報が届いた。長男の死は源蔵にとって、痛恨の極みであったに違いない。

次男の良蔵は１９０１（明治34）年生まれ。１９２５（大正14）年に東京美術学校（後の東京藝術大学）彫刻科を卒業した、島津家のなかでは異色の人物である。

良蔵は在学中より「東洋のロダン」と呼ばれた彫刻界の重鎮、朝倉文夫に師事。卒業後は島津製作所標本部に入社する。しかし、１９２６（大正15）年には京都師団砲兵隊に入隊している。良蔵は除隊後の１９３１（昭和６）年に島津製作所に戻ってきた。

島津良蔵

良蔵は日本におけるファッション文化に新風を起こし、「日本アパレル産業の祖」と言っても過言ではない人物である。

それを説明するには、初代源蔵が急死し、梅治郎が二代源蔵を襲名した翌年の１８９５（明治28）年にまで、時代をさかのぼることが必要だ。

島津製作所は発足した当初から、学校教育向けの実験機器や標本を多数手がけていた。

標本は、理科室に置かれている人体模型や、動植物・鉱物などの自然科学系の類である。源蔵は同年、島津製作所に標本部を立ち上げ、本格的に教育向け標本の製造に関わっていく。

島津製作所が1995（平成7）年に発行した社史『島津の源流』には、このように書かれている。

標本部の設置はもちろん初代源蔵が在世中念願していたものであった。地質、鉱物、動物、植物の有り様や人体の生理的、解剖学的構造などを教えるには、黒板と講義だけでは不十分であった。（中略）開設された標本部は、いままでの器械製作の雰囲気とは、全く異なったものであった。珍獣、野鳥の剝製、人体の骨格など、いずれも店頭の衆目を集めた。諸学校からの注文も飛躍的に増大していった。後に誰かが『島津は森羅万象、なんでも標本にしてしまう』と評している。たしかに、この言葉を具現して世の中に役立たせることが、標本部の使命であったともいえる。そしてこの精神は、第二次世界大戦後は島津製作所から分離独立の京都科学標本株式会社（現在の株式会社京都科学）に受け継がれている。

さて、改めて明治末期における島津製作所の業務系統を整理しておこう。重役会の下に工務部や標本部が置かれた。工務部は工場群を束ねていた。その内訳は蓄電池工場、鉄工場、真鍮《しんちゅう》工場、組立工場、塗工場、木工場、修理工場、試作工場などである。

標本部は商品部、作業部、販売部に分かれていた。商品部は動物係、植物係、鉱物係、地歴係に分かれている。作業部は、模型工場、剝製工場、顕微鏡室の3部門であった。さらに本店、東京支店、九州販売店などの営業、管理部門などで構成されていた。標本部が手がけた製品にはユニークなものが多いので、その説明は後述することとする。

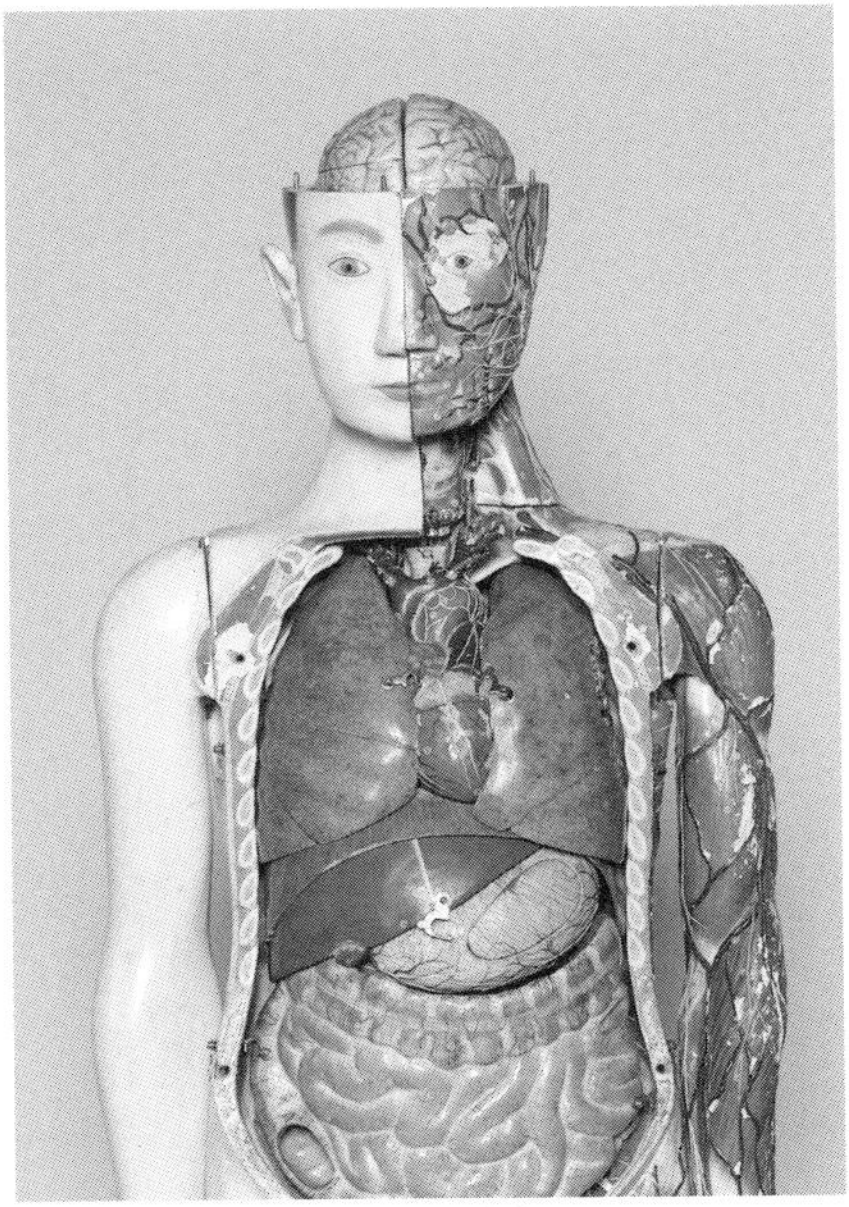
島津の精緻な「人体解剖標本」

島津製作所において、人体生理模型が試作されたのは1900（明治33）年ごろと推測される。それまで人体模型は輸入品がほぼ、すべてであった。1890（明治23）年5月13日付の郵便報知新聞は、東京・神田の旭館で実施された人体解剖蠟細工《ろうざいく》展覧会の様子を伝えている。

それによると、オーストリア人エ・ナフタリーが展覧会に出品した蠟製の人体模型は数十点にも及んだという。そこには胎児の発育の経過がわかる模型や、梅毒や淋病などで毀損した人体の一部が蠟人形で再現され、おっかなびっくりの展示会となったが、盛況を呈したという。

島津製作所の人体模型事業の根底には、仏具商時代の鋳物づくりがありそうだ。鋳型をつくってさまざまな仏具の造形をする。先代から受け継がれたこの精緻なものづくりのDNAが、西洋医学や学校における科学教育の発展とともに、人体模型という新たなる分野に昇華していったのだ。

1909（明治42）年、源蔵はアメリカのシアトルで開催されたアラスカ・ユーコン太平洋博覧会に人体生理模型を出品。見事に大賞を受賞したのである。その結果、「島津の人体模型」は一躍、世界的に認められることになった。当時の島津マネキンは紙をベースにして造形し、その表面に特殊な液体を塗布したもの。水拭きしても色落ちせず、乾燥や湿気にも強かった。そのため、他の多くの模型にも活用されていった。島津マネキンは1911（明治44）年には特許を取得している。

その後、人体模型事業に転機が訪れたのが、国内における洋服の普及であった。

1872（明治5）年に「礼服ニハ洋服ヲ採用ス」との太政官布告が発せられていたが、

実際に洋服を着用していたのはごくわずかの富裕層のみであった。

それが大衆まで広がるきっかけは、1923（大正12）年9月に起きた関東大震災とも言われている。震災後、日本は生活物資の国際支援を受ける。そのなかにアメリカから送られてきた大量の古着があった。その結果、洋服文化が一気に拡大していった。

そこで国内の繊維業界は堰《せき》を切ったように洋服製造に着手する。すると、販売促進用としてマネキンの需要も生まれる。しかし、当時、フランスからの輸入品に頼っていたのが実情であった。

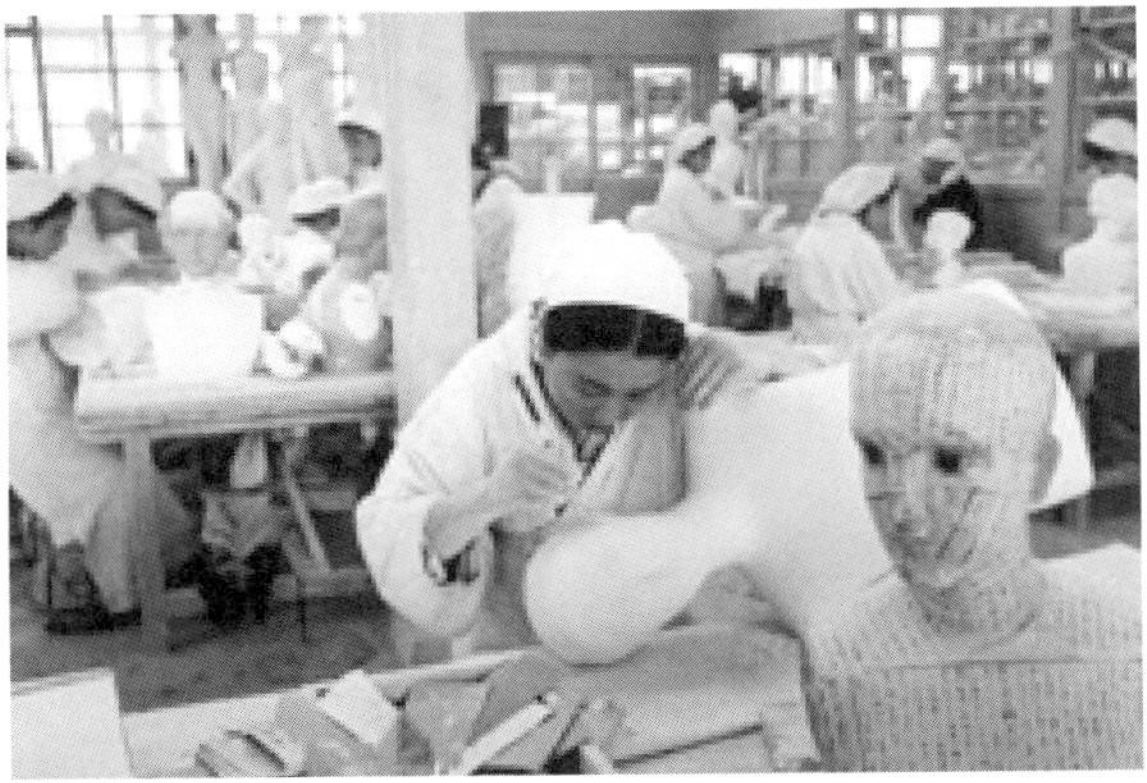
マネキン製造開始（1925〈大正14〉年）

当初、島津製作所にはフランス製マネキンの型抜き工法での製作依頼が舞い込んでいた。だが、人体模型製作で自信を得ていた源蔵は、自社製マネキン製造に打って出る決断をした。
1925（大正14）年、試作品が完成。その後、改良に改良を重ね、ファイバー素材（楮《ちょ》製《せい》紙《し》）を用いたマネキン製造に成功する。これは、京人形にヒントを得たとされている。

そして大量生産体制に入るべく1932（昭和7）年、三条工場にマネキン専用工場が造られた。1934（昭和9）年には、三条工場からほど近い山ノ内に新工場が建設され、三条工場から移転。山ノ内工場は従業員200人、年間生産数5000体を誇る日本最大のマネキン製造拠点となり、国内シェアは85パーセントにも及んだ。

そうした日本製マネキンの黎明期にあって、かの朝倉文夫に師事した良蔵が入社したのである。良蔵が配属されたのはマネキン事業を手がける標本部であった。

良蔵は初代源蔵や父である二代源蔵とは、まったくタイプの異なる男であった。父源蔵は蝶ネクタイを愛用し、紳士的な装いを好んだが、良蔵は全身黒づくめの前衛的な衣服を愛用した。

良蔵は性格も大らかで、あまり経営には興味を示さず、ただひたすらに造形美の追求を目指す芸術家肌であった。

そんな良蔵にたいし、当時の経営陣のなかには批判的な者も少なくなかったが、如何《いかん》せん良蔵のつくるマネキンはまるで生きているようで、他社の追随を許さず、評判は極めて高かった。

良蔵はマネキンの造形を究めるために、生活スタイルも一変させていたようだ。生活スタイルを洋風にし、自宅にドイツ製のピアノを置き、バッハやショパンを演奏した。毎晩のように社員を自宅に招いては、音楽を聴かせ、マネキン談議に花を咲かせた。

良蔵は、マネキンの新作発表展もプロデュースしている。

１９３３（昭和８）年、「第一回島津マネキン新作発表展」が大阪朝日会館（１９６２〈昭和37〉年に閉館）で開催された。発表展に参画したメンバーは、良蔵と同じく朝倉文夫に師事し、島津マネキンに参画していた彫刻家の荻島安二。民芸運動を展開した美術工芸作家、評論家の柳宗悦。さらに陶芸家の宇野三吾ら、時代をときめくアーティストたちであった。

だが、時局に恵まれなかった。

日本は戦争の道へと、再び突き進んでいた。１９３３（昭和８）年、日本は国際連盟を脱退。翌年にはワシントン海軍軍縮条約を、１９３６（昭和11）年にはロンドン海軍軍縮条約を破棄すると、翌１９３７（昭和12）年７月には日中戦争が勃発。日本の中国侵出を警戒する欧米諸国との関係は、日に日に悪化していく。

日本はドイツ、イタリアと三国軍事同盟を締結。米国は対日石油輸出全面禁止措置を打ち出すなど、経済封鎖で揺さぶりをかける。１９４１（昭和16）年11月26日、米国側のハル・ノート提出を「最後通牒《つうちょう》」と受け取った日本は日米開戦を決定。12月８日にハワイ・真珠湾の奇襲攻撃に踏み切ったのである。

開戦から半年ほどは日本が有利に戦いを進めていたものの、１９４２（昭和17）年６月のミッドウェー海戦で大敗すると、戦局が大きく変わり出す。

国内の産業界においては日米開戦を前にして、軍需工業動員法、重要産業統制法、国家総動員法などを基にさまざまな統制が取られ、多くの製造業は軍需産業と化し、自由経済は失われていた。

島津製作所も例外ではなかった。工場群は軍需工場と化し、経営体制も変わらざるを得なくなっていった。そこで、1939（昭和14）年に島津製作所では新たに会長職と副社長職を設けて、源蔵が会長に就任した。そして東京支社長を務めていた長弟の源吉を呼び寄せて社長（社長職は1917〈大正6〉年に設置）に、末弟の常三郎を副社長に据えた。

これにより、源蔵は島津製作所の経営の最前線からは身を引き、日本電池の社長としての任務を優先させる体制になった。島津製作所の2代目社長を継いだ源吉は、軍部の顔色を窺いつつ軍需を最優先に掲げながらも、新製品の研究開発にも余念がなかった。だが、刻一刻と戦時色は濃くなっていく。

すると、不要不急の製品であるマネキン事業に、批判的な意見が広がっていった。

「こんな時勢に、マネキンをつくるなんて不謹慎極まりない」

会社内外の、良蔵への風当たりは日に日に強くなっていった。

ある日、国防婦人会から、

「西洋人の顔をつくるな」

と、抗議されたこともあった。

実際、戦時下にあって日本は「ファッション」どころではなくなっていた。開戦の1年前には、すでに女性洋装のシンボルであるパーマが禁止措置になっていた。戦争が始まると成人女性は軍事教練に加わることになり、その装いはスカートからモンペに変わっていった。男子には国民服の着用が義務化された。

さらに、追い討ちとなったのは、商工省（現在の経済産業省）が国家総動員法を根拠に、贅沢品や不要不急品の製造販売を禁止する省令「奢侈《しゃし》品等製造販売制限規則」を発令したことである。マネキン製造は「贅沢品」として規制する、との知らせが良蔵の元に届き、良蔵は心底失望した。

そこで、良蔵はすぐに上京し、商工省で必死の陳情をした。

「制限規則で定められている人形は、愛玩用の高級品のことでしょう。われわれはあくまでも衣装展示の媒体としてのマネキンをつくっているのであって、決して贅沢品の類ではありません」

良蔵の必死の直訴の甲斐あり、訴えは認められた。いったんはマネキンが制限規則から除外されることになった。

だが、戦時下のマネキンの役割は、ファッション文化を支えるものでは到底なかった。国民服の着用を広く啓蒙するための手段として販売・展示させられたり、戦闘機に乗せる人体模型として戦時利用されたりした。

気づけば、日本は戦色にどっぷりと浸かっていた。

島津製作所はこれまで蓄電池など、国家の方針である富国強兵・殖産興業政策と共に発展してきた側面が強かった。源蔵は好むと好まざるとにかかわらず、いつしか時局の流れのなかで、軍需企業としての船を操る「船頭」になっていたのだ。従って、国策に反抗してまでマネキンをつくり続けるリスクを負うことなどできなかった。

1941（昭和16）年には、島津製作所の工場群は全面的に軍需工場と化していた。新たに兵器部が設けられ、魚雷部品や海軍用の照準器、航空機の機体部品、航空計器、擲弾《てきだん》筒《とう》（小型爆弾）などを製造していた。

終戦間際の1944（昭和19）年の時点では、島津製作所の工場の従業員は2万人近くにまで膨れ上がっていた。さらに、学徒動員でおよそ5000人、女子挺身隊およそ100人も加えた工員が昼夜を問わず、生産を続けていた。当時は食料不足であったが、島津製作所では特別に白米の握り飯が配給された。

新社長の源吉は、出征していく従業員のため、自ら揮毫した日章旗を贈ったという。従業員はその日章旗を左肩からたすき掛けにし、出陣していった。

マネキンの原料は戦時統制に置かれた。ファイバーが入手困難になっても、良蔵は石膏を代替としてでも細々とマネキンをつくり続けた。それは「執念」とも言えるものであった。だが、いよいよ島津製作所内の逆風も抗えないものとなり、最終的には重役会でのマネキン事業休止の決定がなされるのである。1943（昭和18）年、ついに、「島津マネキン」は、幕を下ろすことになった。

だが、良蔵のマネキンにかける情熱は事業がストップしても冷めることはなかった。

洋画家向井潤吉の弟で、戦後彫刻の大家となる向井良吉は良蔵より17歳も年下であったが、良蔵と同じ東京美術学校彫刻科の卒業生である。その在学中から島津製作所で荻島安二に指導を受けるなど、島津マネキンに関わっていた。

向井は雑誌『夜想』のインタビューのなかで、当時をこのように振り返っている。

島津良蔵がつくったマネキン

「彫刻家は銅像を作ったりという偉い人の彫像を作ったりという仕事ばかりだった。権威に関わった、何ら人間社会と具体的なつながりがない仕事で、生きがいがあるのかなと。やはり街の中に並んでいる人形の方が人間との接触が間近だし、彫刻家としての生きがい

があるのではと思ったんです」（日本マネキンディスプレイ商工組合HP『日本のマネキン〜人と作品〜　向井良吉』より）

向井は１９４２（昭和17）年に「赤紙」を受け取る。出征を前にして、良蔵は向井と向かい合い、このように誓い合う。

「生還の暁には、一緒にマネキンづくりを復活させようや」

向井良吉は福井県の陸軍歩兵第36連隊に入隊。幹部候補生として訓練を受け、南太平洋ニューブリテン島のラバウルに配属された。戦友が次々と倒れていくなか、向井自身、明日の命も知れない状態のなかで戦闘と戦死者の葬《とむら》いを続けた。その戦争体験が後世の作品に大きな影響を与えている。

向井はラバウルで終戦を迎え、九死に一生を得て帰国すると、すぐさま良蔵の元に駆けつけた。そして、約束通り、マネキン事業の再開に乗り出すのである。良蔵の元には戦地に散っていた仲間が再び集結した。そのなかには、島津マネキンで技術部門を担当していた門井嘉衛らがいた。

ところが、島津製作所にマネキン事業の再開を打診するも、終戦直後の島津にその経営体力はなく断られた。

そこで向井を代表取締役に、良蔵を取締役として新会社「七彩工芸《ななさい》」を設立する。本社の場所は父源蔵から提供を受けた。それは、かつて源蔵が北白川に引っ越すまでの50代を過ごした、中京区東洞院御池の島津邸跡であった。良蔵は１９５４（昭和29）年から１９７０（昭和45）年までの16年間、会長職を務めた。

七彩本社には良蔵のためのアトリエがつくられ、晩年は粘土をこねて彫刻をつくる良蔵の姿がよく見られたという。良蔵は１９７０（昭和45）年にその生涯を閉じた。

現在、七彩は、京都企業であるワコールホールディングスの傘下に入っている。国内のマネキン企業25社のうちほとんどが、島津マネキンと何らかの関わりを持っていると言われている。

島津マネキンで原型作家として名を馳せた吉村勲は、１９４６（昭和21）年に、島津マネキンの販売権を得た吉忠（現在の吉忠マネキン）に入り、のちに取締役に就任。吉村と同じく島津マネキンで原型作家として活動していた藤林重治は大和製作所（現在のヤマトマネキン）の立ち上げに参画している。

また、１９４８（昭和23）年に島津製作所標本部を継承したのが京都科学標本（現在の京都科学）である。良蔵はその代表取締役社長に就任している。

## 島津の理化学標本と模型

源蔵が戦前に手がけた理化学標本や実験器具は、先述のマネキンにも見られるように、

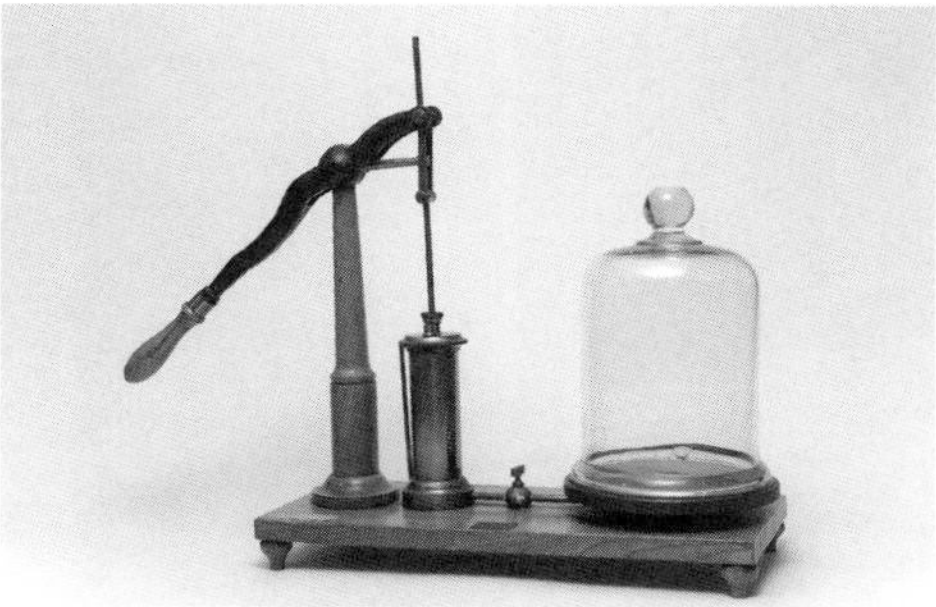
①島津の理化学標本・実験器具「排気機（真空ポンプ）」

②「有毒菌類模型」

その機能もさることながら、その造形も美しい。ここで少し、そのいくつかを写真と共に紹介していきたい。

①「排気機（真空ポンプ）」

1881（明治14）年3～6月に開かれた第2回内国勧業博覧会に、初代源蔵が手がけたこの排気機と、蒸留器、落体実験管などが出品され、排気機が有効賞2等に入賞した。レバーを上下動させることで、釣鐘型の密閉容器内の気体を抜いて圧力を下げる器械。ガラス容器を真空状態にして、減圧による液体の沸点降下や真空中で音波が消えていく様子の実験、空気の浮力の検証などに使われた。真空化は、その後、電球など照明や通信などに広く活用されるなど20世紀の製造業にはなくてはならない技術となった。

②「有毒菌類模型」

③「丹頂鶴」

④「扇風機」

明治中期に学校用につくられた教材としての標本。テングタケなどの毒キノコが蠟で精密につくられている。当時の島津製作所は、理化学機器以外にも多数の標本を手がけていた。

③「剝製　丹頂鶴」

明治末期に製造された。丹頂鶴は現在、環境省のレッドリストⅡ類（ＶＵ）に分類。国の特別天然記念物にも指定されており、絶滅が危惧されている。この標本がつくられた時にはすでに、丹頂鶴の狩猟が禁止されていたため、植民地時代の京城（現在のソウル）付近で捕獲され、生きたまま日本の島津製作所に運び込まれて、標本部で剝製標本された。

当時、丹頂鶴の標本は室内装飾品として富裕層への贈与品とされた。その作品は丹頂鶴がまるで生きて活動しているかのごとく造形されている。標本部の職人の技術の高さがうかがえる作品である。写真の剝製は個人蔵であったが現在は、島津製作所 創業記念資料館にて保管されている。

④「扇風機」

1913（大正2）年に発明、製造された日本初の風力切り替え付き扇風機である。モーターは島津製で台座は漆塗りという上製。金属羽が4枚、スライド式スイッチがついており、風の強さが二段階に調整できる。首振りは自動ではないが、上下に30度、左右に90

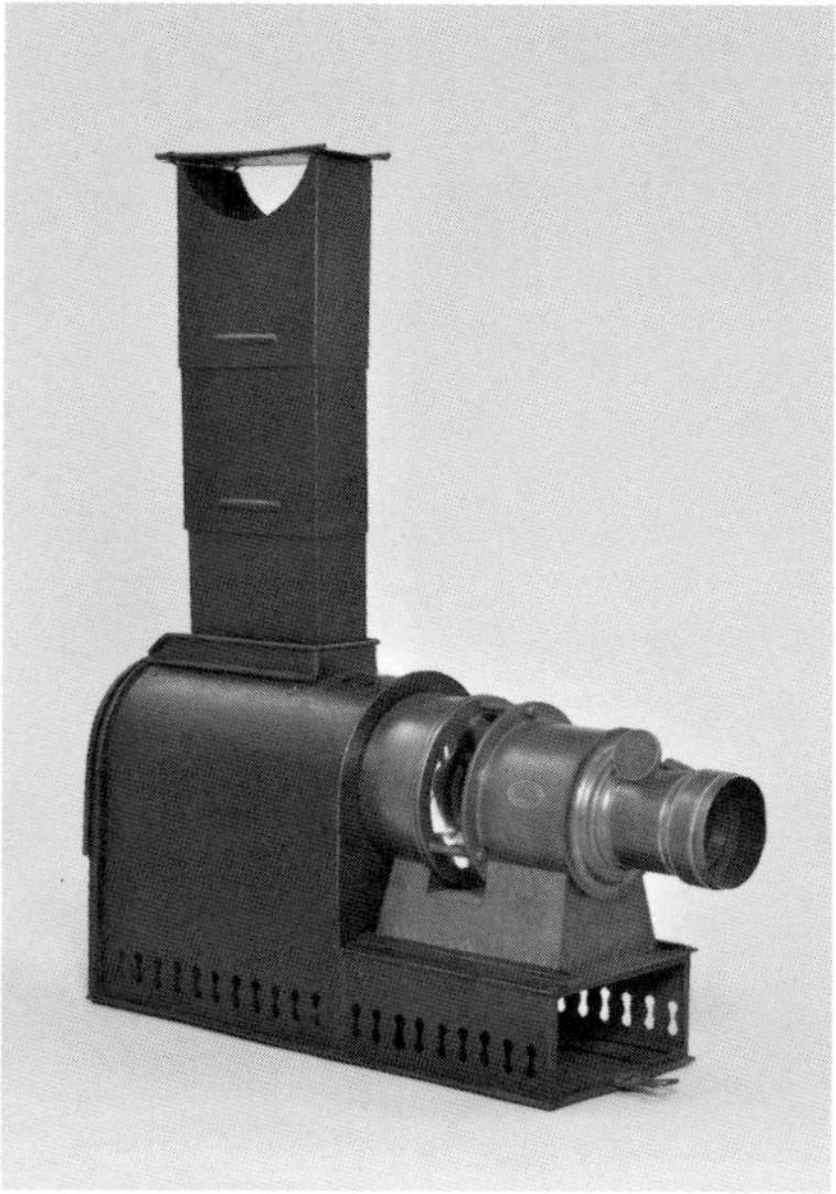

⑤「幻灯機」

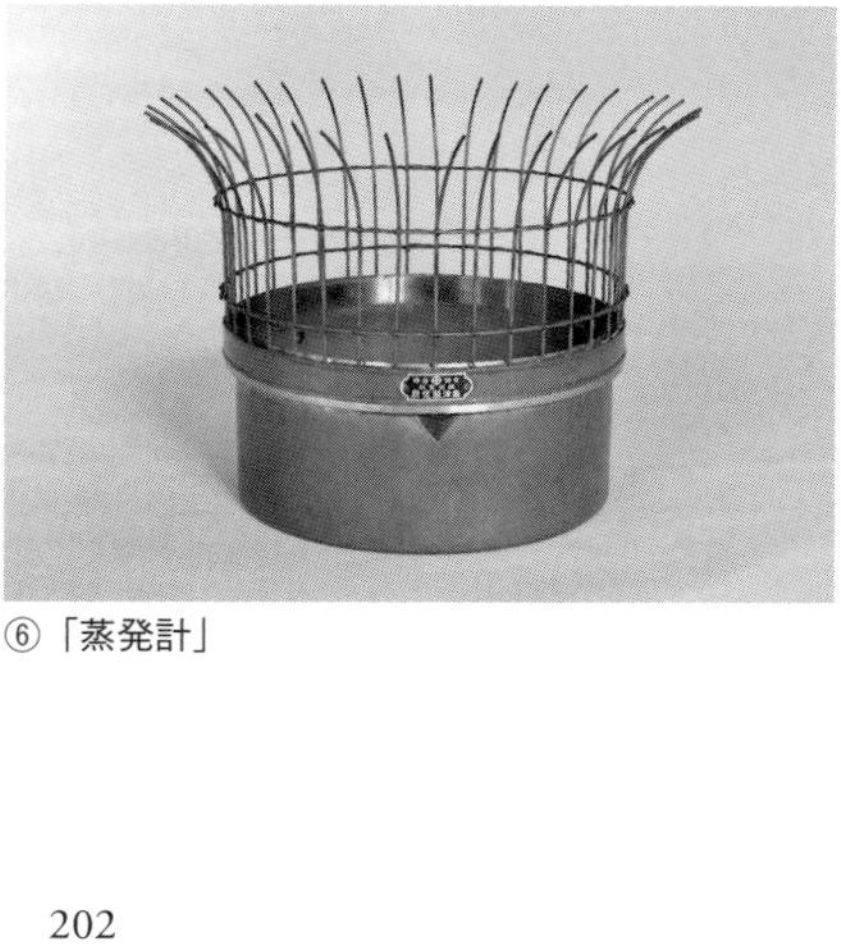

⑥「蒸発計」

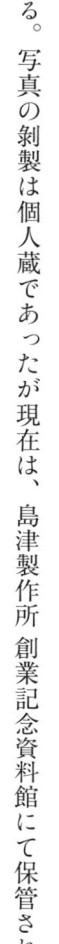

度向きを変えられる。羽根の軸にはGSのロゴがあしらわれている。電圧は100V。河原町工場で約200台製造され、京都電燈株式会社に納入されたとの記録がある。当時、扇風機はまだまだ高価で庶民にとっては高嶺《たかね》の花であった。また、電力事情も不安定であったため、一般には普及しなかった。

⑤「幻灯機」

スライドを、レンズを通してスクリーンに拡大投影するプロジェクター。電気がまだまだ普及していない時期であったため、光源には灯油ランプを採用している。そのため、煙突がついている。写真撮影が庶民の間にも広がりを見せていたことを窺わせる製品である。

⑥「蒸発計」

水の蒸発をミリ単位で測定する機器。直径約20センチ、深さ10センチのタライ型容器の内側に錫メッキが施されている。雨量計と併せて使用することで正確な降雨量を知ることができる。

## 150年に流れる経営哲学

ここで源蔵の晩年の生活と、人生哲学を紹介しよう。源蔵は晩年、ビジネスや人生における哲学をまとめている。それは、「事業の邪魔になる人」「家庭を滅す人」「自己を破壊する人」の3つの柱からなり、それぞれ15カ条で構成されている。源蔵のこの訓諭を、印刷して社内の各所に張り出した。これは、コーポレートガバナンスとして、今に通じるものがある。源蔵がいかに「事業」と「家庭」そして「自分自身」の3つの要素を大事にしてきたかがわかるものだ。

二代源蔵

戦時下の京都、島津製作所にあって1939（昭和14）年、源蔵は古希を迎えた。源蔵は北白川の瀟洒《しょうしゃ》な館に暮らしながら、デトロイト号で河原町に本社を構える島津製作所と新町の日本電池とを行き来する日々が続いていた。

源蔵は実直を絵に描いたような人物であった。酒はたしなむ程度で、煙草は一切吸わなかった。それよりも、開発と研究こそが生きがいであった。

源蔵の生活はじつに規則正しいものだった。午前5時には起床。洗顔をすませると洛東・瓜生山麓にあたる北白川の1万2000坪の自宅邸内を散歩するのが日課であった。朝食は決まってパンとオートミール4杯。来客は朝早くからあり、訪問客の対応をすませると

7時すぎにデトロイト号で出社した。そして、日暮れまで仕事に没頭した。

71歳の源蔵が受けた、新聞のインタビュー記事が島津製作所 創業記念資料館に残されていた。源蔵の人となりを知る数少ない資料のひとつだ。

――忙しかったら居留守を使われることが多いそうですね

「いや、ワシは居留守は絶対に使わんよ。保険の外交員にだって会って、一応は要件を聞く。居留守か本当の留守かは訪問者にすぐわかるもので、相手にどのくらい不快な感じを与えるか知れない。会ったうえで諾否の明確な回答を与えれば、訪問客も満足するだろう。ところがワシの弟の常三郎はよく居留守を使って逃げ回っている。どうもいかん！」

――そんなに働かずにもうこの辺りで隠居する気はありませんか

「ワシも71歳だ。いつ隠居してもよいように後継者はちゃんと養成して定めてある。だが、妻さえ納得すれば飛行機でぐるりと支那を一回り視察してみたい。（エキサイド社との）3億円訴訟だってワシがアメリカに乗り出せばあんな結果にならなかったと思う。しかし、どうも妻が難しくてね」

――仕事一点張りで趣味らしきものはお持ちではないようですね

「芝居も嫌い。活動写真も嫌い。ワシの趣味は科学の世界にあるだけだ。ドイツで立派な劇場にも芝居見物に行ったことはあるが、ワシのは芝居を見るのではなくて採光の研究だ。

科学以外のものは見ても聴いても忘れてしまう。活動の女優だけは島津マネキンでモデルに使っているので知っておる。たとえば、夏川静江だ」

記事には、「人差し指を相手の鼻先に突きつけながら夢中でしゃべり続ける島津氏の熱弁はちょっと途絶えそうにもない」との記者の感想も添えられていた。

すでに当時の平均寿命（男性55歳前後）を超えていた源蔵であったが、こんな調子で衰えは一切みせない。常に精力的に経営に関わり、周囲を驚かせるほどであった。

だが、それも永遠には続かない。源蔵自身がそう気づいていた。いかに次代にバトンを渡し、幕引きをするか。源蔵は、島津製作所創業者としての「理念」を残すことが、最大かつ最後の仕事であると考え始めていた。

源蔵の人材を見る目は確かであった。有能で勤勉な部下は躊躇《ちゅうちょ》なく、上に引き上げた。一方で、個人的な利害を求める者や出世のために媚《こ》びへつらうような人間は、容赦無く切り捨てる厳しさも持ち合わせていた。

それは、過去の失敗から培われたものであった。GS蓄電池の開発過程にあった最中、手塩にかけて育てた社員が同業他社に大量に引き抜かれた、あの事件のことである。

資本の拡大は世の中に潤いを与えると同時に、「つながり」を希薄にさせる側面がある。高い報酬などの好条件を提示されれば、過去の恩義などはやすやすと捨てて、会社を去ってしまうのが世の常である。

源蔵は、考え抜いた結果、会社を統治するには「経営哲学」が重要であるとの結論に行き着く。理念を大事にする社員や、その総体としての企業は揺るぎない存在となる。経営哲学を、きちんと後世に伝える必要を感じた源蔵は、その思いを明文化したのである。

【事業の邪魔になる人】

1. 自己の職務に精進することが忠義である事を知らぬ人
2. 共同一致の融和心なき人
3. 長上の教えや他人の忠告を耳にとめぬ人
4. 恩を受けても感謝する心のない人
5. 自分のためのみ思い他人の事を考えぬ人
6. 金銭でなければ動かぬ人
7. 艱難《かんなん》に堪えずして途中で屈伏する人
8. 自分の行いに就いて反省しない人
9. 注意を怠り知識を磨かぬ人
10. 熱心足らず実力なきに威張り外見を飾る人
11. 夫婦睦じく和合せぬ人

12. 物事の軽重緩急の区別の出来ぬ人
13. 何事を行うにも工夫をせぬ人
14. 国家社会の犠牲となる心掛のない人
15. 仕事を明日に延ばす人

昭和14年1月　　　　島津源蔵

【事業の邪魔になる人】では、「◯◯できぬ人」などの文言が並ぶ。一見、読む者をネガティブな感覚にさせてしまいかねない訓示だ。経営理念とはもっと前向きであるべきでは、とも思ってしまう。しかし、これら源蔵の言葉を「逆説」として受け取ってみることが肝要だ。

「1. 自己の職務に精進することが忠義であることを知ろう」「4. 恩を受けたならば、感謝する心をもとう」「6. 損得勘定抜きで動ける人間になろう」――。一目見て、ドキッとさせるような伝え方をするのも、「源蔵流」といったところだろうか。

株式会社化するまでの島津製作所では、小学校義務教育だけを終えて入社してきた社員に対し、見習い・徒弟制度を敷いていた。10年間、寄宿舎に入り、社会人としての礼節、生き方を源蔵自ら指導したという。戦後、社長に就任した鈴木庸輔は後年、

「源蔵さんは時間の励行を、整理整頓、あるいは物事の軽重緩急を考えよ、といった一見平凡に見える生活基準を、自らじつに厳格に守られ、当時、まだ若かった私には、時には過酷と思われるほどに要求されました」

と回顧している。

源蔵は常々、このように意見を述べていたという。

「家庭は人間の苗床や。家庭を健全なものにしなければ、よい人材に育つわけがない」「家庭は人生の安息所や。家庭が愉快なものでなければ、精力的に活動できるわけがない」「よい家庭には、神仏のご加護がある。ご先祖様の助けもあって、われわれは楽しくやっていける」「人生は家庭が根本」。

源蔵がいう「事業」と「家庭」との両立は、いまの島津製作所にもしっかりと受け継がれている。島津製作所の企業倫理規定には、「ワーク・ライフ・バランス（仕事と生活の調和）を実現する人材活用と職場作りに努めます」とある。

次に【家庭を滅す人】の15カ条を紹介しよう。

【家庭を滅す人】

1．自分の一家と国家との繋がりを知らぬ人
2．両親及び兄姉を敬わず夫婦和合せぬ人

3. 身分相応を忘れる人
4. 毎日不平を言うて暮す人
5. 相互扶助を知らぬ人
6. 嘘を言い我儘《わがまま》を平気でする人
7. 不用の物を買いたがり無駄事に多くの時間をつぶす人
8. 夜ふかし朝寝をし実力を養成しない人
9. 失敗したとき勇気を失う人
10. 非礼なことを平気でする人
11. 今日積む徳が明日の出世の因《もと》となることを知らぬ人
12. 先輩を軽んじ後輩に親切を尽くさぬ人
13. 他人の悪口を言い争いを好む人
14. 秩序を守らぬ人
15. 今日一日の無事を感謝せぬ人

昭和14年1月

島津源蔵

【事業の邪魔になる人　家庭を滅す人】

以上の三十ヶ条はいずれも処世の要道であって充分に之を理解し且つ実行に努むる時は

1. 職務上独特の技倆を発揮して無くてはならぬ人となり
2. 人格を向上し性格を円満ならしめ諸人の愛敬を受け
3. 以て立身立家立国の三大任務を完成することが出来る

然るに若し之を読むも皮相にして底の真理を味解するに至らず或いはただ知るのみにして之を貫き行うの熱意を欠く者は必ず一身一家を破滅の淵に陥れるのである

島津源蔵

源蔵は家庭関係をよりよきものにすることを望んで、こんなユニークな訓示も垂れている。1941（昭和16）年、源蔵とつるの金婚式の際に記念出版された『發明報國の一路』には、「新婚の夫婦に與《あた》ふ」と題して、源蔵の私見が記されている。

つらつら人の一生一家の盛衰を見まするに、結婚の当初に於ける夫婦の心構が、先づ最初の方向を定めます。中でも勤勉努力の習慣は、家を興し国を隆《さか》えしむるの根本でありますから、夫妻は協力一致して、汗を貴ぶの家風を樹立せなければなりませぬ。艱難の来らざることを願ふよりも、その艱難に打ち克つ準備を整へるが、肝要であります。何事も恐れて行はぬ時は苦痛となるので、行へば却つて苦痛は消えるのです。それは、

振り上げた、太刀の下こそ地獄なれ、一歩進めば先は極楽

といふ歌のとほりであります。されば苦痛は善悪の境であり、成敗の分岐点でありま す。如何なる時にも正しい目標を見失ふことなく、朝に希望、昼に努力、夕に感謝をもつて、己が職分に奮励邁進してください。

次にはものの締めくくりをよくすることが、大いに大切であります。之がなければ如何なる努力才能を以てしても、仕事の完成は望めませぬ。故に夫婦は結婚の第一日より、簡易質素の生活と、規律整頓の習慣を重んじて、父母その他の人に頼ることなく、自分のことは自分でする方針を実行せねばなりませぬ。夫婦の円満なる和合は、家の生命であります。夫は針のごとく勇進して退くことなく、妻は絲のごとく従順に従うて、その終を完うするのであります。家内お互に、顔にほほえみ心に愛を以て助け合へば、家は自からにして、地上の天国となるのでありまして、まことに和気は、豊年の兆であります。

最後に「自己を破壊する人」を紹介しよう。現代ビジネスパーソンにたいして、そっくりそのまま伝えられるような内容である。

【自己を破壊する人】

1. 表面に熱心を装い真実熱心の足らぬ人
2. 私欲のために義理を忘れ恩を仇《あだ》でかえす人
3. 褒められる為に嘘をついて他人の功を奪おうとする人
4. 外面に親切を装い心に親切のない人
5. 犠牲心なく何事を為すにも誠意の足らぬ人
6. 自尊心のみ高く互譲の精神のなき人
7. 他人の短所のみを知り長所を見抜かぬ人
8. 自分の利益の為に策略を用いて人を陥れる人
9. 礼儀《れいぎ》を欠《か》き秩序を守らぬ人
10. 出世した時恩を受けた其の昔を忘れる人
11. 自分の言うた事を実行せぬ人
12. 人の真価を知らずに批評し虚勢を張って暴言を吐き人を辱める人

13. 自分の立場を利用し私腹を肥やす人
14. 其の場は体裁のよい事を言い蔭《かげ》で悪口を言う人
15. 仕事を愛護する精神のない人

1. 以上十五ヶ条の精神を十分に理解し体得すれば自然人から尊敬され成功の基礎ができる。
2. 之を理解しようとせぬ人は折角築き上げた地位も名誉も破壊し知らず知らずに自己を破滅に導くものである。

昭和14年1月　島津源蔵

【事業の邪魔になる人】【家庭を滅す人】【自己を破壊する人】のうち【事業の邪魔になる人】【家庭を滅す人】は現在、島津製作所 創業記念資料館に掲示されている。

当時、この訓示を自社以外にも学校や他会社から「印刷してほしい」との申し出が多数あった。たとえば京都市第一工業高校の卒業式では、源蔵自らが来賓として赴き、この教訓をもとに祝辞を述べている。また、隣県の近江商人たちも源蔵の訓示から、商人の心得を学んだとの報告もある。近江商人に贈った一枚が、東近江市近江商人博物館に展示されている。

源蔵はこれらの経営哲学を残し、戦争が終結した直後の1945（昭和20）年11月、経営を一新する。会長に源吉、社長に初代源蔵の長女ヒサの婿である鈴木庸輔が就任した。そして源蔵は相談役に退いた。

さらに3カ月後の1946（昭和21）年2月には、源蔵は日本電池の相談役のみを残し、島津製作所およびその関連会社のすべての役職から退いた。その日本電池の相談役も1949（昭和24）年に退き、一切の組織やしがらみから解放された。そして、北白川のいち好々爺として余生を過ごすのである。

二代源蔵とつる。そして孫たち

源蔵は1951（昭和26）年10月3日明け方、北白川の自邸でつるに看取られながら静かにその生涯を閉じた。老衰であった。享年82。

源蔵の遺骨は、父初代源蔵と同じ南禅寺塔頭天授庵の島津家墓所に納められた。初代源蔵と二代源蔵の墓に寄り添うように、その隣には、源蔵が生まれてすぐに失踪した実母ミサの墓標もある。

## 太平洋戦争終戦

終戦間際、京都の街はしばしば空襲に見舞われた。最大の空襲が１９４５（昭和20）年の西陣空襲である。１トン爆弾７発が投下され、被災家屋は３００棟、死者50人を出した。日本電池の今出川新町工場からわずか７００メートルほどの場所であった。

同年４月には島津製作所三条工場からほど近い三菱重工の工場が狙われ、従業員２人が犠牲になっている。島津製作所も軍需工場と化していたため、いつ空襲を受けるとも限らず、工員らは落ち着かない日々を過ごしていた。そこに、軍の指令により工場疎開が行われることになった。京都における工場疎開は１９４５（昭和20）年が明けてからすぐに実施された。

疎開先は近いところで左京区鞍馬、洛北静原、丹後半島の峰山。四条工場は熊本県玉名と福井県中山村（現在の越前市）に分散疎開した。また、終戦間際の７月になって愛宕郡田中村（現在の左京区高野）の工場が朝鮮半島と満州に分散疎開されることが決まった（実際には疎開されなかった）。

このように、終戦時には島津製作所の工場群は完全に機能不全に陥っていたのである。

８月15日。ポツダム宣言の受諾を連合国に通達した日本は、玉音放送をもって無条件降伏を国民に通達。この日から、島津製作所本社では会長の源蔵、社長の源吉、副社長の常三郎らトップマネジメントを握る三者にとっては、生涯忘れ得ぬ怒濤の日々となった。その生々しい記録が、当時の経営日誌に記されている。

南禅寺天授庵の島津家墓所

8月15日　軍需省近畿軍需監理局長令
一、軽挙妄動を慎むこと
一、秘密書類の処理
一、平和産業への転換を考えること
一、工場自活を考慮、施策すること
一、作業は継続すること、追って命令する。間接事業の精密器械、工作機、レントゲンなどは、そのまま作業すべし
一、工場防衛強化
一、従業員の給料を支給のこと
一、抗生物質は掠奪されぬよう（敵味方とも）注意して保管すること

8月16日　幹部会決定事項　戦後対策に関する緊急措置

一、各工場は一応、現在の生産を停止すること。ただし、間接的平和産業は継続すべきに付生産部長の指示を受くること。平和産業＝精密機械、工作機械、レントゲン等

一、各工場は急速に棚卸を実施すること

一、軍関係、重要機密書類は当局の命により直ちに処理し得るように整理し置くこと

一、工場警備を強化し、かつ抗生物質の保管に万全を期すること

一、各工場、疎開先工場の建設は一応現状において打ち切ること

一、各工場は工場食料自給の一助として関係空地の耕作を実施すること

一、前各項を実施するため当分の間各工場長は次の処置を執ること

（イ）毎朝全員定時出勤せしむること

（ロ）前項目を実施するに必要なる要員のみこれを残留せしめ、他は帰宅せしむること

（ハ）給与は定時出勤せしものに対し支給する事とし、細部にあたりては当局の指示に従う。追って通知す

（ニ）学徒に関しては早急に動員解除の方針を以て進むも、別命あるまでは一般従業員に準じ出勤せしめ、時間の利用に関しては学校側と協議の上適当処理すること

8月23日

幹部会において当社臨時休業に関し、支給すべき2カ月分給与につき審議決定す

9月2日

真の日本建設——大使命

一、われわれはなにをすべきか。会社としても個人としても

一、会社の将来

（a）新製品——農具、粉砕機、電熱器具類

（b）従来の製品　島津伝統の科学機器＝（これの軽視が戦争の敗因の最大なるものの一）

①精密専門的機器　②一般的理化学器械

一、機種の整理を行う

一、資本、規模、工員、職員の適正

一、組織

一、本社の強化

一、予算

一、節約

一、自由主義―能率主義―精鋭主義
一、会社の経理的現況把握

こうしてみれば、終戦直後は政情不安による暴動を恐れ、社内は厳戒態勢が取られていたようだ。その後、8月21日には全工場が休業に入った。日誌の片隅には、源蔵か、源吉か、あるいは常三郎かが描いたであろう、「防空頭巾をかぶる少女」の落書きがあった。推測するに会議が前に進まず、時間を持て余したのであろう。

日誌の一隅に描かれた防空頭巾をかぶる少女

9月20日にはおよそ2万人すべての従業員が一斉に退社。島津製作所は名実ともにゼロからの出発を余儀なくされたのである。

10代で初代源蔵とともに事業に参画。幾多の困難を乗り越えてきた源蔵であったが、休業で無人化した工場に立った時、どのような思いが去来したか。察するに余りあるものがある。

島津製作所は休業から50日後の10月10日、工場の再開にこぎつける。戻ってきた従業員は２８６５名であった。軍需から、平和産業の担い手へ。新生島津製作所はここに産声を上げた。

しかし、戦後の島津製作所の再生は多難であった。同月27日にはＧＨＱによる社屋・工場の接収が福岡支店を皮切りに開始された。また、８つの工場が、軍需工場として指定され工作機械など「産業的武装解除」として撤去させられた。

続いて河原町本店、御池工場、東京支店、三条工場の一部が接収された。すべての工場の返還が叶ったのは１９５３（昭和28）年のことである。

## ノーベル賞受賞

時は流れ、２００２（平成14）年10月９日。島津製作所は歓喜に包まれていた。

スウェーデン王立科学アカデミーはその年のノーベル化学賞を、島津製作所ライフサイエンス研究所主任（当時）の田中耕一に贈ると発表したのだ。当時、田中は43歳であり、わが国では湯川秀樹の42歳に次ぐ2番目の若さでの受賞となった。

受賞の対象となった研究成果は「生体高分子の同定および構造解析のための手法の開発」である。従来は分子量が大きいゆえに困難を極めていたタンパク質のような生体高分子の質量分析を、正確かつ簡素に行える道を切り開いた。

田中のこの研究成果によって、がんの早期診断など医療の分野が大きく前進することに

ノーベル化学賞授賞式で田中耕一島津製作所ライフサイエンス研究所主任（当時）

なった。

田中は現在、同社のエグゼクティブ・リサーチ フェロー、田中耕一記念質量分析研究所所長を務めている。

近年、島津製作所ではノーベル賞受賞につながった田中の質量分析技術を応用し、少量の血液からアルツハイマーの兆しを早期に検出する方法の確立に社として成功し、話題になっている。

島津源蔵と田中耕一。生きた時代は違えど、島津製作所における掛け替えのない功労者であることに違いはない。そして両者には、多くの共通項がある。生粋の科学者・研究者であることはもちろん、その生い立ち、非エリート同士であることや、努力の末の偶然が生んだ果実までも――。

まず、「島津源蔵と田中耕一」の、出自の共通点である。

田中は富山市生まれ。18歳までを富山で過ごし、大学は仙台の東北大学工学部電気工学科に進学した。そして、大学院に進むことなく、京都の島津製作所に入社する。田中は、「富山や仙台、京都の自然が私の好奇心を育み、創造性の源となっている」

と明かす。

田中は大学合格直後に、人生最大の危機が訪れる。田中は東北大学入学時、戸籍抄本を取り寄せる必要があり、その時、両親から衝撃の事実を明かされたという。それは、両親の実の子どもではなく、父の兄の子どもだったという事実。産みの母は出産直後に産後の肥立ちが悪くて亡くなり、両親の養子に入ったことを告げられたのだ。田中は、大学に合格するまで、そのことを知らなかったという。打ちのめされた田中は、その影響も手伝ってドイツ語の単位を落とし、1年間留年している。

梅治郎（二代源蔵）とも境遇が似ている。産みの母ミサが出産直後に出奔。そのために梅治郎は父の姉に預けられた。梅治郎は銅駝小学校に通っていた時、文房具とお菓子をくれて無言で去っていった女性を、後世になって、

「きっと生母であったに違いない」

と、回顧している。田中と二代源蔵とは同じような心境で、若い時を過ごしたのである。

現在の田中にとって、創業者・島津源蔵に思いを馳せることは、あまりないという。田中はこう説明する。

「島津製作所は、もう少しで創業150周年になろうとしている会社。島津製作所に息衝《いきづ》く精神は入社から空気のように存在しているから、あまり深く考えたことはない。社員の創業者への想いは、暗黙知みたいな存在であることが一番だと思う」

田中は学科における成績はトップクラスであったが、経済的な理由で大学院には進まず、就職の道を選ぶことに。学士での自然科学系のノーベル賞受賞者は国内では唯一である。

就職先の第一志望は別の大手電機メーカーであったが、不合格になった。

そこで、恩師に相談すると、

「京都に堅実で地道に装置をつくっている企業がある」

と教えてくれ、島津製作所への門を叩く。

「都市としての東京は大きすぎて尻込みした。京都にたいする漠然とした憧れもあった。当時、日本は家電等で世界一だったこともあり、人びとの生活に直結し、専門家でなくと

もその意義がわかりやすい医用機器等の製品開発がしたかった」

新卒で配属されたのは、基礎研究を行う技術研究本部中央研究所。化学分野の研究員としての仕事だった。田中に与えられたテーマが、生命活動や医療に欠かせないタンパク質の質量を調べる方法を開発すること。そして入社2年目の1985（昭和60）年2月、ノーベル賞の対象となった、分子の質量分析に関する大発見をする。

この時、思いもよらぬ偶然が起きた。タンパク質を分析するにはレーザーを当てて、イオン化させる必要がある。だが、タンパク質はアミノ酸が連なった複雑な構造をしている。レーザーを直接当てると内部のエネルギーが高くなりすぎて、分子が破壊され、測量することができなくなる。

そこで、レーザーの衝撃を和らげるために使用する緩衝材、コバルトの金属超微粉末との混合物をつくろうとした。だが、通常ならアセトンを使うところを間違えてグリセリンを混ぜてしまった。田中は過去に、グリセリンを単体で使用し、思うような効果は得られていなかった。

しかし、金属超微粉末は高価である。

「もったいない。どうせ捨てるのもなんだし、ダメ元で」

と考えてこの混合物を使ったところ、タンパク質を示す波形が出てきた。世界で初めてタンパク質の質量分析に成功した瞬間であった。

かつて二代源蔵が、過酸化鉛の皮膜の生成に当時、「タブー」とされた硝酸をあえて試し、商業用蓄電池の発明を成し遂げ、また、蓄電池製造において「秘密の鉛粉」をつくる方法を発見した時のように。

両者は地道な努力の末に、途方もなく大きな果実を実らせたのだ。

そう思えば、仏具から始まりノーベル賞へと続く島津製作所の企業としての道のりも、また然りである。島津製作所は一見地味な企業だが、着実に業績を伸ばし、社会に存在感を示してきている。

島津製作所は現在、グループ従業員数1万3182人（2020年3月31日現在）、連結売上高3854億円を誇る。売上高のうち、およそ半分は中国や欧米を中心とする海外である。関連子会社は70社を超える。

製造分野は、分析計測機器、医用機器、産業機器、航空機器の主に4つ。それぞれに、最先端のテクノロジーが組み込まれてはいるものの、ものづくりにかける精神は創業当時とさほど変わっていないのが特徴だ。

京都のものづくりの風土は島津製作所をつくり、そこからGSユアサ、大日本塗料、七彩、三菱ロジスネクストなど多くの個性的な企業を生んだ。いま、京都には、京セラや日本電産、村田製作所など売上高ベースでの1兆円企業が存在する。こうした巨大企業も、その創業時には、島津製作所と何らかの協力関係をもってきたとされている。

解体的出直しを迫られた終戦直後から、七十有余年。島津製作所の初代源蔵や二代源蔵のものづくり精神は、ひろく社会の隅々にまで行き渡っている。

現在、島津製作所は、

「科学技術で社会に貢献する」

を社是とし、

「『人と地球の健康』への願いを実現する」

を経営理念としている。

田中耕一は言う。

「独創とは、〝無から有を生み出す〟と思われているふしがあるが、アイザック・ニュートンの言葉を借りれば『巨人の肩に乗っている（先人の知恵の積み重ねから学べる）』からこそできる、とも言える。長く、重い歴史・風土に対する自負と厚みに、適度に反発し、適度に学べるのが京都。たとえば米国の様なフロンティア・チャレンジ精神とは異なる方法で独創を生み出せるから、かもしれない」

2025（令和7）年、島津製作所は150年目の節目を迎える。

# おわりに

東京の出版社に勤務していた私が、京都に戻ってきたのが2018年4月のことであった。四半世紀ぶりの故郷、嵯峨である。山紫水明の景色はもちろんのこと、街並みや商店が何十年も何百年もそこに佇《たたず》み続けているのが京都である。ヒマを見つけては「古里の景色」を探しにあちこち市内を歩きまわるのが、楽しくて仕方がない。

同年暮れに上梓した『仏教抹殺　なぜ明治維新は寺院を破壊したのか』（文春新書）の取材で、明治期京都の廃仏毀釈を調べ歩いていた時のことだ。

あの島津製作所も廃仏毀釈と無関係ではない、廃仏毀釈がなければ田中耕一さんのノーベル化学賞受賞もなかったかも⁉　という驚きの情報を手に入れた。

それは、出版社時代の元同僚が島津製作所に転職し、その夏、京都で久々に彼と再会したことに始まる。その場所が、河原町にある島津製作所旧本社（昭和2年から昭和61年まで）だった。夏場は屋上が洒落たビアガーデンになって開放され、島津の社員もよく使うという。ビールを傾けながら、暮れなずむ京都の街に目を転じる。隣は京都市役所、目の前は河原町通である。

「今、廃仏毀釈のことを取材しているんだよ」

「島津製作所の創業と廃仏毀釈とは関連性があるので、一度、島津製作所 創業記念資料館にきませんか」

150年前、この界隈は東京奠都によって荒廃した京都の再出発の地であった。理化学研究の最前線である舎密局があり、勧業振興の拠点である勧業場が存在した。再生を主導した府知事槇村正直や山本覚馬、そして島津源蔵らがこの地に住居を構え、京都の近代化に心血を注いだのである。

幕末維新時に華麗なる事業転換を果たした初代島津源蔵。そして「日本のエジソン」とも呼ばれた発明王、二代源蔵。その姿を、京都のものづくり産業の歴史とパラレルで描けないか。二人でビアガーデンを出るころには、すでに私の中では本書の構想ができあがっていたのである。

その数日後には、取材と調査に取り掛かっていた。だが、すぐに冷や汗をかくことになる。初代源蔵の記録や写真、証言などがほとんど存在しないのだ。

そのころ、行方不明になっていた初代源蔵の唯一の肖像画が発見されたという報道があった。私は資料館に特別展示されていた源蔵の肖像に想いを馳《は》せつつ、源蔵が手がけた理化学機器を見て回った。

さて、本書は幕末維新時の京都から物語が始まる。初代源蔵は仏具職人であったが、廃仏毀釈の嵐に見舞われる。仏具では食べていけぬ情勢のなか、東京に首都の座を奪われた

島津製作所 創業記念資料館の理化学機器の展示室

京都はみるみる荒廃し、源蔵は途方に暮れた。

「第二の奈良になってはいけない」

為政者たちは京都復興を期すべく、さまざまな施策を打ち出していく。

舎密局を設置し、お雇外国人を出入りさせ、最新の科学技術を京都に根付かせようとした。さらに博覧会を開催し、京都の匠の技術を広くアピールする。琵琶湖から運河＝疏水をひき、水力発電所をつくって、その電力で市電を走らせる。電気が通れば、その電気を安定的に使える蓄電池が求められた。

こうした京都近代化政策の渦中で、島津源蔵父子は舎密局で最新の科学に触れ、独自の製品として昇華していったのだ。

やがて、列強による植民地政策が加熱。日露戦争が勃発すると、源蔵の開発した蓄電池が軍部の目に留まる。

「敵艦見ゆ！」

日本海海戦で打電し、無敵のバルチック艦隊を撃破し、日本を勝利に導いた蓄電池の技術は、島津製作所やGSユアサの今日をつくっている。

島津製作所の戦前までの発展の歴史は、科学立国を支えた「明」と、軍需の「暗」の部分が共存していた。戦後は、分析計測機器や医療機器などの総合メーカーとして共生社会の実現に寄与し続けている。２００２（平成14）年には島津製作所は平和企業の証ともいえる〝ノーベル賞企業〟となった。

激動の明治・大正・昭和を生きた島津源蔵父子が、今の時代に生きたなら、何を考え、何をつくり出しただろう。

源蔵父子の足跡をたどるための現地取材を心がけた。

ある時は初代と二代目が共同製作したと言われる大鰐口を見に、引接寺《いんじょうじ》（千本ゑんま堂）を訪れ、写真を拡大して文献に残っている古写真と照合した。ある時は、初代源蔵が分家する前に柱んでいた醒ヶ井を歩き回り、老舗仏具店に話を聞き回った。またある時は、源蔵の親戚筋に当たる方々にも貴重な話を聞くことができた。創業時の面影が残る島津製作所　創業記念資料館には、足繁く通わせていただいた。

本書はノンフィクションであるが、源蔵父子の会話部分については戦前の社史などから引用し、現代人でも読みやすく「再翻訳」したことをお断りさせていただきたい。

思い返せば、私の中学生時の部活動は「科学部」だった。放課後、埃だらけの理科室に置かれた人体模型や、天秤、真空管などの理化学機器を触り、実験に興じるのが大好きであった。そこに「丸に十」の島津製作所の紋章が刻印されていたことを、よく覚えている。

本書の取材と執筆を通じ、「過去の私」と出会えたことが何より、嬉しかった。

本企画は、島津製作所コーポレート・コミュニケーション部広報グループの上木貴博氏との再会からスタートした。さまざまな取材のアテンドと同行、資料漁《あさ》り、史実確認など尽力いただかなければ本書は日の目を見ることはなかった。

朝日新聞出版の田島正夫さんとは『ペットと葬式　日本人の供養心をさぐる』（朝日新書　2018年）に引き続き、二度目の共同作業となった。

なお、本文中の登場人物は敬称略とさせていただいた。

この場を借りて、関係各位に心よりお礼を申し上げたい。

2020年8月吉日

鵜飼　秀徳

| | |
|---|---|
| 1903（明治36） | 河原町工場を開設し木屋町工場を移設　世ライト兄弟飛行成功 |
| 1904（明治37） | クロライド式蓄電池を完成し河原町工場へ設置　海軍に無線用蓄電池を納入　日日露戦争勃発 |
| 1905（明治38） | 日日本海海戦「敵船見ゆ」の打電が成功しバルチック艦隊を撃破 |
| 1906（明治39） | 東京出張所を開設 |
| 1909（明治42） | 九州販売店を開設　米アラスカ・ユーコン太平洋博で人体模型が大賞に<br>医療用X線装置完成し、国府台陸軍衛戍病院に納入 |
| 1911（明治44） | 月刊『サイエンス』を創刊 |
| 1912（大正元） | 蓄電池で最初の特許取得　蓄電池工場を今出川新町に開設 |
| 1913（大正 2） | トーマス・クック社の世界一周視察に参加 |
| 1914（大正 3） | 世第一次世界大戦勃発 |
| 1915（大正 4） | 大正天皇お召し列車用蓄電池を製作<br>世アインシュタイン一般相対性理論を発表 |
| 1917（大正 6） | 二代源蔵、日本電池株式会社を創設し専務に、島津製作所を株式会社にして社長　デトロイト号を購入 |
| 1918（大正 7） | 日米騒動　世ドイツが降伏して大戦終了 |
| 1919（大正 8） | 三条工場を開設 |
| 1920（大正 9） | 大連出張所を開設　鉛粉の工業的製造法の発明　世国際連盟発足 |
| 1922（大正11） | 易反応性鉛粉製造法の特許 |
| 1923（大正12） | 関東大震災で東京支店・工場を焼失　日関東大震災 |
| 1925（大正14） | マネキン製作を開始　母キク逝去 |
| 1926（昭和元） | 日本電池社長に就任　米での易反応性鉛粉製造法の特許許可 |
| 1929（昭和 4） | 鉛粉塗料会社（現在の大日本塗料）を設立し社長　世世界恐慌始まる |
| 1930（昭和 5） | 二代源蔵日本十大発明家に選ばれる　世ロンドン海軍軍縮条約調印 |
| 1931（昭和 6） | 日満州事変 |
| 1932（昭和 7） | 三条にマネキン工場開設　日五・一五事件 |
| 1933（昭和 8） | USL社に亜鉛化鉛製造法の特許実施権を譲渡　日国際連盟を脱退 |
| 1936（昭和11） | 日二・二六事件 |
| 1937（昭和12） | 日本輸送機（現在の三菱ロジスネクスト）を設立し会長<br>日盧溝橋事件で日中戦争勃発　日独伊防共協定成立 |
| 1938（昭和13） | 西大路工場を開設　日軍需工業動員法　国家総動員法 |
| 1939（昭和14） | エキサイド社に事実上の敗訴　島津製作所会長就任<br>世第2次世界大戦勃発 |
| 1941（昭和16） | 本店を三条工場に移転　日物価統制令施行　真珠湾攻撃 |
| 1942（昭和17） | 伏見工場を開設　五条工場を開設　日産業統制法施行 |
| 1944（昭和19） | 紫野工場を開設　第1次工場疎開 |
| 1945（昭和20） | 本店を河原町二条に移転　終戦　生産中止　10月再開 |
| 1951（昭和26） | 二代源蔵北白川の自宅で逝去 |
| 2002（平成14） | 田中耕一ノーベル化学賞受賞 |

## 島津製作所の年表

京 京都　日 日本　世 世界　の出来事

| | |
|---|---|
| 1839（天保10） | 初代源蔵誕生 |
| 1860（万延元） | 木屋町二条に分家　鋳物を業とする |
| 1864（元治元） | 京 禁門の変 |
| 1868（慶應 4） | 京 鳥羽・伏見の戦い　日 明治と改元　戊辰戦争 |
| 1869（明治 2） | 梅治郎（二代源蔵）誕生　京 上京第二十七番組小学校開校　日 東京奠都 |
| 1870（明治 3） | 京 山本覚馬が府の顧問　京都舎密局仮局開局 |
| 1871（明治 4） | 源蔵、舎密局に出入り始める　京 第1回京都博覧会開催 |
| 1872（明治 5） | 日 学制発布 |
| 1873（明治 6） | 世 ウィーン万国博覧会 |
| 1875（明治 8） | 木屋町二条で理化学機器製造を始める　初代源蔵がヘールツに師事<br>京 槇村正直が2代京都府知事 |
| 1876（明治 9） | 初代源蔵・キクと再婚<br>世 ベルが電話を発明　フィラデルフィア万国博覧会開催 |
| 1877（明治10） | 次男源吉誕生　第1回内国勧業博覧会でブジーが褒賞<br>軽気球飛揚成功　京 京都駅開業　明治天皇還幸　日 西南戦争 |
| 1878（明治11） | ワグネルに師事 |
| 1879（明治12） | 世 エジソン白熱電球発明 |
| 1880（明治13） | 引接寺に大鰐口納品 |
| 1881（明治14） | 第2回内国勧業博覧会で蒸留器などが褒賞　ワグネル京都を去る |
| 1882（明治15） | 「理化器械目録表」を発行　日 日本初の電灯灯る |
| 1883（明治16） | 三男常三郎誕生 |
| 1884（明治17） | 梅治郎、ウィムシャースト式感応起電機を製作。都をどり照明の助手に |
| 1888（明治21） | 京 京都電燈が創業 |
| 1889（明治22） | 日 大日本帝国憲法発布 |
| 1890（明治23） | 梅治郎・つる結婚　京 琵琶湖疏水完成 |
| 1891（明治24） | 源蔵の長女ヒサ誕生　科学標本の製造を開始<br>世 クロライド蓄電池発明（クロライド社） |
| 1893（明治26） | 梅治郎の長男孝太郎誕生 |
| 1894（明治27） | 木屋町本店を拡張し自宅新築　初代源蔵死去、梅治郎が二代源蔵を襲名<br>日 日清戦争勃発 |
| 1895（明治28） | 標本部を新設　京 平安遷都千百年紀念祭　第4回内国勧業博覧会<br>日本初の路面電車開通　世 レントゲンX線発見 |
| 1896（明治29） | X線撮影に成功 |
| 1897（明治30） | 京都帝国大学に鉛蓄電池を納入　京 京都帝国大学創立 |
| 1898（明治31） | 京 内貴甚三郎が初代京都市長　世 キュリー夫妻ラジウム発見 |
| 1900（明治33） | 大阪仮出張所を開設 |
| 1901（明治34） | 次男良蔵誕生 |

# 参考文献・資料


京都府『京都府誌　上・下』（京都府　１９１５年）
京都市『京都の歴史　７・８』（学藝書林　１９６８年）
島津製作所社史編纂委員会『島津製作所の歩み　科学とともに一〇〇年』（島津製作所　１９７５年）
島津製作所『島津の源流』（島津製作所　１９９５年）
島津製作所『島津製作所史』（島津製作所　１９６７年）
島津製作所科學器械部『島津理化學器械目録　第三〇〇號』（島津製作所　１９３６年）
島津製作所『島津源蔵翁を偲ぶ　観察と実験の生涯』（島津製作所　１９７４年）
島津製作所 創業記念資料館『学芸員モノ語り』（島津製作所 創業記念資料館ＨＰ）
ＧＳユアサ『100years Identity ＧＳユアサのＤＮＡがここにある。』（ＧＳユアサ　２０１７年）
ＧＳユアサ『電気自動車デトロイト号復活プロジェクト　全16回』（ＧＳユアサＨＰ）
日本電池株式会社『日本電池１００年　日本電池株式会社創業１００年史　１８９５〜１９９５』（日本電池　１９９５年）
上西亮二『回顧録　思い出は遠くまた近く』（１９９８年）
岸宏子『親父よ。小説・島津源蔵』（エフエー出版　１９９３年）
光永俊郎『京都を復活させた敏腕知事　文明開化に尽力した槇村正直』（『近代日本の創造史』７巻　２００９年）
毎日新聞社『京都百年』（毎日新聞社　１９６８年）
刑部芳則『京都に残った公家たち　華族の近代』（吉川弘文館　２０１４年）
『東京遷都の経緯及びその後の首都機能移転論等』（一般財団法人日本開発構想研究所）
株式会社虎屋社史編纂委員会『虎屋の五世紀　伝統と革新の経営　通史編』（株式会社虎屋　２００３年）
森谷尅久「『京仏壇・京仏具』一二〇〇年の歴史」（「永遠の匠」京都府仏具協同組合発行所収）（１９９８年）
林恭子「匠たちの浄土――京仏壇仏具の特色――」（論文　１９９８年）
産経新聞年鑑局マーケティング事業部『伝統工芸品名鑑』（１９８３年）

西田毅『槇村正直　京の文明開化の「牽引車」』（「同志社時報」第131号　2011年）
武智ゆり『日本の美を工業化したワグネル』（『近代日本の創造史』6巻　2008年）
道家達將「Dr．ワグネルの一生と釉下彩陶器『旭焼』の創造」（「化学と工業」vol．69　2016年）
京都市学校歴史博物館『京都市学校歴史博物館研究紀要第3号』（2014年）
村田太平『發明報國の一路　島津源蔵氏金婚記念出版』（使命社　1941年）
井上五郎『日本科學の勝利　発明王島津源蔵』（富士書房　1939年）
清水憲亮『科學日本の光　発明王島津源蔵氏奮闘伝』（善行会出版部　1942年）
田中緑江『明治文化と明石博高翁』（明石博高翁顕彰会　1942年）
京都教育大学教育資料館まなびの森ミュージアム『理化学実験器具の世界』（京都教育大学　2011年）
上山明博『ニッポン天才伝　知られざる発明・発見の父たち』（朝日選書　2007年）
日本マネキンディスプレイ商工組合『マネキンのすべて』
藤原武夫・大塚明郎・五嶋孝吉監修『理科機器構造操作図解大事典』（全国教育図書・日本教文　1957年）
大阪朝日新聞　1935（昭和10）年5月4日
京都新聞　1946（昭和21）年10月22日
読売新聞　1938（昭和13）年11月10日
読売新聞　1951（昭和26）年10月4日
読売新聞　1954（昭和29）年9月9日
読売新聞　1962（昭和37）年12月12日
浅井佳穂「『京都は空襲がなかった』という誤解　西陣織の街に落とされた爆弾の爪痕」（京都新聞社まいどなニュース　2019年）
小林丈広、高木博志、三枝暁子『京都の歴史を歩く』（岩波新書　2016年）
国立近代美術館『京都学　前衛都市　モダニズムの京都展　1895〜1930』（京都新聞社　2009年）
ダイヤモンド社『産業フロンティア物語　科学器械〈島津製作所〉』（1967年）
帝国データバンク『「老舗企業」の実態調査』（2019年）

**鵜飼秀徳（うかい　ひでのり）**
1974年京都市生まれ。ジャーナリスト、浄土宗正覚寺（右京区嵯峨）住職、一般社団法人良いお寺研究会代表理事。成城大学文芸学部卒、新聞記者をへて日経BPで『日経ビジネス』記者などの後、2018年から現職。東京農業大学非常勤講師、佛教大学非常勤講師。著書に『寺院消滅――失われる「地方」と「宗教」』『無葬社会――彷徨う遺体　変わる仏教』（日経BP）、『「霊魂」を探して』（KADOKAWA）、『ペットと葬式――日本人の供養心をさぐる』（朝日新書）、『仏教抹殺――なぜ明治維新は寺院を破壊したのか』（文春新書）、『ビジネスに活かす教養としての仏教』（PHP研究所）など多数。

---

# 仏具《ぶつぐ》とノーベル賞《しょう》　京都《きょうと》・島津製作所創業伝《しまづせいさくしょそうぎょうでん》

---

2020年9月30日　第1刷発行
2021年3月30日　第2刷発行

著　　者　鵜飼秀徳
発 行 者　三宮博信
発 行 所　朝日新聞出版
〒104-8011　東京都中央区築地5-3-2
電話　03-5541-8832（編集）
03-5540-7793（販売）

印刷製本　広研印刷株式会社

---


ISBN978-4-02-251714-2
定価はカバーに表示してあります。

# TECHNOKING《テクノキング》 イーロン・マスク

## 奇跡を呼び込む光速経営

竹内一正

朝日新聞出版

## 第3章　世界一の自動車メーカーになった「テスラ」

## 第4章　未来につながる「テスラ」の挑戦

# 第5章　奇跡を起こす「イーロン・マスク」



ブックデザイン　吉田考宏

# 序章　イーロン・マスクが見据える未来

## テスラがトヨタを超えた日

「人類を火星に移住させる」。そのために宇宙開発企業「スペースX」を31歳を目前にして創業し、地球温暖化を食い止めるために電気自動車（EV）メーカー「テスラ」を率い世界を席巻するイーロン・マスク。

天才的な経営手腕が高く評価される一方、SNSへの風変わりな投稿で世間を騒がせることもある。「イーロンは常識がない」とか「アイツは変わってる」と揶揄《やゆ》する連中もいる。

そんな人たちにイーロンはこう言った。

「私は、電気自動車を再発明し、ロケットで火星に人を送ろうとしている。なのに、落ち着き払った普通の男だと思ったのかい」

コロナ禍の真っ只中にあった2020年7月1日、テスラの時価総額は2076億ドル（約22兆3000億円）に達し、トヨタ自動車の21兆7185億円を超え、世界自動車メーカーのトップに躍り出た（図表1）。2019年の売上高はトヨタの10分の1で、販売台数なら30分の1しかないテスラの躍進に、世界は衝撃を受けた。

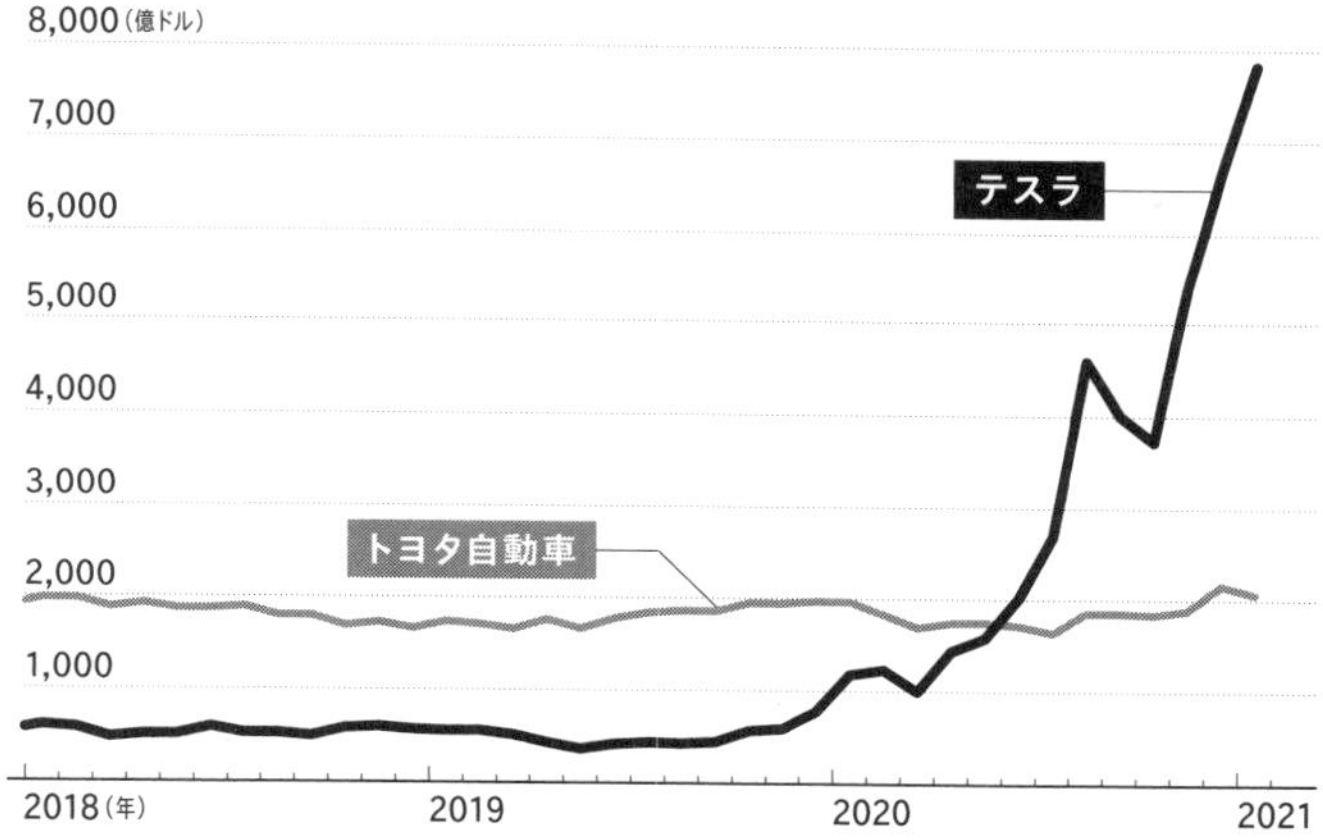


**図表1　テスラとトヨタの時価総額**

テスラの勢いは一瞬のまぐれかと思われたが、その後もテスラ株は上昇を続け、約2週間後には日本の自動車メーカー9社の合計約35兆円も超え、さらに、2021年1月には7000億ドル（約72兆円）を突破した。それは、フォルクスワーゲン（VW）、トヨタ、ゼネラル・モーターズ（GM）、フォード・モーター、ホンダ、フィアット・クライスラー・オートモービルズの大手6社の合計時価総額をも上回る額だった。まるでイーロン・マスクのもうひとつの会社「スペースX」のファルコンロケットの打上げのような物凄い勢いだった。

　2020年は世界中の産業がコロナ禍で打撃を受け、どの大手自動車メーカーも業績を落とした。その一方で、電気自動車しか作らず、創業たった17年のテスラが、長い歴史を持つトヨタやＶＷなどを抑えて、時価総額で自動車業界の頂点に立ったことは、時代の大きな変化を表していた。

## たった1年で世界一の大富豪に

テスラ株の急騰と共に、その約20％を保有するイーロン・マスクは、世界長者番付の上位に急浮上した。２０２０年11月には、マイクロソフトの創業者ビル・ゲイツを抜き世界第2位になり、さらに２０２１年1月には、アマゾンのジェフ・ベゾスの約95億ドルを抜き、とうとう世界一の大金持ちの座を獲得した。

２０２０年にテスラの株価は約8倍となり、

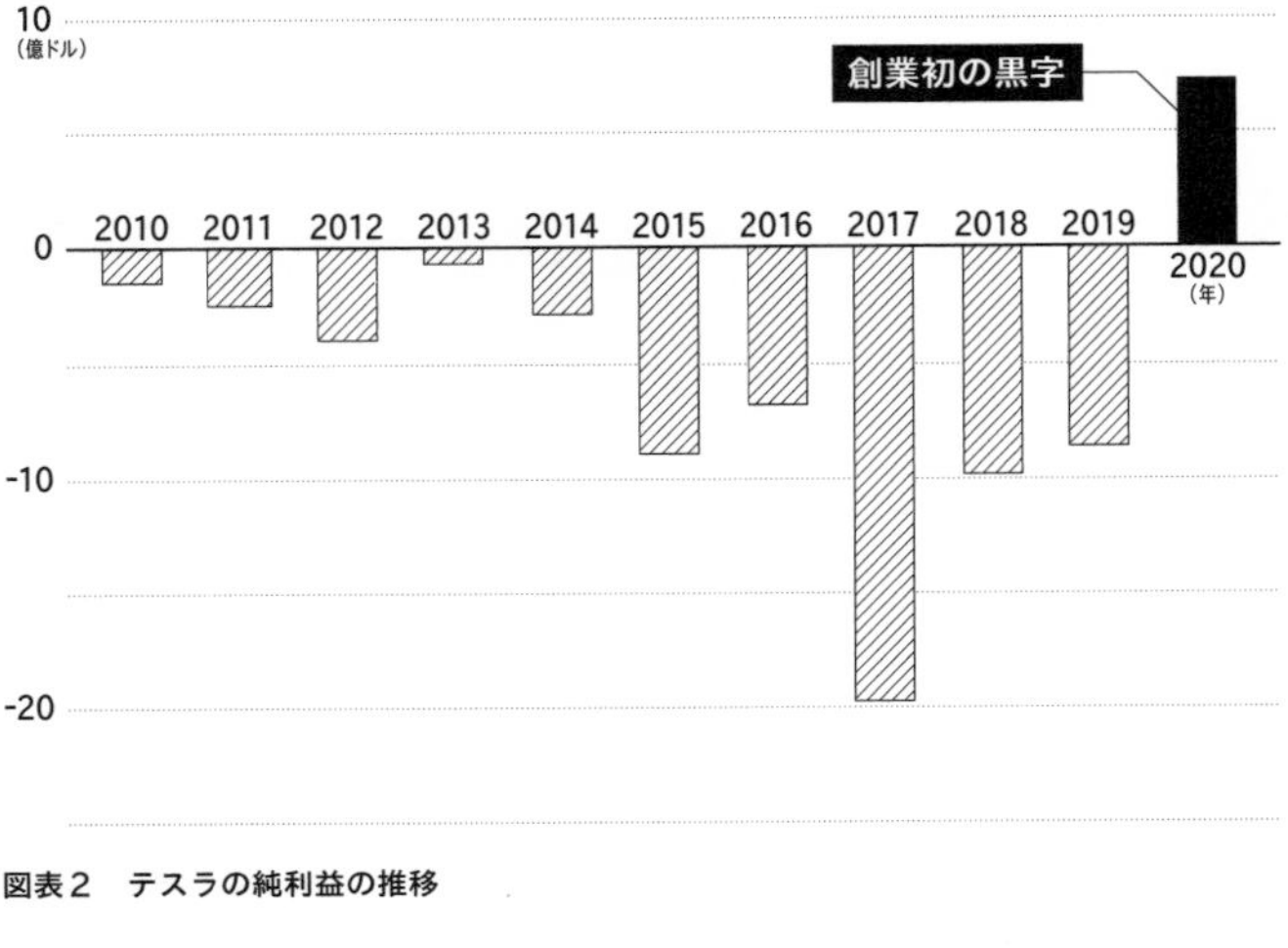


図表２　テスラの純利益の推移

たった1年でイーロンは世界長者番付の首位に躍進したわけだが、それはビル・ゲイツがかつて24年間もの長きにわたり長者番付の首位に安住していたのと対照的だった。

振り返れば、マイクロソフトは創業以来、黒字経営を長年続けていたが、テスラは2003年の創業以来、通年黒字に一度もなったことがなく、いつ潰れてもおかしくない自動車メーカーだった（図表2）。

そんなテスラ株が、なぜたった1年間でここまで高騰したのか？

## EVの未来を告げるモデル3

テスラ株価急伸の一番の要因は、3万5000ドル（約390万円）のEV「モデル3」だ。2016年にモデル3の販売予約を開始すると、わずか1週間で約32万台の注文が殺到し、2017年8月までに45万台を超えた。ユーザーにとっての最大の魅力は価格だった。

テスラが販売したそれまでの10万ドル（約1000万円）以上する高級EVスポーツカー「ロードスター」や7万ドル（約700万円）以上の4ドアセダン「モデルS」に比べると、モデル3は3万5000ドルとぐっと価格は下がり、手の届きやすいゾーンになったことが大きかった。

だからといって、価格だけでは45万件もの予約注文は入らない。

モデル3は未来のEVを体現するクルマだからだ。ポルシェ級の加速性能、400㎞を超える航続距離とテスラらしさを継承しつつ、15インチの横型タッチスクリーンに、ドライビングモード、エアコン設定など主要な操作を集約した。その一方、フロアのシフトレバーもサイドブレーキもスピードメーターもない、ミニマリズムあふれるインテリアに仕上げてある。

自動運転機能や、無線通信によるソフトウェアアップデートで購入後も新機能が追加できるテスラのハイテク遺伝子の上に、大胆な進化を遂げたEVがモデル3だった。

モデル3のシンプル過ぎる車内インテリアは、好きか、嫌いか意見がはっきり分かれるだろう。しかし、イーロンの賭けが正解だったことは、多くのユーザーの反応が示していた。

モデル3は量産立ち上げでもたつき、2017年は出荷計画を下回ったものの、2019年後半からは順調に出荷台数を伸ばしていく。2020年には、モデル3と、そのSUV化版のモデルYを合わせて、約45万台の出荷を達成した。

## 初の持続可能なエネルギー企業の誕生

しかし、テスラ株急騰の要因はモデル3以外にもあった。

なにより、テスラを単に「自動車を作るメーカーだ」と捉えていると本質を見失う。テスラは、太陽光発電から蓄電池事業までを手掛ける、垂直統合された「持続可能なエネルギー企業」と見るべきだ。

自宅の屋根に設置したテスラ製の太陽光パネル「ソーラールーフ」で発電した電気を、家庭用蓄電池「パワーウォール」に貯めて使う。そして、EVに充電できる。つまり、循環型のエネルギー利用を世界で初めて実現したのがテスラであり、このことを評価する投資家は世界に多くいる。クルマを作って売るだけの古い企業とテスラは全く違っていた。

## スペースX絶好調。そのおかげ

さらに、テスラ株急騰の要因で忘れてならないのは、イーロン・マスクの会社だということだ。イーロンの経営力の評価は、何も電気自動車メーカーのテスラだけによってなされているのではない。

宇宙ロケット企業「スペースX」の革新的な技術力と破壊的なコスト力も、イーロンの経営力の賜物だと評価され、テスラの期待値に上乗せされている。

スペースXは創業わずか18年で、民間企業として初めて国際宇宙ステーションへの宇宙飛行士の輸送に成功した。そして、確実にロケットを打ち上げるというレベルを超えて、ロケットコストを斬新なアイデアと破壊的技術力で従来の10分の1にまで削減してみせ、大手航空宇宙企業ボーイングなどを震撼《しんかん》させた。

それ以上に特筆すべきは、打ち上げたロケットを地球に戻して着陸させ、再び打ち上げる「ロケット再利用」を世界で初めて実現したことである。10回再利用できればさらにコストは10分の1になり、トータルで100分の1まで下げられる。これぞロケット革命だ。ロケット再利用はNASAでもできなかった快挙で、スペースXとCEO（最高経営責任者）のイーロン・マスクの先見性と技術力は、世界から大いなる注目と称賛を集めている。

そのイーロンが率いるEVメーカーのテスラだ。GMやトヨタなど大手自動車メーカーではできない何かをきっとやってくれるに違いないと期待する人たちは少なくない。

2021年5月時点でのテスラの株価は600ドル前後だが、2025年までに3000ドルに達すると予測する専門家もいるほどだ。

## グリーンテクノロジーへの追い風

外部要因も見逃せない。それは、ＥＶを含む地球環境に優しい「グリーンテクノロジー」に対する世界の期待値がこれまで以上に高まっていることである。

地球温暖化、気候変動対策への注目度を一気に高めたのは、２０１５年の2つの国際的な合意が発端だった。

１つ目は、２０１５年9月、国連サミットで「持続可能な開発のための２０３０アジェンダ」、つまりＳＤＧｓが採択されたこと。

２つ目は、同年12月の第21回気候変動枠組条約締結国会議（ＣＯＰ21）で「パリ協定」が採択されたこと。

これを契機にしてＥＳＧ投資の流れは本格化していく。２０１４年に世界で約18兆ドル（約１９２６兆円）だったＥＳＧ投資残高は、２０１８年には約31兆ドル（約３４１０兆円）と約68％の急伸を示した。

ＥＳＧ投資とは、売上高や利益などの財務面だけでなく、環境（Environment）、社会（Social）、企業統治（Governance）の課題に企業がどれだけ積極的に取り組んでいるかを判断して行う投資のことだ。

ＥＳＧの評価が高い企業は、事業に社会的意義があり、成長の持続性に優れ、企業価値の最大化を実現する可能性が高いと見なされる。資金調達もやりやすくなる。

２０２０年の世界のＥＳＧ投資残高は約37兆８０００万ドルだが、２０２５年には53兆ドルに達するとブルームバーグは予測している。

持続可能な社会を目指すグリーンテクノロジーへの期待が上がりつつあったタイミングで、コロナ禍が世界を襲った。

そして、コロナ禍は自動車業界だけでなく、石油業界にも大打撃を与えていた。行き場を失った世界の巨大マネーは、もはや化石燃料で儲ける会社ではなく、グリーン銘柄に流れ込んでいく。グリーンシフトは石油会社とガソリン車の首を絞め、ＥＶ化の背中を押していた。

今や、先進国企業の事業活動は、地球環境に優しく、持続可能な社会の実現に貢献するものでなければ投資家たちから見放される状況となった。

テスラは、化石燃料依存から脱却し、地球環境の悪化を食い止めるために設立された会社であることを思い出せば、テスラ株が注目されるのは当然のことだ。

むしろ、「時代が、やっとテスラに追いついた」と見るべきだ。

イーロン・マスクは自らを「テクノキング」と称している。だが、それはジョークではない。テスラとスペースXが世界を席巻するのは、最先端にして常識破りのテクノロジーを生み出しているからに他ならない。

その2社を率いるイーロン・マスクは、打ち上げるロケットの材質からテスラ車の空気抵抗値まで熟知し、技術者たちと高度な議論をぶつけ合い、テクノロジーで人類と地球を救う戦いを繰り広げている。そして、持続可能な社会実現の鍵を握ると目されるこの男は、子供のころから少し変わっていた。

# 第1章

# 「光速経営」の原点

## 「好奇心」は未来を拓く鍵

### 南アフリカの変わった子供

アポロ14号が月面着陸に成功した1971年、人種隔離政策を敷く南アフリカ共和国の行政上の首都プレトリアでイーロン・マスクは生を受けた。

父親が電気エンジニアとして働いていたイーロンの家庭は比較的裕福で、黒人のメイドもいた。

幼年期のイーロンは異常な読書欲に突き動かされていた。家の中にある本を片端から引っぱり出して読みあさり、ジュール・ヴェルヌのSF小説『海底二万里』に魅了され、アイザック・アシモフの『銀河帝国の興亡』に熱中した。

図書館の本を読み尽くすと、新しい本を入れてほしいと図書館に頼んだこともあった。読みだせば10時間でも本を読んでいる変な子供だった。本は楽しみのために読むだけではなく、本を通して知識を吸収したかったのだった。

そして、イーロンは何かを考えだすと周りの声が聞こえなくなる子供でもあった。急にボーっとして、親が大きな声で話しかけても反応しないし、心ここにあらずといった状態に陥るのだ。「息子がどこか別世界に行ってしまったかのように見えた」と母のメイ・マスクは心配し、挙句に、耳が不自由なのではと息子を病院へ連れて行ったことまであった。

だが、本人にとっては神経を集中して何かを考えている時であり、楽しくてしょうがなかった。

イーロンは「5歳か6歳ぐらいのころ、周囲を遮って、ひとつのことに全神経をグーっと集中させる方法を身につけたんだ」と黙って深く考える自身の〝黙考状態〟を振り返って説明した。

脳が物事を映像的に捉え、心の中で細部までイメージし、それらを組み合わせて考えるのを楽しむ素養は、大人になり、スペースXやテスラで重要な判断を迫られた時にも武器となっていた。

## 独学でプログラミングをマスター

長男だったイーロンは、弟や妹と喧嘩をすることがほとんどなかった。頭は良かったが、同級生と比べると体は小さく、しかも、飛び級で学校に入ってしまったため、友達も少なく、イジメの対象になりやすかった。

朝、学校に行くのが嫌だと思ったことも少なくなかったが、親はそれを許さなかった。父親は子供たちに厳しかったものの、イーロンを外の世界に連れ出してくれたことは嬉しかった。アフリカ大陸以外の国々も訪れ、10歳のころにはアメリカにも行った。コミック本やSF小説の影響もあり、カッコいいテクノロジーに惹かれていたイーロンは、いつかはアメリカで暮らしたいという願望を芽生えさせていく。

10歳の時にイーロンは念願のパソコン（PC）、コモドール社製「VIC－20」を手に入れた。そこにはプログラム言語「BASIC」の説明書が同梱され、6か月間で習得する内容なのにイーロンは三日三晩でマスターしてしまった。その後「ブラスター」というゲームソフトを作って、500ドルで売りさばくこともやってのけた。

## イジメた不良を、ノックアウト！

プレトリア男子高校時代に、イーロンは不良に目をつけられていた。きっかけは、集会に出た時に、体がたまたまぶつかっただけのことだった。

この不良に出会わないようイーロンは注意をしていたが、ある日、校内の階段で座って食事をとっていると、後ろからいきなり頭を蹴られて、階段から転げ落ちた。そこに駆け寄った不良の子分たちからひどい暴行を受けてしまう。一緒にいた弟のキンバルが驚いて飛んで行くと、イーロンの顔は血まみれになっていた。

病院に担ぎ込まれ、全治1週間と診断された。この時の嫌な記憶は、社会に出てからも癒せない心の傷となっていた。

そんな酷いイジメから彼が解放されたのは高校も半分過ぎた頃だった。

どんな手を使ったか？

反撃を決心したイーロンは、読書の時間を封印した。代わりに、空手、柔道、レスリングを学んだ。

そして、イジメていた不良を、一発のパンチでノックアウト。

この日以降、不良は二度とイーロンに手を出さなくなった。

これは大切な教訓となった。「自分がイジメられている時、イジメる奴をなだめることなんて無駄だ。そんな時は、鼻に一発パンチを食らわす。イジメる奴ってのは、反撃しないターゲットを探してるからね」とのちに語っていた。

大きな敵でも、反撃するポイントを見つければ勝てる。この体験は、スペースXやテスラを起業して、巨大企業や強固な組織を相手に果敢に戦う姿勢と重なってくる。

## 自由を求め、夢を追いかける

### 17歳でカナダへ

17歳になったイーロンは南アフリカを後に、母親の親戚が住むカナダに向かう決心をした。

しかし、親は反対し、資金援助もしてくれなかった。そこでイーロンはカナダの親戚を頼ったが、生活は苦しく、農場での野菜の収穫や、肉体労働をして1日1ドル以下のひどい暮らしも体験した。ただ、自己成長には大いに役立っていた。

ところで、南アフリカには18歳から兵役があった。「黒人を抑圧する南アフリカの軍務に就くことが自分の人生を過ごす真にいい方法とは思えなかった」とのちに語っている。

だが、それ以上に、郷里では自分の夢は実現できない。それができる場所はアメリカしかないと確信する心の熱量が勝ったに違いない。時を同じくして、母メイの母国カナダ政府が、実子もカナダ国籍が取得できるよう法律を改正したのもタイミングが良かった。もし、カナダに渡ることができなかったら、イーロン・マスクの物語はそこで終わっていたかもしれない。

## 恋人ができて、念願の米国へ

イーロンは念願かなって１９８９年にカナダのオンタリオ州にあるクイーンズ大学に入学、経営学と物理学を専攻する。物理学はイーロンのその後のビジネスで強力な武器となる。そして、この大学では、のちにイーロンの妻となるジャスティン・ウィルソンとの出会いもあった。

イーロンより１歳年下で、茶色のロングヘアーが魅力的なジャスティンに一目惚れした。彼の猛烈なアプローチはジャスティンの心を射止め、二人の交際は始まった。

そして、ビル・クリントンが大統領選で勝利する１９９２年、イーロンはついに米国のペンシルベニア大学に奨学金を得て編入を果たす。こうして子供の頃から憧れた自由の国アメリカでの生活が始まった。

ペンシルベニア大学ではビジネススクールのウォートンスクールで経営学を学び、物理学も専攻するダブルメジャー（二重専攻）で多忙な日々を送ることになったが、それでもジャスティンとの遠距離恋愛は続いていた。

# 人材の宝庫「ペイパルマフィア」

## スタンフォードを2日で辞める

ウィンドウズ95が登場する1995年、イーロンがシリコンバレーの中心スタンフォード大学の大学院に入ると、周りはインターネットブームに沸いていた。

学業より、起業してビジネスにエネルギーを向けるべきだと決心したのは不思議ではなかった。

スタンフォード大学院をたった2日で辞めると、弟のキンバル・マスクと共に、オンライン・コンテンツの制作会社「Ｚｉｐ２」を創業した。そして、自分の可能性に向かって走り出した。

すると1999年、コンピュータ業界で急成長するコンパック社がＺｉｐ２に目をつけ、3億ドルで買ってくれた。

これによりイーロンは約2200万ドル（約25億円）を手に入れ、億万長者の仲間入りを果たすことになった。

次に興したのが、インターネットの送金決済サービスを提供する「Xドットコム」だ。ところが、時を同じくして、同様のサービスを展開していた会社があった。その名は「コンフィニティ社」。サービスの名称が「ペイパル」だった。

## ペイパルと合併はしたものの

イーロンのXドットコム社と、コンフィニティ社は当初ライバル関係にあり、消耗戦を繰り広げていた。だが、喧嘩をするより経営統合して規模を拡大した方が得策だとわかると、２０００年に両社は合併することで合意した。

当面はXドットコムを社名とし（のちに「ペイパル社」に改名）、ＣＥＯはインテュイット社のＣＥＯだったビル・ハリスが、ＣＦＯ（最高財務責任者）にはコンフィニティ社のピーター・ティールが、そして最大株主だったイーロンは会長になった。

しかし、みずほ銀行のように無理に合併すると内部抗争が生じるのはどこでも同じだった。

ＣＥＯとＣＦＯがビジネス方針でぶつかり、その最中に、ＣＥＯが勝手に政治献金をしていたことが発覚すると対立は泥沼化した。

開発現場も、ウィンドウズNTを支持するイーロンたちと、UNIXを推す旧コンフィニティ一派が角突き合わせていた。

結果、CEOとCFO両人が辞任し、会長だったイーロンが、玉突き式でペイパル社の新CEOに就任することになった。

## イーロン、CEOを解任される

それでも、社内の対立は収まらなかった。そして、イーロンが海外出張中に〝事件〟は起きた。

コンフィニティ出身者たちがクーデターを起こしたのだ。取締役会でイーロンの解任を強く求め、「もし、解任要求が通らなければ、自分たちは会社を去る」と脅した。結局、イーロンのCEO解任が決定。ピーター・ティールがペイパルの新CEOとなった。

イーロンに代わってCEOになったピーター・ティールは、大手オークションサイトのeBayと交渉を重ねて、2002年に15億ドルでペイパルの売却に成功した。これにより、株式の約12%を保持していたイーロンに、約1億8000万ドル（約190億円）が転がり込んだ。

振り返ると、ペイパルは人材の宝庫だった。イーロン以外にも、コンフィニティ創業者のマックス・レフチンはSNSの「スライド」を創業し、その後グーグルに1億8200万ドルで売却。オンライン・レビューサービスの「イェルプ」の設立にもかかわった。ピーター・ティールはペイパルの後、ヘッジファンド「クラリウム・キャピタル」を創業。フェイスブックに早くから出資し、創業者のマーク・ザッカーバーグを支えた。デビッド・サックスはSNS「ヤマー」を創業し、リード・ホフマンはビジネス特化型SNSの「リンクトイン」の共同創業者だ。スティーブ・チェンとチャド・ハーレー、ジョード・カリムは一緒に「ユーチューブ」を作り、ジェレミー・ストップルマンは「イェルプ」の共同創業者となった。世間は彼らを「ペイパルマフィア」と呼ぶ。

# 第2章

# 世界初を実現させた「スペースX」

# 常により良くする方法を考え、自分に問いかける

## 宇宙船クルードラゴンが日本人宇宙飛行士を運ぶ

2021年4月、男子プロゴルフ松山英樹選手のマスターズ初優勝で日本中が沸いた感動から12日後、マスターズが開催されたジョージア州オーガスタからクルマで約6時間の距離にあるフロリダ州ケネディ宇宙センター。その第39A発射台から全長約70m、23階建てのビルに相当する大きさのファルコン9が有人宇宙船「クルードラゴン」を搭載し、国際宇宙ステーションに向け飛び立った。

「エンデバー」と名付けられた全長8m、直径4mの円錐形の宇宙船クルードラゴンには、星出宇宙飛行士ら4人が搭乗していた。

ファルコン9から分離されたクルードラゴンは順調に飛行を続け、その後、高度約400㎞にある国際宇宙ステーションへの自動ドッキングに成功した。

これで、２０２０年5月の初飛行から、国際宇宙ステーションへのクルードラゴンによる有人宇宙飛行は3度続けて成功となる。

今回使用したクルードラゴンは機体番号がＣ２０６で、２０２０年5月に打ち上げた宇宙船の再利用だった。そして、再利用の有人宇宙船による国際宇宙ステーションとのドッキングは史上初だ。

さらに、打ち上げたファルコン9ロケットの1段目は、２０２０年11月に野口宇宙飛行士たちが使った機体のこれまた再利用だった。

その1段目ロケットは、分離後に向きを変えると地球を目指して降下し、打上げから約8分後、大西洋上に待機しているドローン船「Of Course I Still Love You」へ無事に着陸した。

もはやスペースＸにとってロケット再利用は「奇跡の出来事」ではなく、一連の打上げルーチンとなった感がある。

ちなみに、このドローン船の変な名称は、英国の作家イアン・バンクスのＳＦ小説『ゲーム・プレイヤー』に登場する宇宙船の名前に由来している。

ところで、従来の宇宙船内部は数多くのスイッチや計器類が壁にびっしりひしめきあっていたが、スペースＸが開発したクルードラゴンの操縦席には機械的なスイッチも操縦桿もなく、タッチスクリーンですべての操作を行う設計になっている。「黒電話がスマホになった」と野口宇宙飛行士は革新性を称えた。基本的に自動操縦になっていて、タッチスクリーンのインターフェース設計は、ゲーム開発をしていた技術者が担当した。

クルードラゴンがタッチスクリーン方式で使いやすい操作性を求めたのも、将来的に「普通の人」が操縦できることを視野に入れているからだ。テスラのモデル3の車内が自動運転を見据えたシンプルなデザインになっていることと設計思想の類似性を感じる。宇宙船とクルマだが、ともに、人は乗っているだけで目的地に到着できる。究極のゴールは2つともそこにある。

## カッコいい宇宙服で衆目を集めろ

イーロン・マスクは技術面だけでなく、デザインでもあれこれ注文をつける厄介なトップだ。

クルードラゴンの搭乗員たちが着ていた宇宙服は、これまでのダボっとして、ポケットがたくさん付いてる宇宙服と大きく違ってカッコよくなり、メディアが大々的に取り上げた。

「サイズや体形に関係なく、着るとカッコよく見えるタキシードのような宇宙服だ」

これがイーロンがデザイナーに突き付けた無茶な注文だった。

宇宙服のデザインを担当したのは、「アベンジャーズ」や「バットマン vs スーパーマン」などのコスチュームデザインを手掛けたホセ・フェルナンデスだ。

フェルナンデスはイーロンの要望を聞き、半年を費やしてデザインを仕上げた。

しかし、宇宙服はデザインができてもまだ完成ではなかった。

その後は、エンジニアチームの出番となる。宇宙空間での機能性や安全性を盛り込んで再設計していく。通信機能を内蔵し、耐火性、耐衝撃性もクリアするように詳細設計を詰めて、実験確認を繰り返した。

だが、機能性を追求しすぎて、タキシードのような宇宙服デザインが台無しになってはいけない。機能性とデザインの妥協の限界線をエンジニアチームは辛抱強く探していった。

結局、完成まで3年から4年かかった。

イーロンは、アポロ11号の月面着陸以降、宇宙開発へのアメリカ国民の関心が薄れていったことに大きな失望と危惧を持っていた。「宇宙開発って、どこかの誰かがやってるんだろ。でも、自分たちとは関係ないことだよ」。それじゃダメだ。

宇宙開発をみんなに注目してもらいたい。普通の米国人の関心を集めるようにしないといけないと常々考えていて、宇宙服をカッコよくしたのもそうした考えに基づいていた。だから、フェルナンデスに「カッコよく見えるタキシードのような宇宙服」を要求したのだ。そして、スペースXのカッコいい宇宙服を見た子供たちが「宇宙飛行士になって、この宇宙服を着てみたいと思ってほしい」とイーロンは願っている。

## ジェフ・ベゾスとの対立

星出宇宙飛行士たちが乗ったファルコン9が使用したケネディ宇宙センターのロケット発射台第39Aは、もともとはアポロ計画のために建設されたもので、月面着陸をしたアポロ11号を搭載したサターンVロケットもここから飛び立った。アポロ計画の記念碑的存在と言える。

その後、スペースシャトルにも使用されたが、シャトルが引退すると使い道もなくなり、老朽化だけが進んでいった。過去の栄光ではカネにはならず、発射台の維持管理に手を焼き嫌気がさしたNASAは、とうとう売りに出す決心をし、買い手を探した。

その時、手を挙げたのがスペースXのイーロン・マスクだった。すんなり話がまとまると思った時、ある人物が横やりを入れてきた。

それはアマゾンのジェフ・ベゾスだった。しかも、スペースXの宿敵「ユナイテッド・ローンチ・アライアンス社」とタッグを組んで「スペースX1社に発射台を独占させれば、打上げの公正な競争が阻害される」と2013年に訴えを起こした。

ベゾスは宇宙ロケットベンチャー「ブルーオリジン」も所有している。その創業は2000年とスペースXより早いことを知っている日本人は案外少ないかもしれない。

さて、ベゾスの嫌がらせのような訴えに対して、イーロンは「地球軌道に乗せられるロケットも持っていないくせに。ベゾスの言い分は馬鹿げている」と憤った。

だが、創業当時はふたりとも同じ宇宙を目指す者として意気投合していた。ベゾスもマルチプラネット思考で、「地球を出て太陽エネルギーを活用し、宇宙で1兆人が暮らすようになれば、数千人のアインシュタインが生まれ、数千人のモーツァルトが生まれるだろう。素晴らしい文明になるはず」と語ったことさえあった。

ところが、徐々にふたりの関係は険悪になっていく。ケネディ宇宙センターの第39A発射台の件もその流れのひとつだった。

ベゾスにとって、後から創業したスペースXの華々しい活躍は目障りだったのだろう。地球軌道に宇宙船を打ち上げ、国際宇宙ステーションへのドッキングにも成功し、「民間初」の偉業を次々と打ち立てていったスペースX。

それに比べ、ベゾス率いるブルーオリジンの歩みはゆっくりだった。「ゆっくりはスムーズ、スムーズは速い」をモットーとして、「重要なのは、いかに低価格で、安全で、確実な輸送手段を提供することができるかだ」とベゾスは従業員たちに言い聞かせていた。

さて、話を戻して、第39A発射台の使用権でのイーロン・マスク対ジェフ・ベゾスの戦いの決着は、イーロンの勝利となった。米会計検査院は、「NASAの審査は公正に行われた」と結論付けたからだ。

今やスペースXの大型ロケット「ファルコン9」は順調に打上げ回数を増やし、ロケット再利用も、宇宙船クルードラゴンも成功を重ねているが、ここに至るまでの道のりは試練の連続だった。途中でスペースXは倒産の危機にも見舞われた。まずは、スペースXの誕生から話していこう。

# 人生哲学のすべてを30秒でしゃべる

## 多惑星種になろう

地球環境の悪化が進む一方で、世界の人口増加は止まらない。イーロンが南アフリカからカナダへ渡ろうとしていた1987年には約50億人だったが、Xドットコムを創業した1999年には60億人になり、今世紀半ばには100億人に届こうとしている。それだけの人類全員が劣化する地球で暮らしていけるのか？

いずれ人類は地球以外の惑星で暮らす必要に迫られる。地球以外の惑星、つまり火星に移住すべきだとイーロンは考えたが、大きな問題があった。それはバカ高い火星ロケットのコストだった。1989年に約5000億ドル（約68兆円）もかかると試算されていた。

月面着陸のアポロ計画でエネルギーを使い果たしたNASAは、火星へロケットを飛ばすことを諦め、スペースシャトルを地球の低軌道へ打ち上げているだけだった。

ならば自分で火星ロケットを作ってやろう。ペイパル株の売却益約1億8000万ドルを元手にイーロン・マスクは2002年、宇宙ロケットベンチャー「スペースX」を立ち上げた。

目指すは火星だ。

ただ、ここで誤解していけないのは、人類全員が地球を捨てて火星に移住するということをイーロンが目指しているのではない点だ。

「人類の未来は、基本的に二者択一になるだろう。多惑星に生きる種となり、宇宙を飛び回る文明となるか。それとも、ひとつの惑星にしがみついて、何らかの大惨事に襲われ絶滅するかだ」とイーロンは語っていた。

つまり、地球で暮らす人もいれば、火星や他の惑星で暮らす人もいるということだ。マルチプラネタリーという「多惑星種」になるには、コストの安い惑星間ロケットが欠かせない。

火星移住という壮大な目標に向かうスペースXには優秀な人材が集まった。航空宇宙企業TRWに長年勤務し、趣味でロケットエンジンを作ったほどのエンジン設計の天才トム・ミューラーや、ボーイングでデルタロケット開発を担当したクリス・トンプソン、ジェット推進研究所出身のメカニカル・エンジニアのスティーブ・ジョンソンなど、イーロンが頼れる人材が揃った。

ところで、イーロンは大学で物理学を専攻したが、彼ほど物理学的思考をビジネスで活用した経営者は他にいないだろう。物理学では、類型のモノマネでなく、「なぜ？」と原点から掘り下げ考える。

イーロンがロケット事業に興味を持った時、最初の「なぜ？」は「ロケットの材質は何からできているか？」だった。答えは、航空宇宙用のアルミ合金、さらにチタンや銅、そして炭素繊維である。

次に、「では、これら材料の市場価格はどのいくらか？」

答えは、開発全体のコストの「たった２％」ということ。この値は、他の機械製品と比べものにならないほど低い数値で、たとえばテスラ社の自動車なら材料費率は20～25％で、パソコンに至っては80％が業界の常識だ。

これは何を意味するのか？　そう、「ロケットの総コストは一桁下げられる」ということだった。

こうしてイーロンは「ロケットコストを10分の１にする」と公言し、スペースXの、人類と地球を救う挑戦は始まった。

ただし、イーロンたちの熱意と反比例するように世間の人々は、「あ～、また、成金がホラを吹いているゾ」としか見ていなかった。

## ＩＣＢＭを買いにロシアへ

スペースＸを創業する前、イーロンはロシアに行ってＩＣＢＭ（大陸間弾道ミサイル）を買おうとしたとんでもない話をしておこう。

ＩＣＢＭの中古品を買って宇宙ロケットに転用すれば、すぐに打ち上げられると、この頃のイーロンは安易に考えていた。

スピード重視の彼は思い立ったらすぐに行動に移した。ロシアの宇宙産業界に人脈を持つジム・カントレルという人物を探し出すと、いきなり電話をかけたのだ。

その時のカントレルは、ユタ州の北東部をコンバーチブルのクルマで走っていた。知らない人物からの携帯電話を取ると、聞きづらい早口の声が飛び込んできた。カントレルが何か言おうとするのを遮るように相手は、化石燃料と宇宙旅行、そして、人類をマルチプラネタリーにする必要性とやらを一方的にしゃべってきた。

相手は明日にでも会って話をしたがっているが、ヤバい話じゃないかとカントレルが警戒したのにはわけがあった。かつて、スパイ行為を働いたとしてロシア政府に自宅軟禁された経験があったからだ。ロシア絡みの話はもうこりごりだった。

なにより、カントレルはイーロン・マスクの名前さえ知らなかった。

しかし、イーロンの押しの強さに負けたカントレルは、ソルトレイクシティ空港内の会議室でイーロンと会うことにしていた。すると、話はとんとん拍子に進み、イーロンとロシアに出向き、ロケット購入を手助けすることになったから、人生はわからない。ところで、イーロンからいきなり電話がかかってきた時の様子をカントレルはのちにこう言った。「電話口でイーロンは自身の人生哲学のすべてを、30秒でしゃべった」

## 交渉決裂と新たな決意

イーロン・マスクの大学時代の友人を加えた3人は、世界同時多発テロ後の不安と怒りに揺さぶられるアメリカを立ってモスクワに向かった。

イーロンはその前からロケット開発について専門書を何冊も読み、高名な専門家たちから数多くの専門知識と情報を手に入れてからモスクワ訪問に臨んでいた。小さい時から読書の虫だったイーロンは分厚い専門書を読んで、記憶して、構想を練ることにかけては天才的だ。

ロシアに着いた3人にはマイケル・グリフィンも同行していた。グリフィンはロケット科学者でNASAやCIAでの経験を持ち、のちにNASAの長官となる。

さて、ロシアの宇宙関連企業との会談に臨んだイーロンは、単刀直入に「ICBMはいくらだ？」と質問を放った。

この時の彼はICBMを3基購入することを考えていた。

目の前に座るロシア人の返答は「1基800万ドル」だった。

すると、「2基で、800万ドルにならないか」と値切ってみたイーロンだったが、ロシア側は、若僧がそんな大金は持ってないだろうと見下した態度で「ノーだ」とにべもなかった。

モスクワでの会議は散々な結果に終わった。イーロンたちは落胆を引きずりながら帰国すべく空港に着き、重い足取りで飛行機に乗り込んだ。

気を取り直し、とりあえず運ばれてきた飲み物で乾杯でもしようと、ジムが前の席に座るイーロンをのぞき込むと、ノートPCのキーボードを一心不乱に打ち込んでいる姿が目に入った。

ほどなくイーロンは、ジムたちを振り返ってノートPCを差し出すなり「こういうロケットなら自分たちで造れると思うけど」と数字がびっしり書き込まれた画面を見せたのだ。

画面には、燃料タンクの重量やエンジン推力、ロケット製造から打上げ、材料コストなど、こと細かな計算が書き込まれていた。

驚いたジムは思わずこう尋ねた。「イーロン、いったいこんな情報どうやって手に入れたんだ？」

会議で気難しいロシア人相手に激論を仕掛け、交渉をやりながら、相手の専門知識やノウハウの断片を吸収し、イーロンがそれまでに得ていたロケット技術と自分の頭の中で組み合わせ、新たなロケット構想を作り上げていたのだった。

頭脳を並列で高速回転できるのもイーロンの類《たぐい》まれな才能のひとつであることは、その後のテスラ、太陽光発電企業「ソーラーシティ」、脳とコンピュータをつなぐ技術開発会社「ニューラリンク」など様々な所で証明されていく。

さて、ロシアでICBMは手に入らなかったイーロンだったが、代わりに手に入れたのは、自分でロケットを作るという確固たる決意だった。

ちなみに、飛行機内でイーロンがやった計算が、のちのスペースXのロケット「ファルコン1」の原型となる。それでも、彼を待ち受けていたのはノートPCで計算できた想定をはるかに超える壮絶なものだった。

## 技術力と知名度を比例させる

### 首都ワシントンでファルコン1を披露

ロサンゼルス郊外の広さ約7000㎡のボーイング社が使っていた古い倉庫が、誕生したばかりのスペースXの拠点だった。

イーロンは、ロケットの第1号エンジンを2003年5月に完成させて、さらにロケット本体は7月に、11月には最初の打上げを実施すると発表した。会社設立からわずか1年半ほどでロケットを打ち上げるというのだ。極めつきは、火星旅行は10年後に実現できる見込みだと言ったことだ。しかも、ロケットコストは従来の10分の1にする。

スペースXは有能な人材を揃えたものの、やるべきことは山ほどあり、足りないものはもっとあった。たとえば、実験設備だ。

スペースXは実験ひとつするにも自前の施設に事欠き、他社の実験装置を貸してもらうことも度々だった。

スペースXの最初のロケット「ファルコン1」で使う重要部品は自社開発したマーリ

ン・エンジンだ。そのエンジンで使うガス・ジェネレータの実験は、ある宇宙関連企業の実験室を借りて行っていた。場所はロサンゼルスから１５０㎞以上離れた砂漠の中で、スペースＸの技術者はトラックに実験機を積んで運転して行ってデータを取っては、また帰って来るのだった。

イーロンがファルコン１開発と並行して力を注いだのは、無名のスペースＸの世間での認知度を高めることだった。とりわけＮＡＳＡに興味を持ってもらいたかった。

そこで、驚きのゲリラ戦法を展開する。ファルコン１の原寸大のモックアップを作って特注のトレーラーに載せて、ロサンゼルスからワシントンＤＣまで運び込んだのだ。

ワシントンＤＣに入ると、警察に警護してもらいながら大通りを抜け、国立航空宇宙博物館の向かいにある連邦航空局の前のスペースで全長21ｍのファルコン１を見せつけた。観光客やビジネスマンたちが驚いて目を向ける。ロケットを打ち上げてもいないスペースＸになんとしても注目してほしかった。

## ロッキードが邪魔をした

２００６年、国際天文学連合はプラハでの総会で、冥王星を惑星から格下げし、太陽系惑星の数が9個から8個になった。この年の3月、スペースXの技術者たちの4年間の努力の結晶が宇宙に向けて飛び立とうとしていた。高さ7階建てのビルの高さに相当する「ファルコン1」は南太平洋のクェゼリンの発射台に乗っていた。総重量約は39トンで、自社開発したマーリン・エンジン1基を搭載している。

振り返れば1年前。このファルコン1はカリフォルニア州のバンデンバーグ空軍基地から打ち上げるハズだった。ロサンゼルスから比較的近いバンデンバーグ空軍基地はスペースXにとって便利だ。

しかし米空軍にとってみれば、いつ潰れるかわからないベンチャー企業に大事なロケット発射台を使わせるのは不安で、煩わしいだけだった。

そこに、ロッキードマーチンなど大手請負企業から、新興のスペースXなんかに発射台を使わせるなと妨害が入った。何百ドルもする軍事衛星の打上げに悪影響が出るというのだ。

スペースXは700万ドルをかけてこの発射台の改造工事も済ませていただけに、イーロンは怒り心頭となった。

さらに、彼らの気持ちを逆なでするように、米空軍は長年の請負企業ロッキード側の意見を受け入れ、スペースXには、バンデンバーグ空軍基地以外の射場を探すからと体よく言って追い出した。

そして、いつまで待ってもスペースXに回答は来なかった。スピード重視のイーロンがそんな事態にただ甘んじるはずがなかった。

他にいい発射場はないか。地図を広げて目に留まったのが赤道近く太平洋のマーシャル諸島にあるクェゼリン環礁の発射場だった。ハワイの南西約４０００kmにあるオメレク島のロナルド・レーガン弾道ミサイル防衛試験場がそれだ。

しかし、〝島流し〟とはまさにこのことだった。ロケットや関連物資を輸送するだけでも大変な作業となる。

イーロンは、ロッキードなど米国防総省の大手請負企業のやり口に怒りが爆発しそうになったが、打上げができるならそれで我慢しようと、早速、特命チームを南太平洋のクェゼリンへ派遣して、打上げ準備にあたらせたのだった。

## ４年間の努力が、１分でパァに

クェゼリンの発射台に立ったファルコン１のエンジンが点火された。２００５年11月だった打上げ日程は、燃料タンクの技術的問題などで何度も延期を繰り返していた。やっとこの日、２００６年3月の打上げにこぎつけていた。それだけにイーロンたちは胸に迫るものがあった。

ところが、打上げから約30秒後にファルコン１は制御不能となり、南太平洋に墜落した。イーロンが私財を投げうち、４年の歳月をかけて作ったファルコン１は、ものの１分も持たずに粉々になった。

それでも、「打上げは成功し、ファルコン１は見事に飛び立った」とイーロンは前向きな姿勢を世間に発信した。だが、心の内のショックは計り知れぬほど大きかった。

その上、ベンチャー企業のロケット開発に反対する守旧派の連中から「そらみろ、失敗しただろ」「あんな連中じゃ、無理だ」とケチをつけられることも我慢ならなかった。

# 敵の中から理解者を作り、味方にする

## 大企業ノースロップの逆襲をはねのけ

ファルコン１の初飛行の２年ほど前のこと、国防総省は、ロケットを格安で打ち上げるというスペースＸに多少興味を持ち、取引を考え始めていた。だが、相手は創業間もないベンチャー企業で、打上げ実績はゼロ。実際にスペースＸの工場や開発の現場を見ないと、判断するのは難しいとの結論に達した。

そこで国防総省は、ノースロップ・グラマン社にスペースＸの立ち入り審査を委託したのだった。ノースロップ・グラマンはアメリカの大手軍事企業のノースロップとグラマンが１９９４年に合併してできた航空宇宙企業だ。

かくして、ノースロップ・グラマンの技術者たちが、スペースＸの工場に審査官として派遣され、常駐することになった。

一方のスペースXにとっては、国防総省との取引は絶対に欲しいが、ライバル企業であるノースロップに開発や製造や開発の現場を見せることは嫌だった。技術を盗まれてしまわないかと心配するのは当然だ。

すると、国防総省の役人が「スペースXの企業秘密が審査企業によって持ち出されないよう、最善を尽くす」と約束してくれた。

しかし、役人の口約束を信じるほどスペースXは間抜けではなかった。事業開発責任者のグウィン・ショットウェルはノースロップからやってきた審査役の技術者の中で、現在自社でロケットエンジンの開発に携わっている者が8人中5人いることを突き止めた。

そこで、スペースXは国防総省に猛然と異議申し立てをした。結果、審査役は別の宇宙ロケット企業の技術者チームと交代させるしかなかった。

ところが、審査を交代させられメンツを潰された大企業ノースロップは黙っていなかった。創業たった2年のスペースX相手に訴訟を起こしてきた。

その内容は、スペースXでエンジン開発責任者を務めるトム・ミューラーは以前ノースロップの子会社に勤めていて、そこから内部技術情報を持ち出しスペースXに持ち込んだと訴えたのだ。

しかし、スペースXは怯まなかった。事実無根だとして、逆にノースロップを訴えた。

ノースロップが審査官の立場を悪用してスペースＸの技術情報を盗んだと裁判に打って出た。イーロンは巨大な敵でも平気で戦いを挑んでいく。

スペースＸ対ノースロップの訴訟合戦は、最終的には和解で決着した。

しかし、大企業に噛み付いたベンチャー企業スペースＸの名前は、意外な形で世間に広まった。

## 変革を迫られていたＮＡＳＡ

どんな敵にも怯まないスペースＸは、ファルコン１の１回目の打上げ失敗でもくじけることはなかった。すぐにでも2回目の打上げに挑戦したかったが、１回目の失敗の分析、それに基づく改善設計など、やらなければならないことは山ほどあった。

だが、そんなイーロンたちに嬉しい話が飛び込んだ。

ＮＡＳＡのＣＯＴＳ契約の１社としてスペースＸが選ばれたのだ。契約金額は2億７８００万ドル（約３２２億円）。ＣＯＴＳとは商業軌道輸送サービスのことで、スペースシャトル退役後の国際宇宙ステーションへの民間による物資輸送計画の基礎となるものである。契約金は、ファルコン１の約9倍の性能を持つ「ファルコン9」と貨物輸送用宇宙船

「ドラゴン」の開発費用に充てられる。

しかし、打上げに成功していないベンチャー企業を、なぜ、NASAは選んだのか？

NASAといっても、その内情は一枚岩ではなかった。これまで通り国家主導で宇宙開発を進めるべきと考える守旧派と、NASAには変化が必要だと強く信じる改革派が対立していた。

できたばかりのスペースXに興味を持ち、工場を見に行ったNASA関係者は、技術者たちのレベルの高さと、彼らが情熱を持って真剣に仕事に取り組んでいる様子に大変好印象を持った。ロケット業界では当たり前の下請けも使わず、エンジンまで自社生産していること。とりわけ、イーロンの専門知識の高さや、モノづくり、品質へのこだわりに感銘し、スペースXの可能性を高く評価するようになった。

こうしたNASAの改革派ともいうべき連中がCOTS契約の選定でスペースXを強く推したのだった。だが、彼らも確信があったわけではなく、万が一に備えてCOTSは複数の企業が選ばれていた。

2006年8月、スペースXの社員全員が本社のカフェテリアに集められた。そして、皆の前に立つイーロンははじめ渋い顔をしていたが、我慢できずに急に破顔すると、「俺たちが勝ったぜ！」と大声で叫んだ。間髪入れず社員全員が飛び上がって喜んだ。契約額

２億７８００万ドルはもちろんだが、ＮＡＳＡに選ばれたことがなにより嬉しかった。

## ４度目の正直

スペースＸがファルコン１の2回目の打上げに挑んだのは、前回の失敗から約1年後の２００7年3月だった。

エンジン点火、打上げはスムーズにいった。１段目ロケットの切り離し、２段目エンジンの点火も、ペイロード（搭載物）の分離もすべてうまくいった。だが、２段目エンジンが予定より早く停止して計画軌道に達しなかった。

それでも技術的に進歩していた。イーロンは「今回の結果に失望などしていない。それどころか、とてもハッピーだ」と社員たちと自分を鼓舞した。

スペースＸはファルコン１の失敗原因を突き止めながら、並行してＮＡＳＡのＣＯＴＳ契約に基づき、ファルコン９と貨物輸送用宇宙船ドラゴンの設計開発も進めていた。だがこれは、普通では考えられない無茶苦茶なやり方だ。

普通の経営者なら、まず、ファルコン１の打上げに成功させ、それからファルコン９や宇宙船の開発に着手するものだ。ファルコン１とファルコン９とドラゴンの３つに開発パワーを分散させるなどもってのほかだとビジネススクールなら教えるだろう。

しかし、光速経営のイーロンはすべてを並行で解決していこうとする。

ファルコン1の3回目の打上げは、2回目の失敗から約1年半後の2008年8月だった。打上げはうまくいったが、1段目と2段目の分離時に問題が起きて、予定軌道に達しなかった。それでも、新開発のマーリン・エンジン1Cは設計通りの性能を発揮してくれた。

だが、この頃イーロンは崖っぷちに立たされていた。テスラではロードスターの出荷が遅れ、妻ジャスティンとの関係は最悪の状態になっていた。

さて、スペースXの技術者たちは3回目の失敗からわずか1か月間で複雑な技術課題を解決し、2008年9月、ファルコン1を発射台に乗せ、4回目の打上げに挑んだ。

そして、ついに成功した。

「みんな、おめでとう！　この偉業はみんなの努力のおかげだよ」

イーロンは心から感謝の気持ちを表した。

もし、4回目の打上げに失敗していたら、資金が底をつきスペースXは倒産していただろう。

その意味で、スペースX創業から6年後の快挙は薄氷を踏むが如しだった。

# 失敗から学べば、スピードは速くなる

## ファルコン9の快進撃

ファルコン9はスペースXの地位を不動のものにした革新的な宇宙ロケットだ。そこにはファルコン1の失敗で得た数々の知見が詰め込まれていた。

2010年11月、米国の中間選挙が実施され、オバマ大統領率いる与党民主党は惨敗した。その約1月後、フロリダ州ケープカナベラル空軍基地の発射台をすさまじい轟音を発しながら輝く青空に向け、重量330トン超の2段式ロケット「ファルコン9」は飛び立った。

全長約54m、ビル18階建てに相当するファルコン9のエンジンは、ファルコン1のマーリン・エンジンを9基束ねた構造で、約5000kN（キロニュートン）の推力を実現した。燃料はファルコン1と同じケロシンと液体酸素を用いている。

飛行は予定通り進み、地球の引力を振り切って大気圏を超えたファルコン9は、搭載していた貨物輸送用宇宙船「ドラゴン」を地球軌道に乗せることに成功した。これは民間の宇宙船として初の壮挙だった。

南アフリカ生まれの異端児は「火星へ人類を移住させる」と仰天の宣言をしてスペースXの船出をした。それも、単に火星着陸に成功して帰ってくるのでない。地球と火星を何度もロケットで往復して文明を築くという。そのために超えなければならない壁が〝高すぎる〟ロケットコストだった。

## コスト意識のない人たち

宇宙ロケット開発の総本山のNASAは、研究や実験、そして宇宙飛行士の訓練施設は有しているが、ロケットを製造してはいない。

NASAがするのはロケットの全体設計で、実際に図面に落として製造するのはロッキードやボーイングといった請負企業だ。

たとえば、アポロ11号を打ち上げた3段式のサターンVロケットでは、1段目ロケットはボーイング社が、2段目はノースアメリカン・ロックウェル社、3段目はダグラス社が製造していた。

しかも、ボーイングやロッキードの下には、数百から数千の下請け企業が何層にもなってぶら下がる構造になっていた。

それぞれの下請け企業は図面通りに製造し、製造原価に自社の利益を乗せてボーイングに請求する。下請け企業は、他社に出された別部品がどうなって、どんなコストで作られているかなど全く知らないし、知らされることもない。

ボーイングは下請けからの金額を集約して、ロケットの製造組立コストに自分たちの利益を乗せた費用をNASAに提示する。

米国民の税金で運用されているNASAにコスト意識は乏しく、そのままの費用金額がボーイングに支払われるというわけだ。これほど甘みのあるビジネスはそうそうない。

いつまでたってもロケットコストが下がらなかった要因のひとつは、この構造にあった。ロケット業界でコストダウンは禁句だった。コストダウンはイコール請負企業の売上ダウンにつながるからだ。そして、NASAや国防総省は長年にわたり請負企業とズブズブの関係を続けていた。

かたやスペースXは、エンジンから燃料タンク、宇宙船までロケット部品のほとんどを自社で製造している。だからコスト削減もやりやすく、その上、設計品質のすり合わせも効率よくできる。

しかし、内製率が高く、垂直統合型のスペースX流は、宇宙開発では異端だった。これが進めれば、ロッキードなど大手請負企業の下請けをしていた数多くの製造会社群は再編が進み、淘汰の道を歩むことになる。

## 民間初、国際宇宙ステーションとドッキング

イーロン率いるスペースXのファルコン9は驚異のスピードで進化していく。

創業から10年後の2012年5月、ケープカナベラル空軍基地の発射台から打ち上げられたファルコン9は順調に飛行を進め、約3分後に1段目ロケットの分離に成功。その後、2段目ロケットが予定軌道に達して貨物輸送用宇宙船ドラゴンを投入した。ドラゴンは地球の周りを周回してから国際宇宙ステーションに向かい、そしてドッキングに成功した。民間初の偉業であり、イーロンは「ミッションの最も重要な部分が成功し、我々は大変興奮している」と世界にメッセージを発信した。

小さいロケットエンジンで実績を積み、それをクラスター化して推力を大幅にアップさせ大型のロケットを打ち上げる。小を束ねて大とする方法がスペースXの特徴である。

それは、テスラが単三乾電池ほどのサイズのリチウムイオン電池を数千個束ねて大きなひとつの電池のように扱い、ポルシェを凌駕《りょうが》する走行性能を実現した方法と似ていた。

## ロケットを量産化する

スペースXの劇的なコストダウンのもうひとつの武器は、「ロケットを量産化する」という思考だ。

スペースX以前は、ロケットは一品もののカスタムメイドだった。サターンVの1段目ロケットと2段目ロケットはメーカーも違えば、部品の共用性もなかった。燃料も1段目のケロシンだが、2段目は液体水素と異なった。

ところがスペースXは、ファルコン1にもファルコン9にも同じエンジンを使い、同じ燃料を使う。

同じエンジンを使うことで、部品も生産設備も共用でき、コスト削減に大変役立つ。たくさん作ることで製造工程の不良率を下げ、品質改善も効果的にできる。自動車や家電製品で当たり前にやっている方式だ。「なぜ、ロケットでやらないのか?」

ファルコン9の約3倍の性能を持つファルコン・ヘビーは、ファルコン9のエンジンを

27基搭載して23MN（メガニュートン）の推力を生み出した。

さて、宇宙仕様の電子部品というものがある。宇宙放射線などにさらされても動作に支障をきたさないよう設計されているが、使用数量が少ないこともあって単価は高い。

そこで、イーロンたちは民生用の電子部品が使えないか検討した。すると、PCで使うイーサネット（PCで使われているLAN規格）やFPGA（フィールド・プログラマブル・ゲートアレイ）が利用できるとわかった。FPGAはエンジニアが現場で書き換えが可能な半導体デバイスで、カスタムLSI（特定の製品のために設計・製作される半導体デバイス）よりコストを安くできる。

民生の生産技術もロケット製造に持ち込んだ。

ファルコンロケットの燃料タンクの製造工程では、従来のタングステン電極を用いるTIG溶接ではなく、「摩擦攪拌接合」という新しい技術を導入した。この製造技術は主にアルミなど非鉄金属の接合に用いられ、接合材料に回転ツールを当てて摩擦熱で接合する技術だ。摩擦攪拌接合の利点は、融点以下で接合するので、接合の歪みが少なく欠陥が発生しにくいことだ。しかも、前処理が必要なく、溶接作業と並行して、仕上がりの確認が超音波で簡単にでき、製造コストを低く抑えられる。

「テクノキング」を自称するイーロンは「我々の（コストダウンの）考え方そのものが、

革命的なブレークスルーなんだ」と誇らしげに強調していた。火星ロケットという壮大な目標を掲げながらも、小さな努力を猛スピードで積み上げていく。これもイーロン流だ。

ところで、世界長者番付で首位争いをするアマゾンのジェフ・ベゾスとは宇宙開発でもライバルにして、犬猿の仲だ。ケネディ宇宙センターの発射台第39Ａについてのイーロンとベゾスの確執は既に述べたが、それ以前にふたりが衝突する事件が起きていた。

それは、スペースＸで働いていた摩擦撹拌接合の専門家をベゾスのブルーオリジンが引き抜いたことだった。イーロンはＡクラスの人材の採用に熱心な経営者であり、スペースＸの組織的な強みは優秀な人材が揃っていることだ。

燃料タンクを低コストで製造する基幹技術を担当する世界トップクラスの人材を勝手に引き抜かれたイーロンは激高し、スペースＸ社内の電子メールのフィルター機能に「blue」と「origin」を加えたほどだった。

## スペースＸは、ワアワアわめくチビッ子

ファルコン９の快進撃は止まらない。ファルコン９が打ち上げた宇宙船ドラゴンが国際宇宙ステーションとドッキングに成功した翌年、２０１３年のスペースＸの打上げ回数は

3回。毎年打上げ回数は増えていき、2016年は年間で8回になった。

順調に実績を積み上げていくスペースXを苦々しく見ていた連中がいた。それは既存の大手宇宙企業だった。

話はスペースX創業から3年経った2005年にさかのぼる。国防総省の請負企業として首位の座を争っていたロッキードマーチンとボーイングは合弁企業ユナイテッド・ローンチ・アライアンス社（ULA）を設立すると発表した。このまま設立が政府に認められたら、過去に例のない巨大宇宙企業の誕生となる。

そこに待ったをかけたのが、当時まだ一度もロケットを打ち上げたことのない、吹けば飛ぶようなスペースXだった。

「米国の二大軍事請負企業が作るULA社は、反トラスト法に違反する」とイーロンたちは提訴に踏み切った。

しかし、ロッキードのロビイストは米議会でスペースXのことを「ワアワアわめくチビッ子だ」と悪口を言い、同社の広報部はニューヨークタイムズに「スペースXは実行力を示す必要がある。これまでのところ、彼らは宇宙ロケット開発に参加する資格があることを実証していない」と上から目線だった。確かにスペースXはまだ一度もロケットを打ち上げていなかった。

ある大手航空宇宙企業に至ってはスペースXのロケットを「自転車のパーツでできている」と馬鹿にした。

ロケットコストを10分の1にし、火星に人類を移住させると息巻くイーロン・マスクとスペースXをそれほどまでに既存大手宇宙企業は嫌っていた。

ところが、ファルコン9を得たスペースXは、打上げを次々と成功させて実績を重ねていった。

２０１３年、ボーイングとロッキードが作った合弁企業ＵＬＡの打上げ回数は11回、それに対しスペースXは3回だった。

しかし、２０１７年になるとＵＬＡは8回、かたやスペースXは18回と逆転した。さらに、２０２０年の打上げ回数ではＵＬＡが6回だったのに対し、スペースXは26回と大きく水をあけた。

かつてスペースXを「ワアワアわめくチビッ子」と侮辱した既存の大手宇宙企業は、15年経って、スペースXにその地位を脅かされている。

２０２０年5月にアメリカ人宇宙飛行士2名を国際宇宙ステーションに運んだのは、スペースXのファルコン9が打ち上げた有人宇宙船「クルードラゴン」だった。その6か月後に野口宇宙飛行士たち4名を国際宇宙ステーションに輸送したのも、スペースXのロケットと宇宙船だ。今や民間宇宙開発はボーイングなどを差し置いて、スペースXを中心に回っている。

# 本質に立ち返り、徹底的に考える

## 再利用可能なロケットへの挑戦

「宇宙ロケットは使い捨て」

これは人類がロケットを打ち上げ始めてから、揺らぐことのない常識だった。

ところが、宇宙に打ち上げたロケットを、ビデオの逆再生のように地球に戻して、垂直に着陸させる。そして、再びロケットとして宇宙に打ち上げることができれば、コストは大幅に安くなる。ＳＦマンガでも登場するし、誰でも思いつくアイデアだ。

しかし、誰もやろうとはしなかった。１００％不可能だとＮＡＳＡをはじめロケット業界全体が信じ込んでいた。

ところが、その１００％不可能なことを、イーロンは可能だと考えた。

イーロンは天才的な頭脳を持っている。その特徴のひとつが、周りの専門家から高度な知識を極めて短時間で吸収する能力だ。高速の学習能力と言ってもいい。だから、ロケット工学を学んだこともなく、航空宇宙企業で働いたこともない彼が、ＮＡＳＡのロケット科学者たちが舌を巻くほどの専門知識を短期間で身につけることができたのだった。

高速の学習能力で得た専門知識と、物理学的思考でイーロンが達した結論が、「ロケットは再利用できる」。

スペースXはファルコン1の時からロケット再利用を念頭に開発を進めていた。もし、定石どおりの使い捨てロケットでよかったなら、ファルコン1はもっと早く打上げに成功していたはずだ。

ロサンゼルスから飛び立ちニューヨークに着いた飛行機は、向きを変えればまたロサンゼルスに戻ってくる。ロケットもそうなるべきだというのがイーロンの持論だった。そのロケット再利用の挑戦は「グラスホッパー」から始まった。

## 誰もが思いつくが、誰もやろうとはしなかったこと

グラスホッパーとは、垂直離着陸用の実験ロケットで、マーリンエンジンを1基だけ搭載したファルコン9の1段目ロケット機体に4本の着陸脚を取り付けたシンプルなものだった。

全長約32mのグラスホッパーの初飛行はテキサスにあるスペースXの試験場で2012

年９月に行われた。

３ｍほど浮かび上がったグラスホッパーは、わずか３秒で地面に着陸した。こんなレベルで、高度１００㎞近くから超音速で急降下してくる１段目ロケットを着陸させるなんてことができるのか？　誰もが不安になるはずだった。

ところが、スペースＸのエンジニアたちは努力の熱量をアップさせていく。

約２か月後には、高度は約５ｍに、さらに80ｍと徐々に上がっていった。

そして、７回目の実験では水平方向に約１００ｍ移動しながら高度２５０ｍまで上昇し、その後、着陸地点まで戻って着陸にも成功した。

ロケットが横に移動するこの様子が動画で公開されると、「ロケットじゃない、まるでヘリコプターだ」。驚きの声がネットに飛び交った。

さらに実験に拍車をかけていく。グラスホッパー機体をファルコン９のバージョンアップ版であるバージョン１・１の１段目に変更。全長は約48ｍになり、エンジン数も３基に増やした。グラスホッパー実験開始から約１年半で、高度は１０００ｍにまで達した。

そして、２０１４年８月までの合計13回の飛行実験で、グラスホッパー・プロジェクトは完了することになる。

## 図々しい開発手法

スペースXは「宇宙の宅配便」だ。〝荷主〟が要望する周回軌道に、人工衛星や通信衛星といった〝荷物〟を届けるのが仕事だ。NASAが荷主の場合は、国際宇宙ステーションへ人や物資を届けることになる。

そして、宇宙の宅配便の仕事をしながら、スペースXは〝帰りの便〟で1段目ロケットの着陸実験をやっていた。

これは常識破りの方法だ。まずはその実験の1番目、2013年9月にカナダの商業衛星を積んで打ち上げられたファルコン9について話を始めよう。

打上げはうまくいき、計画通りに商業衛星の軌道投入も成功した。そして、切り離された1段目ロケットは、向きを変えて地球に向かっていた。大気圏に再突入して、さらに降下を続け、海上へ機体ごとの軟着水を試みた。

しかし、機体をコントロールできず想定以上の速い速度で海面に激突。軟着水は失敗に終わった。

スペースXの技術者たちが分析した結果、軟着水前のエンジンの再点火には成功したが、機体がスピン状態になりエンジンへの燃料供給が止まって、エンジン停止に陥ったことがわかった。

この失敗データは次のファルコン9の姿勢制御の設計に生かされるのだが、この着陸（着水）実験費用はタダだ。荷主から打上げ費用は支払われるからだ。

しかし、これまでの宇宙開発の常識なら、ロケット企業は、まず何も積まないでロケットを宇宙に打ち上げ、そこから1段目ロケットを地球に戻しての着陸実験を行う。ただこれだと、実験費用はロケット企業側の負担となる。

そして、着陸実験が何度か成功してから、商業用の打上げに移行し、荷主の了解の上で、帰りの便で1段目ロケットの着陸をやっと目指すという手順が順当だろう。

ところが、スペースXは商業打上げを利用して、つまり打上げ費用を荷主から支払ってもらい、自分たちがやりたい1段目ロケットの着陸実験をちゃっかりやらせてもらっていた。極めて経済的で、開発時間も短縮できる。しかし、荷主の理解がなくては無理だ。

そもそも、荷主にとっては、1段目ロケットが着陸しようとしまいと関係ない。計画の高度に荷物を乗せてくれればそれでいい。

一次的には、その理屈通りだが、二次的には、打上げ料金が将来下がることにつながってくる。しかも数パーセントといったみみっちいレベルではなく、着陸実験に賛同しておけば、打上げ料金が半分になる可能性もあるわけだ。

そして、スペースXのこれまでの打上げ実績は、荷主を納得させるだけのものを持っていた。NASAがスペースXに高い信頼を寄せている事実も大きかった。

## ギブン・コンディションを超えろ

荷主の理解を得たからといって、スペースXの1段目ロケットの着陸がやすやすと成功したわけではなかった。その壁はファルコン1の打上げの時以上に分厚かった。

1段目ロケットの海への軟着水を試み続けたが、5回も失敗が続いた。

その中には、着水には成功したものの、強い波圧でその後に機体が壊れることもあった。

そこでスペースXは方針を切り替え、考え出したのが、約91m×52mの広さを持ち、自律運航できる海上ドローン船だ。サッカーコートぐらいのドローン船を建造し、1段目ロケットの着陸場所とした。

ビジネスの世界で優秀な人は、与えられた条件下、つまり、ギブン・コンディションで最善解を考え出そうとするが、飛び切り優秀な人は、ギブン・コンディションを超えて考えようとする。

たとえば、EVを普及させるために、イーロンは魅力的なEVを開発するだけでは不十分だと判断すると、EVというギブン・コンディションを超え、高速充電ステーション「スーパーチャージャー・ネットワーク」の全米設置を考え、直ちに実行していた。

スペースXのファルコンが海に着水できないなら、着陸船を作ってしまえ。

しかし、ドローン船でも着陸は簡単ではなかった。

２０１５年1月、ファルコン９の14号機から分離した1段目ロケットは、降下の途中で姿勢制御のグリッドフィンの油圧液を使い果たしてしまい、傾いた状態でドローン船に甲板に激突、大爆発した。

その様子はネットでライブ配信していた。失敗でも平気で見せてしまうスペースXに、視聴者はこれまで何度も度肝を抜かれていた。だが、ドローン船の爆発シーンは1段目ロケット着陸における絶妙な機体姿勢保持がいかに難しいかを視聴者に痛感させた。

3か月後の挑戦では、機体の減速に失敗し、ドローン船上で炎上した。

## 想定外のクリスマスプレゼント

クリスマスが近づいた２０１５年12月、その瞬間は来た。

フロリダ州ケープカナベラルから打ち上げられたファルコン９の20号機は、打上げ開始から約2分後に1段目ロケットのエンジンを停止、2段目の切り離しと同時に2段目ロケットエンジンが点火した。その後、予定軌道への米オーブコム社の通信衛星投入は成功した。

一方、分離した1段目ロケットはブーストバック噴射で機体の向きを変え、エンジン部を下にして着陸地点のケープカナベラル目がけて降下を開始。今回の着陸場はドローン船ではなく、陸地だ。

スラスターからの窒素ガス噴射と、機体横に格納していたグリッドフィンで機体制御をしながら、音速を超える猛スピードで着陸地点を目指し落ちていく。

その後、マーリン・エンジン3基を使いリエントリーバーン（大気圏再突入時の速度を抑えるための噴射）を行って、時速を約5000㎞から一気に半分まで減速。といっても、まだ音速だ。

この時、エンジンからの噴射煙炎が、下降圧によって大きく膨れ上がり、1段目ロケットを丸ごと飲み込む。

ケープカナベラルの着陸場が視界に入りランディング噴射を開始、機体に格納していた4本の着陸脚を一気に広げ、急減速したファルコン9の1段目ロケットはランディングゾーンにふわりと着陸した。ロケット開発史上初の快挙だった。

「誰でも思いつくが、誰もやろうとはしなかったこと」をスペースＸは創業13年にしてやってのけた。

スペースＸが1段目ロケットの着陸に成功したのは7回の失敗を重ねた後だった。ファルコン1の打上げ成功は3度の失敗の後だった。「たかが失敗だ。失敗しないでイノベーションは起こせない」とはイーロンは常々言っていた。失敗をトップが恐れない姿勢が、技術者に挑戦への勇気を与え、ブレークスルーをもたらす。

ところで、技術者なら自分のやった失敗シーンなど見たくないものだ。それにもかかわらずスペースＸは、これまでの数々のロケット打上げ失敗シーンを集めて、音楽まで付けて動画で世界に配信していた。それはまさに「俺たちは、失敗なんか恐れてはいないぞ」と宣言しているも同じだった。

２０２１年6月18日時点で、スペースＸはファルコン９を累計で１２１回打ち上げて、1段目ロケットの着陸に81回成功し、その機体は既に63回再利用され、打ち上げられている。

# 目標が明確なら、人は困難を越える知恵を出す

## 月周回軌道拠点ゲートウェイに向けて

ファルコン・ヘビーは全長約70mで、ファルコン9の1段目をブースター機体としてコア機体の両サイドに2機装備している。合計27個のマーリン1Dエンジンの打上げ時での推力は23MNで、地球低軌道（LEO）なら約64トンが運べるモンスター級のロケットだ。

ファルコン・ヘビーの初フライトは2018年2月、フロリダのケネディ宇宙センターからだった。

世間の注目はファルコン・ヘビー打上げの成否以上に、2つのことに集まっていた。

1つ目は、搭載したペイロードだ。

2つ目は、本体の1段目ロケット（コアブースター）と2機のサイドブースターの計3機が地球に戻り着陸できるかだった。

さて、打ち上げられたファルコン・ヘビーは予定通り飛行し、その後、サイドブースター２機はケープカナベラル空軍基地のランディングゾーンへ同時に着陸を成功させた。動画配信で見ていた世界中の宇宙マニアが歓声をあげた。「まるでＳＦ映画だ」とＳＮＳに祝福メッセージが飛び交った。

一方、本機のコアブースターはフロリダ沖のドローン船に着陸予定だったが、こっちは燃料が足りず、ドローン船から１００ｍほど離れた海に落ちた。１００点満点とはいかなかったが、２機が同時着陸に成功すれば上出来だ。もちろん、サイドブースター２機の同時着陸は史上初だった。

世間が注目していた１つ目のペイロードに話を戻そう。搭載されていたのは真っ赤なテスラＥＶロードスターだった。さらに、運転席には「スターマン」と名付けられ、スペースＸの宇宙服を着たダミーの人形が座っていた。

ペイロードはそれだけではなく、イーロンが子供時代に愛読したアイザック・アシモフの『銀河帝国の興亡』や、ダグラス・アダムスの『銀河ヒッチハイク・ガイド』などがストレージデバイスに保存されてロードスターに搭載されていた。

このペイロードの選定はイーロンが決めたものだが、「もっと科学に貢献するものを打ち上げろ」などと批判意見も噴出した。

しかし、宇宙開発がただ真面目なだけでは、世間の関心は薄れてしまう。スペースXのロケットには面白さも取り入れている。

ファルコン9が宇宙船ドラゴンを民間として初めて地球軌道に打ち上げた時のペイロードは「チーズ」だった。これはイギリスBBCの大人気コメディ番組「空飛ぶモンティ・パイソン」にちなんだものだった。

ロケットの「ファルコン」は映画「スター・ウォーズ」でハン・ソロ船長が操る宇宙船の名前だし、宇宙船「ドラゴン」はかつてヒットしたフォークソング「パフ・ザ・マジック・ドラゴン」に由来している。

NASAも負けてはいないようで、「C3PO」という略称の部署がある。これは民間の貨物有人輸送計画の管理部門でコマーシャル・クルー・アンド・カーゴ・プログラム・オフィスのこと。スペースXの業務もここと関わりを持っている。そして、ご存じのようにC－3POは「スター・ウォーズ」に登場するドロイドの名前でもある。

## ゲートウェイを目指して

ファルコン・ヘビーは火星ロケットとして位置づけられて開発されていたが、後述するスターシップにその役は渡して、月周回軌道有人拠点「ゲートウェイ」に物資を輸送するためのロケットとして打上げが計画されている。

ゲートウェイとは、月を周回する宇宙ステーションで、国際宇宙ステーション（ＩＳＳ）のおよそ6分の1程度の大きさで、米政府が主導する有人月面着陸計画「アルテミス」の拠点として使うものだ。

ファルコン・ヘビーが運ぶのは、ゲートウェイの主要な２つのモジュール「ＰＰＥ」と「ＨＡＬＯ」である。ＰＰＥは電力や推進、通信などの基本機能モジュールで、ＨＡＬＯは居住スペースや物資の保管場所になる。

当初はＰＰＥとＨＡＬＯは別々に打ち上げる予定だったが、打上げコストを削減するために、２つをまず地上で合体させてからファルコン・ヘビーで一度に打ち上げることにしたのだった。約64トンの積載能力を持つファルコン・ヘビーだからこそできることだ。ファルコン・ヘビーの月への打上げは２０２４年以降を予定している。

また、ゲートウェイは火星有人探査時の中継基地の役割も担う。

スターシップの開発状況次第では、ファルコン・ヘビーに代わって、より大型で高性能なスターシップがその役目を果たす可能性も否定できない。

# 成功は状態ではなく、通過点と捉える

## 火星ロケットを開発せよ

スペースXは当初、火星ロケットとしてファルコン・ヘビーを考えていた。ファルコン・ヘビーはファルコン1に始まるファルコンロケットの進化形だ。

しかし現在は、新たなラプターエンジンを37基搭載した全長約70mの「スーパーヘビー」ロケットと、巨大宇宙船「スターシップ」で火星を目指すと方針転換して、開発を進めている。

スターシップは全長約50mで約100人が搭乗できる構造で、ラプターエンジンを6基搭載し、地面に対し垂直に離着陸できる設計になっている。

スーパーヘビーとスターシップを合わせた全長は約120mと巨大で、40階建てビルに相当する高さだ（図表3）。ペイロードは低軌道なら100トンが搭載可能で、軌道上で推

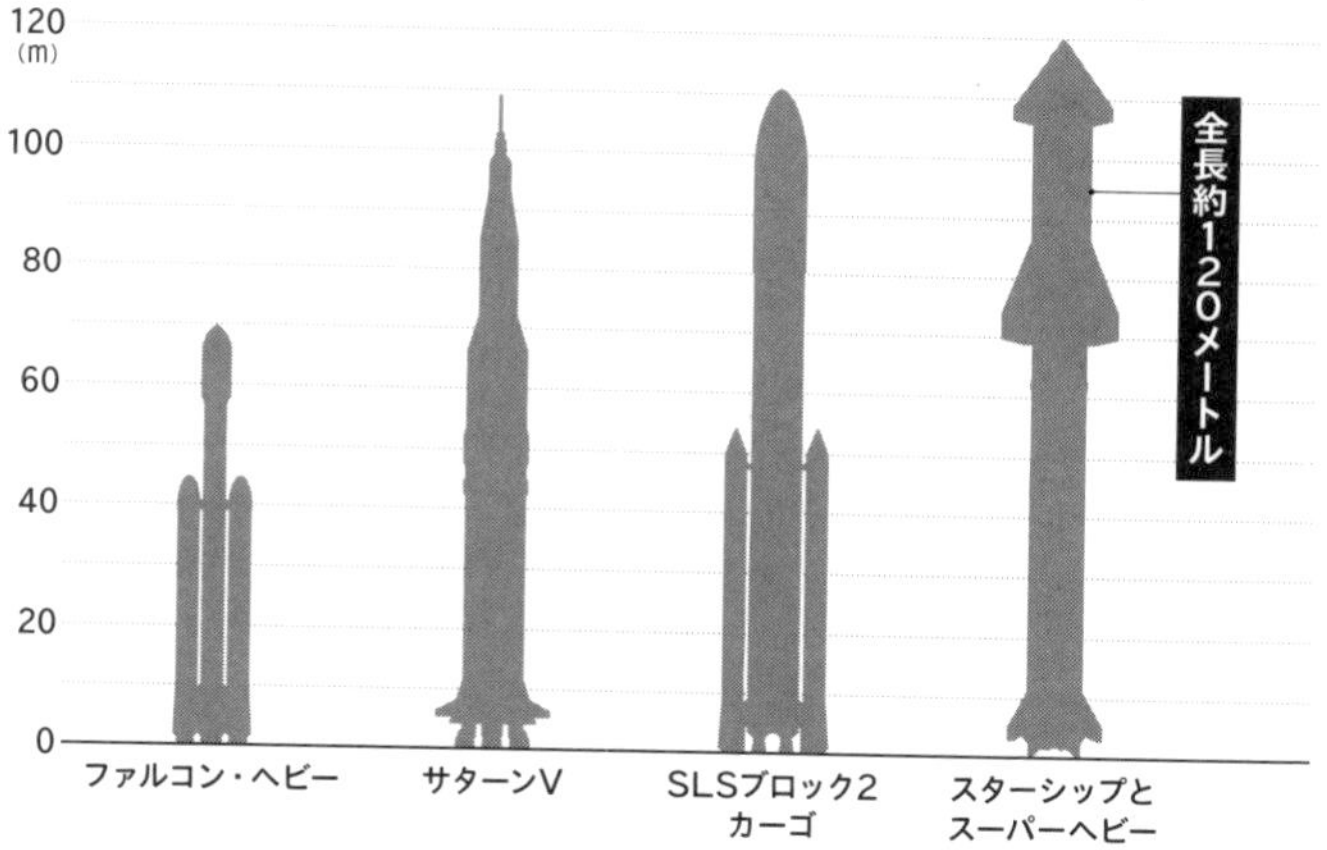


図表３　ロケットの大きさ比較

進剤の補給を受ければ、月にも火星にも100トンを運べる、まさにスーパーヘビー級の力持ちだ。もちろん、ロケットも宇宙船も再利用可能になっている。

ラプターエンジンの燃料には、これまでのケロシンから代えて、メタンを採用した。理由のひとつは、火星でメタンが手に入るとの考えからだ。

火星の大気には二酸化炭素があり、水が存在する可能性もある。そこで、水を電気分解して酸素と水素を作り、水素と二酸化炭素を反応させれば、ラプターエンジンの燃料となるメタンができる。そして、電気分解でできた酸素は推進剤にする。

しかし、問題もある。メタンを燃料にしたエンジンは米国などでも挑戦してきたものの、いまだ実用化には至っていない。メタンは燃焼性が悪く、そのため性能を出しにくかった。

## フルフロー2段燃焼サイクルを武器に

そこで、スペースXは、ラプターエンジンに「フルフロー2段燃焼サイクル」という技術を用いることに決めた。ファルコン9で使っていたガス・ジェネレータ・サイクルよりも、これなら、燃料と酸化剤を格段に効率的に使える燃焼システムとなる。

しかし、フルフロー2段燃焼サイクルはエンジン構造が複雑になる上に、重量も増える。製造コストも高くなるというデメリットが考えられる。

だが、常識を破るのがスペースXの流儀だ。ラプターエンジンを搭載したスターシップの実験機「スターホッパー」からスペースXの戦いは始まった。そして名称は「Mk」へ変更され、さらに「SN」へと変わった。2021年5月時点ではSN15になった。

2020年12月、フルフロー2段燃焼サイクルを用いたラプターエンジン搭載のスターシップ実験機SN8は高度約12㎞までの打上げに成功した。

ただし、降下時の減速が不十分で着陸には失敗し、爆発。ライブ配信された動画に驚いた人は多くいたが、イーロンは「必要なデータはすべて取れた。おめでとう、スペースX

チーム、やったぜ！」と自信満々のツイートを世界に発信した。世界一の楽観主義者のメッセージは、失敗でうなだれるスペースＸの技術者たちを勇気づけたに違いなかった。

２０２１年３月にＳＮ10は高度10㎞まで上昇し、その後の降下も予定通りに進み、着陸についに成功した。と思ったが、その数分後に爆発した。

しかし、２０２１年５月にＳＮ15が高度10㎞まで上昇しそこでホバーリングを行い、その後、地球に戻って着陸にも成功した。５回目のトライでの成功だった。

## ＮＡＳＡが選んだ唯一の会社

イーロン・マスクは完璧主義者だ。そのためもあってか、睡眠障害を抱えていて、導眠剤「アンビエン」を使用している。ただ、薬が効かないと疲労が抜けず、翌日は集中力が低下することもある。とは言っても、並みのレベルははるかに上回っている。

イーロンはマイクロマネジメントが好きだ。それにより社員たちは、ＣＥＯが最も重い荷物を背負い、誰よりも情熱を持って懸命に働いている姿を目の当たりにする。おのずとモチベーションは上がり、社員たちは全力疾走に拍車をかけるようになる。

ところが場合によってはやりすぎて、部下のやる気を損なってしまうこともある。目標達成のためなら、過去に立派な成果をあげた部下でも平気で切り捨てることもある。だから、革新的なことを次々とやり遂げることが可能なのだ。

2021年4月、NASAはアルテミス計画における月面と月周回軌道を往復する宇宙船にスペースXのスターシップを選んだ。29億ドル（約3160億円）の契約内容で、しかもスペースXだけが選ばれた。アルテミス計画は、月面への有人着陸計画のことで、2024年までに実施予定だ。

イーロンは「アルテミス計画チームの一員になれたことを我々は誇りに思う」とツイートした。

ところで、NASAは民間ロケット企業と契約する場合、必ず2社以上と行ってきた。1社だけだと失敗した時のバックアップがなくなるからだ。たとえば、民間宇宙船で国際宇宙ステーションに宇宙飛行士を送る商業乗員輸送計画では、スペースXとボーイングが選ばれた。

それ故に、今回スペースX1社単独というのは、NASAとしては異例中の異例のことだった。

しかも、今回の月面着陸船選定プロセスで、スペースXはライバル企業より出遅れていると思われていたのでなおさらだった。

２０２０年5月にＮＡＳＡは月着陸船の開発目的で３つのグループと契約を結んでいた。軍需企業のダイネティックスがシエラネバダ・コーポレーションと組んで2億５３００万ドルで、ブルーオリジンはノースロップ・グラマン、ロッキードマーチン、ドレイパー研究所との4社連合で5億７９００万ドルの契約内容だった。

スペースXは単独で契約を結んだが、その金額は1億３５００万ドルと、3グループの中で一番少なかった。月着陸船の提案内容の評価がスペースXは一番低かったことを表わしていた。

ＮＡＳＡが問題視したのはスペースXの宇宙船スターシップの推進装置が過度に複雑な上に、構成するサブシステムもやはり複雑。しかも、技術的に実績がなく、日程的にも厳しいと散々な評価だった。

スペースXはその間もスターシップの実験機で、打上げ・着陸実験を繰り返していた。高度10㎞までの打上げに成功する前進もあったが一方で、着陸失敗での爆発や炎上はもっと多かった。

では、スペースXが他の2グループを逆転した要素は何だったのか？

## 開発費の半分をイーロン個人が支払う

米議会で承認されたNASAの予算額がスペースXを選んだ決定打だったとする意見が大勢だ。

スペースXの29億ドルという入札価格は他のグループより大幅に低かった。

それに加え、スペースXは、開発費の半額以上を自社で負担すると明言することで、NASAの鼻っ面にニンジンをぶら下げた。

米議会に予算の縛りを付けられたNASAは、スペースX1社に賭けることになった。開発費の半分を出す決断はサラリーマン社長には到底無理で、これも世界長寿番付で首位争いをするイーロンならではの財力が後ろ盾になっていた。

しかし、「ブルーオリジンのジェフ・ベゾスは長者番付なら世界一の金持ちだったはずだろ」。そういう声も聞こえてきそうだが、ベゾスはそこまでアクセルを踏み込む気はないようだ。

なにより、ブルーオリジンはロッキードマーチンやノースロップ・グラマンといった大手宇宙企業とのタッグで戦いに臨んだことも影響していた。ブルーオリジンの月着陸船は3つのモジュールから構成され、それぞれを各企業が設計・製造する。ドレイパー研究所は3つのモジュールの制御やナビ設計を担当する。この混成チームでは、開発費の半分をベゾスとブルーオリジンが捻出するとはなりづらい。

スペースXは設計・製造を自社で行うので、開発費半分をという話も実現しやすい。ただし、実現しやすさと、金額のデカさはまた別の問題となる。

スペースXの宇宙船スターシップは今後も失敗をしでかすだろう。しかも、スターシップを打ち上げる巨大ロケット「スーパーヘビー」はまだ試作機を飛ばしてもいない。月面有人着陸の前にやらなければならないことは山積みだ。

しかし、イーロン・マスクにとって月は火星へのマイルストーンに過ぎないことを我々は忘れてはいけない。

スペースXが目指すは、火星への有人着陸だ。イーロンは、火星への無人飛行を2024年に、有人飛行はその2年後の2026年に実施すると公言している。

23階建てのビルに相当する高さの巨大ロケットスーパーヘビーの打上げ実験がいつ行われるかは明確ではないが、ひとつだけ明確なのは、スーパーヘビーの打上げに失敗してもイーロンが諦めることはないことだ。

# その常識を疑ってみる

## インターネット衛星「スターリンク」の輝き

世界中のどこでも高速インターネットが使える次世代サービス「スターリンク」をスペースXは展開しつつある。

衛星を使うことで、ネット回線を引けない地域、山岳地帯などでもインターネットサービスが利用できる。

スペースXは総計約1万2000基のスターリンク衛星をファルコン9で低軌道に打ち上げる壮大な計画で、まず2019年5月に60基の衛星を打ち上げた。

2020年10月には米国北部でスターリンクのβ版サービスを開始。通信速度は50Mbpsで、接続機器の初期費用が499ドル、月額料金は99ドルだ。イーロンは「すべての国で同じ価格にする。違いは、税金と送料だけだ」と言っている。

2021年4月7日時点で衛星の数は1378基になった。約1万2000基の衛星からなるスターリンクができれば世界の情報格差を解消できると期待の声が上がっている。

## 都会ではスターリンクは不要？

「都会ではスターリンクのメリットは感じないよ」

この意見は正しい。通信速度が50Ｍｂｐｓで月額料金が99ドルでは、通常のインターネットプロバイダーの方がコストパフォーマンスは良い。

しかし、人口密度が低いため通信インフラを構築しようにも採算が合わずインターネット基地局がない山間部や農村、へき地などではスターリンクの独壇場となるに違いない。

さらに、地震や台風などの大規模災害時には携帯基地局が機能不全になり、ネットもスマホも使えなくなることが度々起きてきた。しかし、そんな時でも衛星を使ったスターリンクだと問題なく使え、救助や生活支援にも大変役に立つ。

実は地球全体で見ると、モバイル通信がカバーしているエリアは陸地の約30％程度でしかないという。都会で暮らしていると実感しづらいが、潜在的な需要は莫大にある。

それを裏付けるように、スターリンク事業の価値は「８１０億ドル（約８兆５０００億円）」とモルガンスタンレーは高い評価を付けた。ただし、加入者数が３億６４００万人という条件付きというのは気になるところだ。

２０２１年2月時点でスターリンク利用者数は1万人を突破し、今後イーロンがどうやって加入者数を増やすかに注目が集まっている。

## 民主主義を守る先兵になる

中国やロシアなど独裁国家はインターネットを自らの都合で遮断し、国民に情報を与えないようにしている。

しかし、スペースXのスターリンクを使えば、独裁国家のそういったネット遮断措置の影響を受けずにインターネットを利用できる。自宅に受信アンテナを立てれば誰もが自由にネットから情報を得られ、これは民主化活動に大きな手助けとなり得る。

ただ、その時は独裁国家の政府がスペースXとイーロンに圧力をかけてくるだろう。

たとえば、中国はテスラにとって売上の約3分の1を占める重要な市場だ。その中国で、スターリンクは邪魔だと政府が判断すれば、「スターリンクサービスを中国国民に対して停止しなければ、テスラ車の販売を禁止するぞ」という脅しをイーロンにかけることも考えられる。その時、彼はどう決断するのか。金儲けか、それとも人々の情報へのアクセスの自由か、ハムレット状態となる。

中国政府がイーロンへの脅しをあからさまにやると、国際社会からの批判を受けるともし気にしたなら、家の外にスターリンクの受信アンテナを設置している世帯を見つけては、一軒ずつ潰していく匍匐《ほふく》戦術さえ中国政府はやりかねない。

ロシアではそれが現実になりそうだ。スターリンクを利用した個人および法人に罰金を科す法案がロシアの国家院に提出された。

そんな独裁国家の思惑は横において、スペースXのスターリンク以外にも衛星インターネット事業には、アマゾンや、英国のワンウェブ、カナダのテレサットなども参入し、主導権争いが激しくなっている。早い者勝ちになるか、後出しジャンケンが勝利を手にするか。既存の通信事業者もうかうかしてはいられない。

そして、スターリンクを一番気にしているのは習近平とプーチン、そして金正恩かもしれない。

# 第3章

# 世界一の自動車メーカーになった「テスラ」

# 偉大なイノベーションが、企業を偉大にする

## 45万人が予約した「モデル3」

テスラが2008年に出したスポーツカータイプの高級EV「ロードスター」は世間の注目度は高かったが、その価格も10万ドル（約1000万円）以上と高かった。

2012年に登場した4ドアセダンの「モデルS」はロードスターより安かったが、それでも7万ドル（約700万円）以上はした。ガソリンを使わず電気だけで走るテスラEVに人気が集まっていくものの、欲しくても手が出せない人たちも多くいた。

2017年に出荷を開始した「モデル3」は、そんな中流ユーザー層が待ち望んだEVだった。約45万件の予約注文数がそれを物語っていた。

モデル3は、米国の雑誌『ポピュラーメカニクス』による「2018年カー・オブ・ザ・イヤー」をはじめ、『オートモビルマガジン』の「2018年デザイン・オブ・ザ・

イヤー」に、そして、自動車ジャーナリスト29人による「2020年英国カー・オブ・ザ・イヤー」に選ばれるなど、各国の専門家たちからも高い評価を得た。

言うまでもなく、モデル3はテスラにとっても年間10万台以上を生産する初のEVであり、世界にEVを普及させる起爆剤の役割を持って生まれ落ちていた。

そして期待通り、2020年、モデル3とその派生版SUVのモデルYと合わせて、年間約44万台の販売を記録し、テスラは創業以来初の通年黒字をついに成し遂げた。

2020年、EVに加えHV（ハイブリッド車）、PHV（プラグイン・ハイブリッド車）、FCV（燃料電池車）を含んだ「電動車」で世界で一番売れたのはモデル3であり、2年連続の首位となった。

## 生産地獄の試練

しかし、テスラ「モデル3」が世界的な大ヒットとなった裏で、生産現場は悲惨な戦いを繰り広げていた。

そもそも、モデル3の量産開始時にイーロン・マスクは、「我々はこれから〝生産地獄〞に追い込まれる」と社員たちに警告を発していた。それは自分自身への覚悟を求める言葉でもあった。

事前予約した40万人以上にモデル3を届けようとイーロンもテスラの現場スタッフも気合十分で挑んだ。ところが、ふたを開けてみれば、出荷は遅れ、新たな納期を次々と発表する事態に陥った。

原因はイーロンがこだわった高度に自動化された生産ラインにあった。製造スピードを上げ、コストを下げると期待したはずの自動化ラインだが、トラブルが続出した。

まず、ネバダ州にある巨大リチウムイオン電池工場「ギガネバダ」では自動化ロボットが役に立たず、電池セル（単電池）のモジュール工程が遅れに遅れた。ロボット設計が複雑すぎたのだ。試行錯誤の末に、手作業での組立に切り替えることで、生産数量の挽回を図るしかなかった。

さらに、カリフォルニア州のフリーモント工場でも完全自動化ラインを導入し、従来の10倍以上の生産力を実現しようと数百台のロボットも配備した。

ところが、組立ロボットが部品をつかみ損ねたりと、計画通りには稼働してくれなかった。

イーロンは連日、工場に泊まりこんでは従業員たちを怒鳴り上げ、問題解決に奔走した。

## 現場はブラック企業顔負けだった？

モデル３の生産ラインがトラブった余波は現場社員たちにも及び、長時間労働や休日出勤、挙句の果てに労働災害まで引き起こしていた。

もともと、テスラは労災発生率が高いとメディアに批判されていた過去がある。２０１６年までは自動車業界の平均よりも労災発生率は31％も高かった。

そこで２０１７年、米大手アルミ生産企業「アルコア」で安全責任者を務めた人物をリクルートしたおかげで、労災発生件数はなんとか業界並みに減っていた。

しかし、モデル３の緊急事態に際しては、遅れている出荷を挽回するため、モデルＳやモデルＸの製造社員までかり出した。

昼夜のシフト体制も、場当たり的に変更せざるを得なくなり、「週末勤務の事前告知は１週間前に行う」という規約も無実化していた。それどころか、シフトの終了時間が来てもその日の生産数量が未達の場合は、そのまま働き続けるよう命じられることまであった。

カリフォルニア州労働安全衛生局はフリーモント工場に立ち入り調査を実施し、３項目について違反があったと、罰金を命じる事態になる。

ベンチャー企業の勢いで突っ走ってきたテスラはいつでも出荷最優先で、労働安全は後回しになっていた。

テスラは地球には優しいEVを作る会社だが、社員には優しいとは言えなくなっていた。なにより、イーロンは社員にも厳しく対応していることで有名だ。

## 「気が狂うほどキビしい」

モデル3の生産遅れに苦しんでいた2018年6月、テスラの株主総会では、取締役の続投を問う投票が行われようとしていた。

ベンチャーキャピタリストと、21世紀フォックスの当時のCEO、そしてイーロンの弟のキンバル・マスクの3人が被告席に座らされた。モノ言う投資家からは、「もっと自動車業界や製造業に精通した人物を入れるべきだ」という主張がなされていた。

また、別の投資家からは、「イーロンを取締役会長から辞めさせろ」という厳しい提案も出されていた。

それでも、イーロンも3人の取締役たちも圧倒的な株主からの支持を得ることができ、その座を守り抜いた。

会場で登壇したイーロンは「我々は、愛をこめてクルマを作っている」と過去数か月間のモデル3の苦労を思い出し、声を震わせていた。さらに、自動車産業は新参者にとっていかに残虐なものであるかを訴えた。「生き延びるのは、気が狂うほどキビしいものだ」。強気一辺倒のイーロンにしては珍しく、弱気な本音を吐露した瞬間だった。

モデル3の量産立ち上げで地獄を見ていた2017年半ばから2019年半ばまでの間、テスラは資金繰りに窮して、あと10週間でテスラ倒産の惨事に見舞われるところまで追いつめられていたことが後年、明らかにされる。

## 自動車ビジネスは、地獄の苦しみ

イーロン自身が「生産地獄」と予言した以上の悲惨な地獄に、テスラはのたうち回っていた。

モデル3の生産現場でヘトヘトになったイーロンはある夜遅く、ネットに、「じゃ、工場に戻って寝るよ」と書き込み、「自動車ビジネスは、地獄の苦しみだ」と泣き言を発信した。

懸命の努力にもかかわらず増えない生産数量に業を煮やしたイーロンは、とうとう周りをアッと驚かす奇策に打って出た。

フリーモント工場の屋外に巨大な仮設テントを建てて、モデル3の生産対応を始めたのだ。テントは高さ約16m、幅約46m、長さ数百mで、フットボール場2個分の広さに相当する規模だった。しかし、その中には、最新のロボットも高度な搬送設備もなく、あったのは手作業中心の製造ラインだった。

2週間で生産ラインを完成させて稼働にこぎつけた。悪戦苦闘の末に、やっと週5000台の生産ペースに達したのだ。ハイテクがダメな時は、ローテクに立ち返れだった。

結局、モデル3の生産地獄を解決するのは、魔法でも奇跡でもない。製造現場の社員が一丸となり、地道な努力を猛スピードで積み重ねる。これしかなかった。そして、屋外テントは意外に力を発揮していった。

テスラがモデル3の出荷を挽回し、営業利益を黒字に転じたのは、2019年の第3四半期からだった。そしてテスラ株は上昇気流に乗っていく。

## モデル3が示す未来のEV

イーロンたちが生産地獄から造り出した「モデル3」は、自動運転や無線通信によるソフトウェアアップデート機能（OTA／オーバー・ジ・エアー）といったテスラの電脳骨格の上に、未来のＥＶを創り上げたクルマだった。

全長は４６９４㎜、全幅１８４９㎜、高さ１４４３㎜で、日産リーフに近いサイズだが、モデル３の方が全長で約21㎝長く、全高が12㎝低い分だけスマートに映る。

運転席に座ると、内装デザインがとてもシンプルなことに驚かされる。フロアにシフトレバーがない。サイドブレーキもない、ステアリングの前に配置されている速度メーターもない。メーター類、スイッチ類がないない尽くしだ。あるのはセンターコンソールの横型15インチの大型タッチスクリーンだけ。ミニマルに徹したデザインである。

15インチタッチスクリーンで速度表示、ドライビングモード、バッテリー状態の確認などから、エアコンの操作、ヘッドランプの点灯・消灯、さらに各種ゲームを楽しむことまでできる。やりすぎとも思えるほどすべてをタッチスクリーンで集中管理し、未来のＥＶのスタイルを演出している。

モデル３は車体の天井部も実にユニークだ。広いガラス張りでバッグンの解放感はカリフォルニアの青い空とフィットする。「ガラスなんかじゃ、壊れるのでは？」と不安視するかもしれないが、車両重量の４倍の重さに耐える強度設計になっていた。

モデル３のシンプルな内装デザインは、言い換えると「何もない」ということになる。

これが好きか嫌いかはユーザーによって意見が分かれるところだが、「はっきりと勝負しているEV」に間違いない。そして、他の自動車メーカーはモデル3のシンプルさをもう真似しようとしていた。

## 完全自動運転を見据えた設計

これまでクルマの運転席まわりには、メーターやスイッチがいくつも配置されていた。速度メーター、回転数を表示するタコメーター、燃料計にカーオーディオのスイッチ、ヒーターの設定レバーなど、そのごちゃごちゃしたメカ感満載が大好きだというカーマニアは少なくなかった。

しかし、未来のクルマのヒューマン・インターフェースはシンプルで中央管理され、指一本で操作を行うように進化してくる。それがテスラの考えでありイーロンの主張なのだろう。

テスラが見据えているのはレベル5の完全自動運転だ（自動運転のレベルについては、160ページを参照）。現在のモデル3はそのマイルストーンだと捉えればわかりやすい。モデル3の走行性能は、スタンダード仕様のシングルモーターでスタートから時速10

０㎞に達するまでの時間が５・６秒。デュアルモーターなら３・４秒とさらなる快速ぶりを示し、ポルシェ９９２カレラＳより速い。１回の充電による航続距離は４００㎞を超え、テスラらしさも継承している。

## 下請け企業が半減する日

モデル３内部の部品を見ると、従来のクルマとの設計思想の違いがよくわかる。特徴的なのはＥＣＵの数だ。

ＥＣＵとは電子制御ユニットのことで、作動させる機能ごとに搭載され、管理を担う。エンジン用、パワーステアリング用、ドア用といった感じで車内の各部に配置され、分散管理を行い、クルマのスムーズな走行を実現している。

従来のガソリン自動車だと60個以上、多ければ１００個のＥＣＵが組み込まれている。それらＥＣＵには各々電源が必要で、そのための配線だけでなく、通信連携における情報処理でのロスも生まれてしまう。しかも、ＥＣＵは各部品メーカーが独自に設計、製造しており、中身はブラックボックス化している。

ＥＣＵの数を減らすことは、とりもなおさず、部品メーカーの仕事を取り上げることに他ならない。数多くの部品メーカーと関係が深いトヨタなど大手自動車メーカーにとってＥＣＵの削減は、パンドラの箱となる。

ガソリン車で60個以上必要なＥＣＵは、ＥＶになるとぐっと減らすことができる。例えば、日産リーフでは約30個、そして、テスラの高級セダン「モデルＳ」は15個程度となる。さらに、テスラのモデル３はＥＣＵがたった5個しかなく、進化した集中管理型になっている。

しかも、自動運転機能は１つのＥＣＵにまとめられ、そこに搭載した半導体はテスラが設計し、演算能力は１４４ＴＯＰＳ（毎秒１４４兆回）と高性能を実現していた。

モデル３の少ないＥＣＵはＯＴＡでも有用だ。分散型のＥＣＵだと個々にバージョンアップの必要が生じ、手間がかかるが、集中管理のモデル３ならバージョンアップがやりやすい。

ＥＣＵは少ない方がコストを下げられるし、ＥＣＵ間の配線も減らせ、省スペース化もやりやすくなる。ＥＣＵの削減が、モデル３の３万５０００ドルと求めやすい価格帯の実現に貢献していることは確かだった。

自動運転の場合には、さらにＥＣＵの数は重要となってくる。自動運転では、各センサーで得た大量の情報を自動運転の頭脳が判断し、瞬時にクルマの各機能が正確に反応しないと事故につながる。そのためにもより少ないECUでの中央管理は、今後自動運転が本格化するにつれてひとつの重要なトレンドになってくる。そして、テスラのECUは他社を5年リードしていると指摘する専門家もいた。

さて、モデル3は売れに売れ大ヒット商品となった。2020年の米国で登録されたEVのランキングは、モデル3が首位だった。さらに、同年の米国EV登録台数のトップ5には、テスラのモデル3をはじめ、モデルY、モデルS、モデルXの4車種がランクインし、テスラ車合計のシェアは79％に上った。

ちなみに、テスラ車4車種の末尾の英文字を並べれば「SEXY」となる（モデル3の「3」は左右反転して「E」と読ませるのはご愛敬だ）。イーロンは最初からこれを意図してネーミングをしていた。厳しい企業間戦争を繰り広げていても、そのどこかに遊び心を潜ませるのは彼流だ。

# 大きな変化を世界に起こす

## 持続可能なエネルギー企業

一戸建て住宅の屋根に「ソーラールーフ」を、家の外には「パワーウォール」を設置すれば、電力会社の電力網に頼らないオフグリッド化が実現できる。ＥＶへの充電もできて、万が一の時はＥＶを蓄電池として使用してもいい。

「ソーラールーフ」とは屋根用タイルと一体化したテスラ製の太陽光パネルで、「パワーウォール」はネバダ州にある巨大リチウムイオン電池工場「ギガファクトリー」で製造したリチウムイオン電池を用いたテスラ製の家庭用蓄電池である。

イーロンは大学時代から既に「持続可能なエネルギー」が人類の将来にとって重要だと確信していて、それを実現したことになる。

さて、テスラの家庭用蓄電池パワーウォールの容量は13・５ｋＷｈ（キロワット時）、連続出力は５kW（キロワット）、最高出力は７kWで、最大10台まで拡張が可能だ。

そして、テスラパワーウォールが寒波から人々を救っていた。

それは２０２1年2月にテキサス州を大寒波が襲い、氷点下の中で４００万戸以上の大規模停電が発生した時のことだった。バイデン大統領が大規模災害宣言を出す騒動となったが、そんな中、ある家では、備え付けのパワーウォールに24時間以上の電力があったので、計画停電を乗り切ることができたとツイートしていた。

停電で寒波となると、切羽詰まって車の中で暖を取ろうとして、排気ガスで亡くなる不幸な事故も起きることがある。しかし、テキサスの別の一家はモデル３で災難を逃れた。この家族の自宅にはガスがなく、薪も使い果たした時に、ガレージにあるモデル３を思い出した。夫婦と、生まれたばかりの赤ん坊、それに愛犬も一緒にモデル３の中に避難し、車内エアコンをオンにして暖かく夜を過ごすことができた。ＥＶは排気ガスが出ないから、一酸化炭素中毒の心配も無用だ。「このクルマがなかったら、とても辛い夜になっただろう」と夫はＳＮＳに発信した。

## 日本でも進むパワーパック導入

テスラの家庭用蓄電池「パワーウォール」に対し、企業向け蓄電池には「パワーパック」を提供している。

「パワーパック」は、高さ2187㎜×幅968㎜×長さ1317㎜で、複数連結すれば、容量をGWhレベル（1GWh＝100万kWh）にまで拡大できる。旧来の蓄電施設と比べ、設置日数を大幅に短縮できるメリットも売りだ。

カリフォルニア州の大手電力会社「サザン・カリフォルニア・エジソン社（SCE）」には、約400台のパワーパックから成る容量80MWh／出力20MWの蓄電池システムを納入した。この時の設置期間はわずか80日だった。

また、南オーストラリア州のホーンズデールには、容量129MWh／出力100MWで当時世界最大のリチウムイオン蓄電池設備も完成させた。初期投資の総額約9600億豪ドル（約75億円）は、わずか2年間で回収でき、さらに、設置から3年後の2020年にはパワーパックを増設して出力を150MWにアップさせた。

日本では、通信事業者である「IIJ（インターネットイニシアティブ）」がピーク電力への対応としてパワーパックを導入している。

さらに、関西の大手私鉄「近鉄」は、アジアでは最大級で、アジア太平洋地域においても4番目に大規模なパワーパックの蓄電システムを導入した。ピーク電力への対応はもちろん、台風や地震などの大規模災害による停電時に、最寄り駅まで電車で利用者を安全に避難させるためでもある。この設置に要した期間はたった2日だった。

そして、パワーパックを集約し大容量化した製品が「メガパック」だ。最大容量は３ＭＷｈで、コンテナ並みのサイズになる。

２０２１年４月にはアップルが、このメガパック85台で構成される蓄電量２４０ＭＷｈの米国内最大級蓄電システムを購入したと報じられた。

テスラといえばＥＶばかりに注目が集まるが、蓄電池事業も大きく伸びている。２０１９年に１６５１ＭＷｈだった蓄電容量が、２０２０年は３０２２ＭＷｈと前年比80％以上の成長となった。

持続可能なエネルギー社会実現のためには、「発電」「蓄電」「輸送」の３本の矢が欠かせない。その一翼を担うテスラの蓄電池事業はギガファクトリーの電池生産能力の増強と共に、今後大きな成長が期待されている。

# 十分に重要なことなら、成功の確率が低くてもやってみる

## 太陽エネルギーが創る未来

子供の頃のイーロン・マスクは、何か考えごとに集中すると、周りの同級生や大人から声をかけられても全然気づかない変わった子供だったが、その不思議な気質は大学生になっても変わらなかった。

そして、大学生時代のイーロンは、「将来の人類に最も大きな影響を与えるものは何か？」と哲学的な疑問について深く考え込むことが度々あった。そして、たどり着いた結論は「インターネット、持続可能なエネルギー、宇宙開発」の3つだった。

ペイパル、スペースX、テスラは学生時代に考えたことの具体化だった。

ペンシルベニア大学の時には、「太陽エネルギーの重要性」という小論文を執筆していた。太陽光発電での材料開発や大規模な太陽光発電所の進展により、太陽光発電技術がこ

れから大きく発展することを予想した内容で、最後に「未来の発電所」の図が書かれていた。

イーロンは太陽エネルギーの崇拝者であり続ける。「世界は太陽エネルギーで動いている。水が循環するのも太陽の力によってだし、生態系全体が太陽エネルギーで動いている」と語っていた。

その彼から「太陽光エネルギーを使ったビジネスを考えてみろよ」とアドバイスを受けた従弟のリンドン・ライブが、化石燃料からの脱却を掲げて２００６年に設立したのがソーラーシティ社だった。

イーロンはソーラーシティに出資し、会長になり、太陽光パネル事業を支えていくことになる。

ところがその頃の彼のもうひとつの会社テスラは、ロードスターの開発に手こずり、さらにもうひとつのスペースXは、ファルコン１の打上げに失敗し四苦八苦していた。「何もこんな大変な時に、いったいイーロン・マスクは何を考えてるんだ？」と世間は呆気にとられた。

## スタートは絶好調

ソーラーシティは、顧客が高価な太陽光パネルを買取るのではなく、リースで利用できるようにした斬新なビジネスモデルが市場で高く評価され、一躍注目を浴びた。

さらに全米12万戸の軍用住宅に300MWの太陽光パネルを設置する「ソーラーストロング」という全米最大規模のプロジェクトを2011年に始動し、事業に拍車がかかる。

そして、2012年には創業6年にして株式上場を果たした。2013年にはテスラがモデルS用の高速充電ステーション「スーパーチャージャー・ネットワーク」の全米展開をスタートすると、その一部のソーラーカーポート型の屋根にある太陽光パネルはソーラーシティが設置を請け負った。これによりオフグリッドでのEV充電が可能となった。

勢いに乗ったソーラーシティは太陽光パネルメーカーのシレボ社を2億ドルで買収した。それまでのソーラーシティは、太陽光パネルは外部から調達していたが、この買収でパネル生産から設置まで行う垂直統合型の太陽光発電企業となった。ニューヨーク州バッファローに大規模な太陽光パネル工場「ソーラーファクトリー」を50億ドルの巨費を投じて建設も始めた。

そのソーラーシティが選んだソーラーパネル事業のパートナーは、テスラの電池パートナーでもあるパナソニックだった。パナソニックはソーラーファクトリーの建設費の一部を負担し、太陽光パネルセルの生産を担うこととなった。

２０１５年には米国住宅ソーラー市場の3分の1を超えるシェアをソーラーシティは獲得し、分散型太陽光発電の販売・設置で全米ナンバーワンとまで言われた。

## 社名から「モーターズ」を取った日

さらなる飛躍を目指したソーラーシティだったが、運悪く米国の太陽光パネル市場は中国政府の補助金をバックにした中国メーカーが値下げ攻勢をかけ、価格競争が厳しくなっていった。それに足を引っ張られるようにソーラーシティ株は下落を続けた。

創業者のライブ兄弟だけでなく、会長を務めていたイーロン・マスクも個人資産を投じてソーラーシティ株を買い支えたが、株価下落の勢いは止まらなかった。

そこでイーロンは窮余の一策に出た。それはテスラによるソーラーシティの買収だった。

２０１６年8月に買収劇が発表されると、市場の反応は様々だった。「26億ドルの買収額は高すぎる」「最悪の救済策だ」といった批判も出た。

持続可能エネルギーの実現を目指すイーロンにとって、ＥＶだけ増やせば問題が解決するわけではないことはよくわかっていた。化石燃料で作った電力を使っていてはEVのメリットも半減してしまう。

子供の頃から太陽エネルギーに惹かれ、ペンシルベニア大学の時に「太陽エネルギーの重要性」という論文を出したイーロンは、太陽光での発電と蓄電、電気での輸送の3つが持続可能エネルギーの絶対的な成立要素だと確信していた。太陽光発電事業を簡単に見捨てるわけにはいかなかった。反対するテスラの取締役たちをイーロンの熱意が説き伏せたというのが舞台裏の出来事だった。

ソーラーシティと経営統合した翌年、テスラモーターズは社名から「モーターズ」を取った。そして「テスラは単なる自動車メーカーではない。持続可能なエナジーカンパニーだ」とイーロンは誇らしげに宣言した。

## 苦難続きの太陽光発電事業

それでもテスラの太陽光発電事業は苦戦が続いている。2017年に523MWあった太陽光発電出力は、2019年には173MWまで落ち込んでいた。

屋根材と一体化した住宅用太陽光パネル「ソーラールーフ」の第1世代は見た目はイイ

が、設置に手間がかかり、イーロンが力を入れたにもかかわらずヒット商品にはならなかった。

さらに、ソーラーシティ時代に、世界最大のスーパーマーケット「ウォルマート」の全米２４０店舗に太陽光パネルを設置したが、７件の火災が発生した。一般的な太陽光パネルの火災発生率が約０・０５％であるのに対し、ウォルマートの太陽光パネル火災発生率は２・９％と大幅に高く、訴訟問題に発展し、市場の信頼が低下する事態となった。

「太陽光発電事業はテスラの足を引っ張っているだけだ」と批判が出たのも不思議でなかった。それでも、ソーラールーフの接合部分など問題点を改良し、価格も下げた第３世代になると、少し様相が変わってきた。

「まるでステロイドを与えたケルプのように成長するだろう」とイーロンは独特のたとえで期待を表していたが、なるほど、２０２０年は前年比約16％アップの２０５MWの太陽光発電出力にまで盛り返してきた。ちなみに、彼が言った「ケルプ」とはカリフォルニア沖に生息する巨大な海草のことだ。

ステロイドを与えると本当にケルプは大きくなるのかはわからないが、テスラの太陽光発電出力は２０２１年の第１四半期になると、前年同期の35MWから92MWへと２倍以上の伸びに転じた。

だからといって安心するのはまだ早い。

米国での太陽光パネル市場の価格競争は一層激化している。

その上、ニューヨークの巨大太陽光パネル工場「ソーラーファクトリー」でのパートナーだったパナソニックは2020年9月で撤退した。

もともとはパナソニックが製造する太陽光パネルセルをソーラールーフに使う計画だったが、テスラが求める性能を実現できず、中国製を使ってソーラールーフを組み立てる状況が続いていた。

では、パナソニックが製造したセルはというと、テスラではなく日本の取引先に納入していた。せっかくのパートナーシップもこれでは中途半端なままで、1足す1が2にもならない。「コア技術は内製する」それがテスラでもスペースXでもイーロンが進めてきたことだが、太陽光パネルでは実現できていなかった。その意味でも、太陽光発電事業はイーロンの頭痛の種となっている。

それでも救いとなりそうな調査も紹介しておこう。テスラ車のオーナーは、太陽光発電のソーラールーフや蓄電池のパワーウォールに関心を持っている割合が高いということだ。モデル3やモデルSなどテスラEVを合算すれば世界で累計140万台を超えるので、これをソーラールーフ浮上への起爆剤として期待してもおかしくはない。

しかも、モデル３は２０２１年以降も販売をさらに伸ばすだろう。加えて、ソーラールーフの販売も欧州と中国に本格展開を図りつつある。

## バイデン政権は味方になるか

太陽光発電事業には、首都ワシントンから追い風も吹いている。

バイデン政権のブリンケン国務長官は２０２１年４月、「再生可能エネルギーの分野で、アメリカは中国に後れをとっている」とわかっていても言いにくかった現実を重要閣僚として明確に認めた。「中国は太陽光パネルや風力タービンなどの最大の生産国であり、関連する特許を約３分の１も保有している」「もし中国に追いつけなければ、米国民の数え切れない雇用が失われることになる」と危機感を表していた。

気候変動対策を外交、安全保障の中核に据えるバイデン政権では、再生可能エネルギーへの大規模支援が進められると期待されている。その中心にあるのが太陽光発電事業だ。これをテスラがどう活用できるか。ＥＶとは格闘ルールが異なる太陽光発電市場でテスラは果たして本流となるか。イーロンの経営手腕が問われる。

# 革新的なイノベーションは、外からやってくる

## ソフトウェアアップデートの威力

乗用車を買う時、お客さんは何を見て買うのか？

車体のデザイン、価格、仕様などいろいろある。だが、あくまでも「購入時の情報」を元に判断することは間違いない。

その一方で自動車開発は日々進化し、性能は向上する。言い換えれば、クルマは買った瞬間から製品性能が陳腐化し、価値は下がっていく宿命にある。

しかし、テスラのＥＶは買った後でも性能がアップしていく。無線通信でソフトウェアアップデートを行うことでテスラ車は機能・性能が向上するので、クルマの常識だった〝年式〟が役目を果たさなくなっていた。

たとえば、テスラの高級４ドアセダン「モデルＳ」には自動緊急ブレーキが装備されて

いて、その対応速度は時速45㎞以下に制限されていた。

ところが、その後のソフトウェアアップデートで、高速走行への対応として上限時速154㎞まで利用可能となった。

裏の仕掛けはこうだ。モデルSの出荷時にはハードウェア的には上限持続154㎞まで対応可能だったのだが、ソフトウェア開発が間に合わなかった。そこで時速45㎞以下に制約してモデルSを出荷していたというわけだ。

部品のハードとソフトが揃ってからクルマを出荷するのがこれまでの自動車業界の常識だった。

だが、テスラはソフトが間に合わないなら、ハードだけ最新で出荷しておいて、後でソフトのアップデートをオンラインでやればいいと考えた。

これは従来の自動車メーカーでは絶対にできない発想だが、PCやスマホの世界では常識だ。プログラマー出身のイーロンだからこその発想であり、テスラ車が「走るコンピュータ」といわれるゆえんでもある。

## 修理工場なしで修理する方法

テスラがソフトアップデートという自動車業界を揺さぶる〝秘密兵器〟を登場させたのは、2012年に高級セダン「モデルS」を発売した時からだ。

注目が集まったのは、2013年10月にワシントン州の高速道路を走行中のモデルSが起こした火災事故だった。路面に落下していた大きな金属製の物体をよけきれず、その上をモデルSが通過した時に、車体の下にその物体を引っかけ発火したことが原因だとのちに判明した。

車体下部に約7000個のリチウムイオン電池を敷き詰めたモデルSの構造では、車体下部が問題を引き起こすのではないかと前々から指摘する専門家もいた。

当然テスラのエンジニアたちもわかっていて、バッテリーパックの底にプロテクターを装着して保護していた。それにもかかわらずこの事故は起きてしまった。

運転手は無事だったし、米国運輸省道路交通安全局(NHTSA)もリコールを要求することはなかった。

同様の問題が再発しないようテスラは、高速走行中に車高を自動的に上げるようにした。とは言っても、修理工場に持ち込んで分解して、補修するといった作業をしたわけではなかった。ソフトウェアをアップデートしただけだ。

モデルSに搭載した車載コンピュータが走行中の速度を判断し、エアサスペンションの高さを自動的に高くする指示を出すよう、ソフトウェアを書き換えたのだった。

以前には、充電アダプタが過剰発熱し、部品が溶けてしまう問題が起きたが、ソフトウェアのアップデートでやはり処置したこともあった。

テスラにはGMなどの自動車メーカーからの転職組が多くいるが、それ以上にアップルからの転職組がたくさんいる。

スティーブ・ジョブズがいた時のアップルは、世界を変える製品を出そうとイノベーティブだったが、物流出身のティム・クックがCEOになってからは、革新的な技術開発が遠ざかってしまった。そんな不満を持つ腕利きエンジニアたちがイーロンのもとに集まってきていた。

この状況に業を煮やしたアップルのCEOティム・クックは、テスラの人材を引き抜いてやれとばかりに、25万ドル（約3000万円）のボーナスや、60％の給料アップを提示したものの、はかばかしい結果は得られなかった。

## 自動車業界のルールを変える

テスラのソフトウェアアップデートにはいろんな種類があり、販売促進に利用することもできる。

たとえば、「モデルS60」はスペックにはバッテリー60kWhと記載され、価格が表示されている。

しかし、その後の有償でのソフトウェアアップデートをすると、75kWhの走行性能が手に入るようになっていた。

だからといって、モデルSを修理工場にわざわざ運んで、バッテリー積み替え作業をするのではない。

ではどうなっているのか。モデルS60には最初から75kWhのバッテリーが積んであった。しかし、価格は60kWhのバッテリー仕様の安い価格で販売したのだ。より多くの台数をさばけるようにした巧妙な販売戦術だった。

購入後、ユーザーがモデルS60に乗っていて、「もっと長い航続距離や、高い加速性能が欲しいな」と感じ、予算に余裕ができたなら、オンラインアップデートでバッテリー容量を追加購入して、75kWh対応のモデルSの走りを満喫できる。この有償アップデートは、プログラムがバッテリー制限を変更して、75ｋＷｈ対応になる仕掛けになっていた。

これなら、モデルＳの売上と、その後のアップデートの収益の両方を獲得できる。

今、なにかと話題の自動運転でもテスラは同様の方法を用いている。２０１９年春以降に出荷したすべてのテスラ車なら完全自動運転（ＦＳＤ／フル・セルフ・ドライビング）に必要なハードウェア３・０が搭載されているので、ＦＳＤのオプション料金を支払うとＯＴＡで更新され、最新の自動運転機能を使用できるようになる。

購入時の車体性能に対してお金を払う古臭い方式を卒業し、購入後も走行性能をアップさせたり、自動運転性能を有償でアップさせたりできるようにしたのはテスラが初めてだった。

テスラが切り開いたソフトウェアアップデート方式を、他の大手自動車メーカーもやっとやりだそうとしている。トヨタと日産は２０２１年発売の新型車からＯＴＡを搭載しており、ＧＭは２０２３年までに全世界の新車をＯＴＡ対応にする計画だ。今や自動車業界はテスラの動向から目が離せなくなっているようだ。

## テスラだけでなかったEV旋風

テスラは2020年の1年間で株式の時価総額を約8倍にした。だが、それは何もテスラだけに特有の変化ではなかった。中国でも欧州でも、そして米国でも、テスラほどではないものの、特定の企業の株価が上昇していた。

たとえば、中国の新興EVメーカー「NIO（上海蔚来汽車）」は2020年の1年間で時価総額は約11倍になり、リチウムイオン電池生産とEV生産を手掛ける「BYD（比亜迪）」は4倍に上昇していた。

米国に目を向けてみよう。GMは2019年11月にEVへの支出を増やすと発表した。EV化を加速させて2025年末までにEVを30車種に増やし、そのうち20車種以上を北米市場に投入して販売車種の4割をEVにする。メアリー・バーラCEOは投資家向けイベントで「北米のEV市場でテスラを追い抜く」と息巻いた。

さらに2021年1月には、GMのすべての新型車を2035年までにEVなど$CO_2$を排出しないゼロエミッション車に切り替えると発表した。製品が製造されてから廃却されるまでの$CO_2$排出量と吸収量をプラスマイナスゼロにする「カーボンニュートラル」も2040年までの実現を目指すとした。

その前日にバイデン大統領が、気候変動対策を国内の外交・国家安全保障政策の柱とする大統領令に署名したことと歩調を合わすように、ＧＭの株価は一時７・４％値上がりした。２０２１年1月から3月までの間に、ＧＭの株価は約40％上昇していた。

欧州では、２０２１年３月にＶＷがＥＶ用リチウムイオン電池巨大工場「ギガファクトリー」を欧州域内で２０３０年までに６か所で建設すると発表した。さらに翌日には２０２１年のＥＶ納車台数を現状の2倍以上の１００万台にすると意欲的な発表をすると、ＶＷの株価は一気に9％上昇し、時価総額は約１５００億ドルとなった。

これら自動車メーカーの株価上昇に共通するキーワードは、「ＥＶ化」だ。

その背中を押しているのは、地球温暖化への危機感に加え、バイデン政権が今後繰り出す気候変動対策の具体策と補助金に対する期待感である。いずれもがＥＶにフォローの風となると世界の投資家たちは読んでいる。

# そうなるには、そうなる理由がある

## 腹が立って「テスラ株の非公開化」を口走る

イーロン・マスクはほぼ毎日ツイッターを更新し、そのフォロワー数は５０００万人を超える。彼のツイートは、うまくいけばファンを増やし、敵を撃破するが、下手をすると自爆することもあった。

テスラがモデル３の生産地獄で苦しんで、やっと週５０００台の生産が達成できたと思ったら、イーロンはテスラの株式についてとんでもないことをツイッターにつぶやいた。「（１株当たり）４２０ドルでテスラを非公開化することを検討している。資金は確保」。このツイッターを目にし、世間は当然のごとく大パニックになった。２０１８年８月のことだ。

これを受けて米株式市場では一時、テスラ株が急騰。

米証券取引委員会（ＳＥＣ）は事態を重く見て、イーロンの一連の発言は、虚偽の情報で投資家を誤解させる行為に当たるとして、証券詐欺罪でニューヨーク州連邦地裁にイーロン・マスクを提訴する事態にまで発展した。

この顛末《てんまつ》はイーロンにとって高くついた。

なんとか米証券取引委員会と和解で決着したものの、条件が付いていた。

その条件は、まずイーロン個人に対し２０００万ドル（約22億円）の罰金の支払いと、テスラ会長職からの辞任だ。また、テスラにも２０００万ドルの罰金が課された。

さらに今後3年間、イーロンは再び会長に就くことはできない。会長でなくなることで、取締役会の招集や議題決定などの権限も失ってしまう。ただ、引き続きＣＥＯと取締役としての仕事は続けられる。

この顛末を聞いて世間は「あ～あ、アイツ馬鹿なことをしたもんだ」とイーロンの軽率さを批判した。中には、イーロンは気が変になったと過激な言葉までネットに流れた。

## 狙われやすいテスラ

しかし、別の見方もあった。長年にわたる執拗な空売り攻勢が問題の原因だというものだ。

まず、「空売り」について説明しよう。

「空売り」とは、その会社の株価が下がると予想して行う株取引の手法だ。株価が比較的高い段階で株を売っておき、その後、株価が安くなった時に買い戻して、差益を得る。

しかし、予想に反して株価が上がると損をしてしまう。

2010年のIPO（新規株式公開）以来、テスラ株は空売りのターゲットにされやすい銘柄だった。赤字が続き財務内容は悪いのに、なぜか人気があり株価は上昇を続けていたからだ。専門家の多くは、テスラは過大評価されていると見なしていた。つまり、いつ下落してもおかしくないと思っていた。

モデルSの販売を開始した2012年頃は30ドルから50ドル程度だったテスラ株は、2014年に入ると200ドルを超え、2017年以降は200ドルから400ドルの間で乱高下していた。

「テスラ株は高すぎだ。いずれ下がるに違いない」と判断した一部の投資家たちは2013年ごろから既に空売りを仕掛けていた。そして、モデル3が量産でもたつくと、待ってましたと大量の空売り攻勢に出た。

2018年8月時点におけるテスラ株の空売り残高は約125億ドル（約1兆3000億円）に上り、米国内の空売り残高のトップだった。マイクロソフトやフェイスブックに対する空売り残高が50億ドル弱なのに対し、これは2倍の金額に相当する。

これまで空売り攻勢に対し、イーロンはツイッターで何年間も反撃を続けていた。だが、肝心のモデル３の量産が軌道に乗らず、イーロン自身が生産現場に出て臨戦態勢で生産台数を挽回しようと頑張ってもうまくいかず、イライラが募った結果、ついに「テスラ株を非公開化する」という暴言ツイッター発射となったと考えてもおかしくない。

これに先立つ４月１日のエイプリルフールには「テスラが破綻した」とツイートして、テスラ株が最大８％下落する〝前科〟もあった。

テスラが破綻すれば、空売り筋は大損をするし、株の非公開化でも同様で、いずれにしても空売りに悩まされることはなくなる。

仕事で思うようにいかない時は、友達と一杯飲んで上司の悪口を言い、話をデカくして憂さ晴らしをすることはよくある。だが、それをイーロンはＳＮＳで発信してしまう。

大企業のトップなら絶対にやらないことだが、イーロンはやってしまう。そこに人間味を感じ、ますます大好きになるファンもいれば、憤慨し、呆れる人も多い。

さて、テスラ株の非公開化ツイートでイーロンは約22億円と会長職を失ったが、最終的に空売り筋はもっと大きなカネを失っていた。

市場調査会社のＳ３パートナーズの発表によると、テスラ株の空売り筋は２０２０年初めからの約1年で約350億ドル（約3兆7000億円）の損失を被っていた。これは過去に類を見ない大きな損失金額だった。

「テスラ」対「空売り筋」の戦いは、テスラ側の勝利となった。だが、「現時点までは」という但し書きが付く。今後も空売り筋は、自動車業界で時価総額世界一のテスラに、機を見て仕掛けてくるに違いないからだ。

# 第4章

# 未来につながる「テスラ」の挑戦

# 我慢強さがあれば、成功の半分を手にできる

## カッコいいEV「ロードスター」

ここからは、テスラの歴代のEVと、いかにしてそれらが誕生したかを振り返っておこう。

テスラ最初のEVは、流線型のボディと、地面に吸い付くような低い車体ポジションが特徴的な高級スポーツカー「ロードスター」だった。

テスラ創業翌年の2004年に会長に就任したイーロンは、カッコいいEVで世間の注目を集める戦略を立てていた。

しかしその頃、世界の大手自動車メーカーはEVなど眼中になく、排気ガスを撒き散らすガソリン車の生産に従来通り心血を注いでいた。

ただし、それだけでは世間から批判されかねないので、傍らでEV開発も一応進めてい

たが、担当者以外の、とりわけ経営陣の本気度は低かった。

世間をあっと言わせるようなＥＶは見当たらず、環境問題に関心を持つインテリ層などをターゲットにしたダサいデザインのＥＶに終始していた。とりあえず「電気で走る」ということが最大のポイントだった。

ＥＶのデザインはダサくてカッコ悪いというのが世間の常識になっていただけに、テスラが送り出したロードスターのインパクトは、強烈だった。

無名のベンチャー企業が作ったＥＶロードスターの販売価格は10万９０００ドルと高かったにもかかわらず、レオナルド・ディカプリオなどハリウッド有名セレブたちが、こぞって購入に名乗りをあげ、マスコミと世間の注目はいやがうえでも高まった。これぞイーロン・マスクが狙った通りだった。

イーロンは、10万ドルを超える高級車でマスコミの注目を集め、世間の認知度を高めることを第1ステップと考えた。第2ステップは5万ドルの４ドアセダンで裾野を広げる。第3ステップは2万ドルの大衆向けＥＶを大量生産し、ＥＶを世に広める戦略だった。

ベンチャー企業が、いきなり自動車の量産をやれるわけがない。まず、高価格少量生産でスタートし、ＥＶ設計のノウハウや生産技術を蓄えて、そして工場量産体制を整えながら、事業のスケールアップを図っていく考えだった。

## テスラの危機　ロードスター開発の失敗

ロードスター開発を始めた時、イーロンはテスラの会長職で、ＣＥＯを務めていたのはマーチン・エバーハードだった。彼は共同創業者の一人だ。イリノイ大学でコンピュータサイエンスの学位と電気工学の修士を得たエバーハードは、地球温暖化に危機感を抱き、化石燃料への依存から脱するべきだと考える優秀で野心的な技術者だった。

２００３年にエバーハードたちがカリフォルニアで創立したテスラモーターズは、ノートＰＣで使っている汎用リチウムイオン電池を大量に使ってＥＶを作ろうと構想していた。他の自動車メーカーが大きな専用電池を開発してＥＶ化を考えていたのとは全く違う異色のユニークなアイデアだった。

だが、ユニークなアイデアだからといって簡単に事業資金が手に入るわけではなかった。ベンチャーキャピタルの門を次々と叩いたものの、ろくな反応は得られなかった。ノートＰＣで使うリチウムイオン電池を大量につないでＥＶを走らせるアイデアはぶっ飛びすぎていて、相手に理解されなかったのだった。

どこにも相手にされなかったエバーハードが最後にたどり着いたのがイーロン・マスクだった。

スペースＸはまだロケットを一度も打ち上げてもない未熟児にもかかわらず、脱化石燃料を目指すイーロンはエバーハードたちのＥＶ構想に共鳴し、テスラに６５０万ドルの出資を決めた。スペースＸという未熟児を抱えたまま、イーロンはテスラの会長になった。

## 次々と襲い掛かる問題

テスラは、クルマ作りの素人集団だった。

英国ロータス社がつくる軽量車体のスポーツカー「エリーゼ」のボディに、テスラの技術者が作った電気自動車のドライブシステムを組み込めばＥＶができあがると簡単に考えた。これなら開発期間2年間で、開発費は２５００万ドルでなんとかなる。ロードスターの基本構想はこうしてできあがった。

テスラはロータス社と共同開発契約を締結した。そして、ロードスター開発は順調にいくハズだった。

ところが、問題が次々と襲い掛かった。

テスラのバッテリーパックとトランクは、そのままではエリーゼの車体に入らず、車体をもっと長くする改造が必要だとわかった。

電気系統の開発はうまくいかず、動力伝達装置のトランスミッションでも躓《つまず》いた。カナダにあるマグナ・インターナショナル社製の2速トランスミッションを採用したが、数千マイルの走行テストで不具合が生じ、耐久性に問題があることが判明した。急いで設計変更を行って、代替品としてボルグワーナー社製を使うことにした。

しかし、既に入っていた予約注文が問題だった。出荷日に合わせるため、初期出荷は旧来のマグナ製のトランスミッションを組み込んだ製品で出荷し、その後で、ボルグワーナー製のトランスミッションに入れ替え作業を行うというありえない計画を立てる始末だった。

部品のサプライチェーンもなっていなかった。電池セルは中国から購入し、タイでバッテリーパックに仕上げる。車体の骨格を形成するボディパネルはフランスから調達し、モーターは台湾からと、とんでもなく長く複雑で、物流コストの高い調達ルートを計画していた。

## 現場に口を出す大株主

会長のイーロンは、資金集めに奔走していた。2004年の第1回目の投資ラウンドでは750万ドル（約8億円）を、2005年の第2回目では1300万ドル（約14億円）を集めた。ここには、ベンチャーキャピタルのコンパス・テクノロジー・パートナーズなどが参加していた。2006年に実施した第3回目の投資ラウンドでは4000万ドル（約46億円）を調達し、グーグルの共同創業者のサーゲイ・ブリンとラリー・ペイジの名前も、そこにあった。ふたりは、ありがたくも、ロードスターの予約までしてくれた。

資金は集まったが、肝心のロードスターは完成への迷路をさまよっていた。資金集めだけにしておけばよかったものを、イーロンは設計にも口出しをして、CEOのエバーハードとぶつかり、現場を混乱の谷底へ引きずり込んだ。

ボディ材質はグラスファイバーだったが、イーロンの指示でカーボンファイバーに変更した。ドアに触れるだけで解錠できるように電子センサーまで取り付けた。こうした変更は開発日程を遅らせるだけだとエバーハードも技術者たちも反対したが、大株主には逆らえなかった。イーロンはシートなど細かい部分にもあれこれ注文を付けた。

テスラ社内は、大株主の立場で設計に口を出し、現場の作業を複雑にするイーロンに対し、反論はするが最後は仕方なく従うCEOエバーハードと社員たちといった対立構造ができあがっていった。そして、出荷は遅れたままだった。

2007年8月、イーロンはエバーハードのCEO解任を決め、事態打開を試みた。

その後のテスラは約1年の間にふたりのCEOが次々に舵取りをしたが、出荷できたロードスターはたったの28台だった。

## 離婚の慰謝料に含まれていたモノ

2008年10月、とうとうイーロンは自分がテスラのCEOになるという賭けに出た。それでもロードスターの出荷はもたついたままだった。1か月で約400万ドルが必要なテスラは2008年末を乗り切るだけの体力はもはや残っていなかった。

崖っぷちのイーロンは金持ちの友人から借金をして、社員の給料を支払ってテスラの延命を図った。世間では「テスラは、もうダメだ」と噂が飛び交った。

ところが、クリスマスを直前にしてテスラの危機的状況を救う救世主が現れた。それが、イーロンのもうひとつの会社スペースXだった。

2008年12月23日、スペースXはNASAとの商業補給サービス（CRS）契約を勝ち取ったのだ。CRS契約は国際宇宙ステーションに物資を12回にわたり輸送する契約で、総額はなんと16億ドル（約1680億円）。

スペースXから融資を受ける綱渡りでテスラは危機をしのいだ。

しかし、イーロンは別の綱渡りでは失敗していた。それは妻のジャスティンと離婚だった。仕事に忙殺される夫。５人の子育てで疲れ果てその大変さを理解しない夫を不満に思う妻。ジャスティンは最初に双子を、次に三つ子を生んでいた。そのことを除けば、世間でよくある夫婦の問題だった。

そして、妻ジャスティンが要求した慰謝料は、概ねセレブ相場と符合していた。たとえば、現金２００万ドルに自宅の土地や建物、月々の生活費と養育費。しかし、１点だけ変なものがあった。それはテスラのロードスターだった。

## 妻が欲しがったロードスター

クルマ作りの素人集団だったテスラがトライ・アンド・エラーの末に作り上げ、妻ジャスティンが欲しがったＥＶスポーツカー「ロードスター」の内部を見ていこう。

駆動モーターは空冷式の三相交流で車体中央に配置し、トルク、出力ともに４０００ccのガソリン車に匹敵する性能を実現した。

小型・軽量が要求されるモーターの材質は、強度重量比に優れた航空機用アルミ合金を用い、ベアリングはセラミック製で、高速回転での耐摩耗性、耐久性の向上を図った。

バッテリーにはノートパソコンなどで使う汎用の「18650規格」のリチウムイオン電池を約7000個搭載し、総容量約53kWhを実現した。これは三菱自動車のEV「i-MiEV《アイミーブ》」よりも3倍以上の大容量で、ロードスターの加速性能と航続距離を生み出す原動力となった。

そして、約450kgと重いバッテリー重量をカバーするために、車体をアルミやカーボンで軽量化することで車重バランスを取った。

NASAとのCRS契約での迂回融資で財政的に一息ついたテスラは、2009年の4月にはなんとか320台の出荷にこぎつけた。そして、ロードスターはテスラにできることと、できないことを教えてくれた教材だった。その教訓は次に生かされていく。

# 高い目標は、高いモチベーションとなる

## 世界を変えたモデルS

ロードスターに次いでテスラが世に送り出したEVが、５人乗りの４ドア高級セダン「モデルS」だ。

ロードスターはロータス社のスポーツカー「エリーゼ」の軽量ボディ設計を拝借したが、モデルSはゼロからテスラが作り上げた正真正銘のメイド・バイ・テスラだ。

そのモデルSの設計で特に苦労した箇所のひとつが、電池の搭載レイアウトだった。

ロードスターはバッテリーを車体後部にまとめたが、モデルSは車体底部に約７０００個のリチウムイオン電池をびっしり敷き詰める設計に変えた。

だが、この電池レイアウトのままだと、前述のように、車止めや縁石に車両が乗り上げた場合、バッテリーパックが損傷する危険性がある。そこでバッテリーパック下部にプロ

テクターを追加した。

衝突事故が起きた際は、高電圧系をシャットダウンする安全機能も盛り込んで最悪の事態に備えることにした。

ちなみに、使用したリチウムイオン電池は、ロードスターのものよりエネルギー密度を約30％向上させたものだ。発売した2012年では、60ｋＷｈ型と85ｋＷｈ型の2種のバッテリータイプを揃え、85ｋＷｈ型の航続距離は、電気自動車としては破格の約420㎞を達成していた。ロードスターに次いでモデルＳでも実現した長い航続距離は、それまでの「ＥＶは長距離が走れない」という負の常識を打ち破る、画期的なものであり、テスラＥＶの特徴となった。

## クルマにタッチスクリーンを

モデルＳのデザインはマツダ北米で活躍していたドイツ人、フランツ・フォン・ホルツハウゼンが担当。空力性能を追求し、最適の車体デザインを探り出したＥＶになった。

大量のリチウムイオン電池を積んでいるため、モデルＳの車重はかなり重い。それにもかかわらず、加速性能は高く、85ｋＷｈ型なら停止状態からわずか4・2秒で時速97㎞に到達。これはポルシェ911と肩を並べる見事な加速性能だ。

モデルSの内装インテリアで象徴的なのは、ダッシュボード中央の縦型17インチのタッチスクリーンである。ステアリングの設定やサスペンションの選択、座席ごとのエアコン設定から音楽などインフォテイメントが、すべてこのタッチスクリーンで行える。スマホ感覚で主要な機能操作ができるモデルSは、まさに走るコンピュータだった。

「クルマにも大型タッチスクリーンを」という流れを作ったのはこのモデルSであり、その後世界の大手自動車メーカーも真似していった。

## イーロンに反対した技術者たち

モデルS開発で大きな問題のひとつは、約7000個ものリチウムイオン電池を搭載したモデルSの車体重量をいかに軽くするかだった。

その切り札がアルミ材を多用することだ。

「バッテリーパック以外の部品は、ガソリン車よりすべて軽量化する必要があった。だから、全部をアルミニウムで作ろうと決断したんだ」とイーロンは語っていた。

しかし、当時の米国の自動車メーカーでは鋼材が一般的で、アルミニウムでボディパネルを製造することはなかった。たとえば、大型プレス機でアルミニウムを加工すると、鋼材よりも割れが発生しやすい。運よく、割れずに済んでもシワができて、塗装を滑らかに施すことが難しくなるので当然のように避けられていた。

テスラの技術者たちも加工のしやすさ、工程歩留まりや生産性を考えて、イーロンのアルミボディ案に反対した。

だが、イーロンは主張を曲げず、技術者たちは未知の領域に挑戦することを余儀なくされた。ところが、その結果、テスラはアルミニウムによる自動車製造技術を飛躍させて、業界をリードするまでになった。

## 静かなはずのEVで、異音にこだわる

ガソリン車やディーゼル車と比べ、エンジンのないEVは振動音もなく、走行時も格段に静かだ。

ところが、静かなはずのモデルS開発で、イーロンは異音を減らすためだけの特別チームを早くから編成していた。そして、毎週、チームリーダーはイーロンへの報告を行っただけでなく、各部署にも同じ内容を伝えるようにして、異音を徹底的に排除していった。

たとえば、回生ブレーキでの異音だ。

そのことを話す前に、ブレーキと回生ブレーキについて少し説明しておこう。

ガソリン車などでブレーキをかけると、ブレーキパッドが回転しているローターを挟み込み、摩擦力で回転を止めクルマは停止する。これは、走っていたせっかくの運動エネルギーが、ブレーキをかけることにより、熱として放出されていたことになる。

一方、電気を流すと回転するモーターには、逆に、軸を回転させると電気を生み出す、つまり発電もできる特性がある。

この特性を生かし、ＥＶでアクセルを戻すと、走行していたタイヤの回転エネルギーはモーターに伝わり発電し、その電力はバッテリーに充電されるようになっている。同時にタイヤの回転数も下がり、すなわちブレーキの役割も果たす。これが回生ブレーキの仕組みだ。回生ブレーキがあると、ブレーキそのものの寿命も延びる。ＥＶはガソリン車よりエネルギーロスが少ないと言われる要因のひとつだ。

さて、モデルＳのアクセルを戻すとこの回生ブレーキが働くが、その際に、インバータからモスキート音と呼ばれる小さな異音が出てしまう。人によっては気にもしない些細な異音だが、イーロンはこんな異音も極力減らすよう、エンジニアに指示して対策を練らせた。

人類を火星に移住させると壮大な目標を掲げる男が、その一方で、インバータのモスキート音にこだわる。普通の人にはない特殊な思考がイーロンに内在している。それは、残念ながら、普通の人たちには理解されない。

## アップルの先を行く発想

17インチの大型タッチスクリーンをモデルSに搭載する考えは、イーロンが言い出したことだった。アップルのiPadが登場する前のことで、イーロンはデザイナーと共にノートPCを試作車に持ち込んでは、画面サイズにはじまり、縦置きにするか、横置きかと細部にわたって意見をぶつけ合った。最終的に落ち着いたのが、17インチで縦置きだった。

しかし当時、17インチの大型サイズのタッチスクリーンを自動車用に使ったメーカーはどこにもなかった。そもそも、タッチスクリーンのようなパソコン用デバイスの使用環境テストは車載用ほど過酷ではなく、実際に車載用の試験環境でタッチスクリーンが問題なく動作するかどうかさえわからないというのが実態だった。

頭で考えてわからなければ実際にやってみる。テスラの技術者たちは、さっそくタッチスクリーンを車載用の使用環境に持ち込んで耐久試験を行った。その結果、「使える」とわかって、設計は前進した。

さて、モデルSにイグニッションキーはなく、モデルSのミニカーの形状をしたリモコンキーで操作する。それを持って車に近づくと自動的にロックが解除され、ドアノブがせり出してくる。車に乗り込みシートベルトを締めると、自動的にシステムが起動する。キーを持って車から出ると自動的に電源が切れ、ロックがかかるという具合だ。

そして、ドアノブは空気抵抗を減らすため、走行時は内部に自動的に収納される設計になっている。

しかし、イーロンとデザイナーが言い出したこのドアノブ案には当初、設計者たちが反対した。構造が複雑になり、部品点数が増えるからだった。

ドアノブを自動収納にするか、しないかという設計細部にまで口を出すイーロンのマイクロマネジメントは、時に成功し、時に現場に混乱を巻き起こした。モデルSのドアノブは、成功だった。

## ２度目の離婚

この頃、イーロンの私生活は乱気流に巻き込まれていた。２番目の妻タルラ・ライリーとの関係が悪化していたのだ。

最初の妻ジャスティンとの離婚調停がもめていた頃に、イーロンは気分転換で訪れたロンドンでタルラと知り合った。この22歳の新進女優にイーロンは一目惚れし、タルラもその気になった。だが、彼女の父親はイーロンと付き合うことに大反対だった。なぜなら、娘の相手の男は14歳も年上で、離婚調停中で、子供が5人いて、経営している2つの会社は潰れそうだからだ。

それでもふたりは2010年に結婚すると、タルラは英国からロサンゼルスへ移り住んだ。

しかし、ふたりの結婚生活は長くは続かなかった。タルラはロサンゼルスの派手な生活に馴染めず、英国での質素な暮らしに戻りたかったのだ。ふたりが離婚した2012年にモデルSの出荷は始まった。

## 手本にしたのは、メルセデスベンツ

モデルSには、その基本設計段階で参考にした車があった。

テスラのエンジニアたちは他社のクルマを分析していき、メルセデス・ベンツCLSに的を絞った。そして、メルセデスＣＬＳを買ってきてリバース・エンジニアリングを始めた。

まずは、実際に走行して短所、長所を洗い出し、様々な部分を計測して細かなデータを取った。次に、メルセデスＣＬＳのシャーシーを改造してバッテリーパックを敷き詰め、電子制御回路を組み込んでＥＶに改造し、走行テストまでやっていた。

実は、投資家たちに説明する時にイーロンが使ったモデルＳの試作車というのは、このメルセデスＣＬＳのＥＶ改造版だった。資金力も知名度も低いベンチャー企業が投資家たちの興味を引くには、正攻法だけではかなわないことが多い。

こうしたゲリラ戦術は、スペースＸの時も行っていた。そう、ファルコン１のモックアップを作って首都ワシントンに乗り込んだアレだ。

## 売れたはずが、違っていた

モデルＳは２０１２年11月に米クルマ雑誌『モータートレンド』の「カー・オブ・ザ・イヤー」に選ばれた。それも、ポルシェやＢＭＷ、トヨタなどのガソリン自動車を抑えて、ＥＶのモデルＳが満場一致で「最優秀自動車」に選ばれたわけで、いかに市場の評価が高かったかがわかる。

そして、5000ドルの予約金にもかかわらず、予約注文もたくさん入っていた。ところが、その予約が本契約に結びつかない状況にテスラは陥っていたのだった。本契約に至らなければ、売れないのと同じだ。ネットでの口コミなどで初期製品に対する欠陥が指摘され、それが本契約へのためらいや足かせとなっていた面もあった。

本契約がもたついているうちに、フリーモント工場の生産ラインを停止させなければいけない危険性が出てきた。需要があってこそ生産ラインは稼働できる。需要がなければ生産ラインは止めるしかない。それは製造業の基本だった。

この事態にイーロンは慌てた。2010年にテスラは株式を公開していたからだ。前評判が良く、予約もたくさん入っていたはずのモデルSが、実際は本契約に結びつかず、生産ラインを停止さざるを得ない状況だ。そんな記事でも書かれたらテスラ株は暴落してしまう。

営業部門でだけでは問題を解決できないとみたイーロンは、他の部署から営業部隊を急遽編成し、本契約の獲得に走らせた。「所属部署のことは忘れろ。今日から車を売ることが君たちの仕事だ！」と鼓舞して、約500人の即席営業マンたちを送り出した。

さらに、イーロンは別の手も打った。

モデルＳの中古買取り価格の保証をすると発表したのだった。中古市場でモデルＳと同ランクの車の平均買取り価格より、もしモデルＳが安ければ、その分を補填するという仰天の作戦だ。中古買取り価格がある程度保証されているなら、買ってもいいだろうと顧客心理を後押しする狙いだった。

しかし、その資金はどうするのか？

イーロンは自分のポケットマネーで補うしかないと腹をくくっていた。しかも、これは取締役会の了承も得ずに速攻で決めたことだった。

そこで事は終わらなかった。イーロンは最悪中の最悪の事態を想定し、誰も思いつかないようなセーフティネットまで用意した。

それはグーグルの創業者で友人でもある世界的な大金持ちラリー・ペイジに助けを求めることだった。テスラの置かれている実態をイーロンは正直に、詳しく説明して、そして「最悪の事態になったら、テスラを買収してほしい」とラリー・ペイジに頼んだのだった。ラリー・ペイジは了解してくれた。だが、グーグルの弁護士は「公私混同は困る」と苦い顔をした。

薄氷を踏む思いでテスラの経営を続けていたイーロンだったが、運が味方してくれた。無理矢理に編成した約５００人の即席営業マンたちが、次々とモデルＳの本契約をまとめていったのだった。

テスラを手放すことまで考えていたイーロンが目にしたのは、テスラ創業初の四半期での黒字と、それを好感したテスラ株の急上昇だった。最後の最後まで諦めるな。それを痛感したイーロンだった。

## 進化を止めないモデルS

２０１２年の発売以降もモデルSは進化を続けている。２０１６年にはバッテリー容量を１００kWhにまでアップし、２０２０年には、航続距離がEVとして初めて４００マイル（約６４４km）を超えた。１回の充電で東京から岡山県あたりまで行ける計算になる。

２０２１年２月のモデルSは、大きなモデルチェンジをした。まず、車内インテリアを刷新した上に、量産車で世界最速の「プレイド」を登場させた。

縦型だった17インチのタッチスクリーンは、超高解像度の２２００㎜×１３００㎜横型ワイドスクリーンにグレードアップした。これまでのモデルSの縦型タッチスクリーンは自動車業界にひとつの流れを作り、他社も真似して採用していたが、横型が新たな流れとなるか要注目だ。

それ以上の驚きはハンドル形状かもしれない。ハンドルの上半分がなくなり、下半分だけでそれもU字形状となった。これは、横型ワイドスクリーンがより見やすくなる。しかも、シフトレバーもウインカーも見当たらない。

未来のＥＶを意識させてくれる。

だが、Ｕ字型のハンドルは問題もある、駐車場のように１８０度以上ハンドルを切る際の操作性に疑問を呈する専門家もいる。

しかし、完全自動運転を目指すテスラは、ハンドルもいずれ不要になるパーツと考えている。今回のＵ字型ハンドルはそれに向けてのマイルストーンなのだろう。

# すべてを賭ける覚悟を持つ

## 〝武器〟をみすみす捨てるなんて

２０１４年、テスラは虎の子の「ＥＶ特許を無償公開する」と突然発表した。企業にとって特許は、ライバル企業を蹴散らす〝破壊力抜群の武器〟だ。大切な武器を捨てるなんて、「何を考えてるんだ」と世間が首を傾げたのも当然だった。

スティーブ・ジョブズは、グーグルのスマホ規格アンドロイドを見て「ｉＰｈｏｎｅをパクった」と激怒し、そして、「アンドロイドを潰すためなら、人生最後の時を使っても、銀行にあるアップルの４００億ドルすべてをつぎ込んでも構わない」とサムスンを法廷に引きずり出した。

そして、強力で有用な特許を持っていれば、特許収入がわんさかと入ってくる場合もある。

たとえば、ＩＢＭは２０００年には特許収入だけで約17億ドルを稼ぎ出したし、中国通信大手のファーウエイは２０１９年から２０２１年で12億～13億ドルの特許収入を得ると見込んでいる。

## ＥＶが普及するなら、テスラが潰れても構わない

カリフォルニアのテスラ本社の壁には、これまで取得した数々の特許の証明書が誇らしげに飾られていた。

テスラはノートＰＣに使う単三電池程度のサイズの汎用リチウムイオン電池を数千個束ねてひとつの大きなバッテリーのように扱い、ポルシェを凌駕《りょうが》するＥＶ走行性能を生み出していた。

だが、リチウムイオン電池セルの１個１個は電気性能にバラツキがでてしまう。そこで、セルを束ねてモジュール化し、さらにモジュールをまとめてバッテリーパックにすることでバラツキを抑え、安定した電気特性を創出するための独自技術をテスラは次々と開発した。

さらに、電池セルの熱暴走への対策や、制御システム、バッテリーパックの強度設計など電気自動車の核となる特許約２００件を保有していた。

しかし、イーロンがＥＶ特許を公開すると決定するや、飾ってあった特許の証明書すべ

てを取り外した。そして、イーロンはこう言った。

「ＥＶが普及するなら、テスラが潰れても構わない」

自分の会社が潰れても構わないという社長などどこにもいない。

スティーブ・ジョブズはアップルの利益のために人生を賭け、ビル・ゲイツはマイクロソフトが儲けるために、ライバル企業を潰してきた。自分の会社の利益を最優先するのが20世紀までの経営の王道だった。

ところが、イーロンの目的は、そうではない。地球の環境悪化を食い止め、人類と地球を救うことだ。そのために世界にＥＶ普及させる。このことの方が大切なのだ。

そうは言っても、他社が素晴らしいＥＶを次々と作ればテスラは本当に潰されてしまう。そんなリスクを取ってまでと世間の多くが疑問に思った。

## 最重要な顧客を敵に回しても

すべてを失うリスクがあっても、自分が信じることのためなら、なんのためらいもなく実行する。

この異端ともいえるイーロン・マスクの姿勢は、スペースX創業当時からあった。

2004年に、キスラー・エアロスペース社がNASAとロケット打上げに関する2億2700万ドルの随意契約を交わした〝事件〟から話していこう。

1993年に設立したキスラー・エアロスペース社（以降、キスラー社）のCEOジョージ・ミュラーはNASAの要職を務めた人物で、宇宙ステーションの設計やスペースシャトル計画では中心的役割を果たした。ニクソン大統領から国家科学賞を授与されたこともあって、ロケット業界では超有名人だ。

ミュラーは、NASA退官後は航空宇宙企業ゼネラルダイナミックス社の幹部を務め、そしてできたばかりのキスラー社のCEOの座に就いた。

しかし、キスラー社は前年2003年に6億ドルの債務返済が滞り、破産申請に追い込まれていた。そんなキスラー社にとって、NASAとの3億ドル近い金額の契約はまさしく天から舞い降りてきた救世主だった。

しかし、この契約の話を聞いて頭にきたのがイーロン・マスクだ。

この頃のイーロンは、NASAからの資金援助もなく、自らの資金でファルコンロケット開発をしていたからだ。NASAとキスラー社の契約が競争入札ではなく随意契約だとわかると、「これは不正じゃないか！」と激高し、イーロンはNASA本部に乗り込んだ。

NASAの幹部たちを前に、キスラー社とNASAとの契約に関して、米会計検査院に異議を申し立て、訴訟を起こすと息巻いたのだった。

創業からわずか2年。まだロケットをひとつも打ち上げていないスペースXにとって、NASAはロケット開発の大先生であり、一番大事な将来の顧客だ。その姿はまるで、トヨタの孫請けと取引さえできていない小さい町工場の若い社長が、トヨタの本社にひとり乗り込んで、豊田章男社長に向かって喧嘩を売るようなものだった。

結果は明らかだった。

話し合いの席でNASAの幹部は、そんな訴訟はスペースXの利益にはならないと諭した。「それでも、もし、NASAを訴えるというなら、スペースXとは絶対に仕事はしないぞ」と脅した。

そもそもスペースX社内でも、NASAを訴えるというイーロンの姿勢には社員全員がこぞって反対していた。

スペースXの社員たちは「最重要な顧客を敵に回すべきじゃないです」と懸命に説得したのだが、イーロンは「これは競争入札で決めるべき契約だ。ところが、そうなってなかった」と聞く耳を持たなかった。

よちよち歩きのスペースXにとって一番大切な顧客に対し訴訟を起こす。そのことにイーロンはなんの躊躇《ちゅうちょ》もなかった。

自分が信じることのために、なんのためらいもなくリスクを冒すのがイーロン・マスクだ。

ところが、この訴訟は事前の予想を覆して創業2年のスペースXの勝利となった。契約内容を審査した米会計検査院は、NASAにキスラー社との契約を破棄するよう命じたのだった。

自分が正しいと信じることのためなら、すべてを失うリスクがあっても、ためらわず実行するイーロンの姿勢は、スペースXの社員たち全員は無論のこと、NASAの上層部にも強烈なインパクトを与えた。

そして、スペースXだけでなくテスラでも、いついかなる時でもイーロンはすべてを投げうつ覚悟で新たなことに挑んでいる。

この点を理解していないと、イーロン・マスクの行動は、普通の人たちには奇異に映ったり、大ボラや、綺麗ごとを言っているだけと勘違いされてしまう。世界を化石燃料依存から脱却させ、地上の新車すべてをEVに変えるのが目的のイーロンにとって、テスラのEV特許を公開するのは、必然のことだった。

## 一歩踏み出せば、何かが見えてくる

### 自動運転オートパイロットで大陸横断

2015年10月にテスラの自動運転機能「オートパイロット」が登場した時、全米に驚きが走った。「おー！　とうとうテスラが始めたぞ」と大きな期待を発した人たちがいた一方で、「えー、オートパイロットって、大丈夫か？」と不安をつぶやく人たちもいた。すると、「つべこべ言うより、やってみようぜ」と猛者が名乗り出た。ラリードライバーのアレックス・ロイだ。

ロイは友人と共にモデルSで自動運転機能「オートパイロット」を使って、西海岸のカリフォルニアから東海岸のニューヨークまでの約4300km走破に挑戦し、見事成功した。しかも、この4300kmのうち、約98%でオートパイロットを使用していたという。

ほとんどハンドルを握らず、オートパイロットで大陸横断したニュースは全米で話題となり、「テスラの自動運転は本物だ！」と注目が集まった。

## オートパイロットで事故、その時

ところが約半年後、そのオートパイロットがフロリダ州では交通事故死を起こした。

「オートパイロット」を有効にしたモデルSで高速道路を走行中、交通事故を起こし運転手が死亡した。「自動運転で初の死亡事故！」ニュースは世界を駆け巡った。

悪いニュースは良いニュースより速く世界に知れ渡った。

「テスラ　自動運転で運転手が事故死」

事態を重く見た米運輸省道路交通安全局は調査に乗り出した。

事故死した運転手は、運転中にＤＶＤを見ていた。いや、速度制限を超えて走っていたんだ、といった未確認情報も流れだし、米有名誌『コンシューマー・レポート』が「安全性の改善が確認されるまでオートパイロットを無効化するよう」テスラに要望する展開となった。

事なかれ主義の日本のサラリーマン社長なら、こんな時はすぐメディアを前に謝罪会見を開き、部下の技術者のせいにして責任回避を図るのだろう。

ところが、イーロン・マスクは違っていた。

「自動運転機能を正しく使った場合、人間が運転するよりも安全性は向上する。そのために、メディアの論調や法的な責任を恐れてリリースを遅らせることは道徳的に許されない」と勇気を持って世界に発信した。

テスラのオートパイロットを使ってユーザーたちが走行した距離は合計約2億km以上になり、今回のフロリダの事故が初の死亡事故である。統計的には、米国では1・5億kmの走行で1件の死傷事故が起きている。それらを比較すれば、オートパイロットは人間よりも優れていると判断できる。こう合理的に主張し、開発の継続を公言した。

イーロンのこのスタンスが正しいかどうかは、その後の推移を見守る必要があるが、イーロンのこの言葉にテスラの技術者たちが勇気づけられたことは間違いない。

その後、ミズーリ州では幹線道路で運転手が肺の血管に血の塊が詰まる肺塞栓症を発症したが、オートパイロットのおかげでなんとか病院までたどり着き、一命を取りとめた。

しかし一方で、さらなる死亡事故も起きていて、テスラのオートパイロットが直接の原因だったかどうかが争われている。

## 以て非なるレベル2と3

自動運転はレベル0からレベル5までの6つの段階に分かれ、レベル5が完全自動運転となっている。

そして、レベル2について日本の国土交通省によれば、「アクセル・ブレーキ操作およびハンドル操作の両方が、部分的に自動化された状態」としているが、ピンとこない。

わかりやすく言えば、レベル2はハンドルから手を離せる「ハンズオフ」が可能な状態のことで、もし何かあればすぐにハンドルを握れなければいけない。

その先のレベル3は、国交省によれば、「条件付自動運転車」であり「特定の走行環境条件を満たす限定された領域において、自動運行装置が運転操作の全部を代替する状態」としている。

だから、運転手は前方から目を離してスマホを見ていても、音楽を聴いていてもルール上の問題はない。レベル3は「アイズオフ」ということである。

ただ、そうは言ってもレベル3はあくまで条件付きだ。つまり、緊急時には運転手が運転操作を行う決まりになっている。

整理すると、レベル2はハンズオフ、レベル3がアイズオフで、レベル4以降は運転手が運転動作を考える必要がなくなる「ブレインオフ」となる。

そして、レベル2までは運転の責任は運転手であるのに対し、レベル3からは自動運転システム側、つまりクルマに責任が移る点に注意が必要になる。

## AIプロセッサーを自社で開発する

テスラの自動運転システム「オートパイロット」は2021年5月現在で、レベル2（部分運転自動化）の機能に留まっている。しかし、レベル3からレベル4、そしてレベル5を目指し開発を進めていることは言うまでもない。

ここで、テスラの自動運転対応ハードウェアである「HW1」から「HW3」までを説明しておこう。

HW1ではカメラ、レーダー、超音波センサーを使用。モービルアイ社製の半導体チップを採用した。2014年9月以降に製造したテスラ車にはHW1が搭載されていた。

しかし、モデルSのオートパイロットでの死亡事故を受けてNVIDIA《エヌビディア》製のプロセッサーに変更し、センサー類はフォワードフェーシングレーダー、8台のカメラ、12個の超音波センサーというHW2仕様にバージョンアップした。

その後、HW2・5というマイナーチェンジで計算能力と信頼性の向上を図った後、2019年4月に登場したHW3では、テスラが自社設計したAIプロセッサーを搭載し話題となった。144TOPSの画像処理能力はHW2・5の21倍と大幅にアップした。イーロンは「チップの処理能力の向上によって、クルマが人間より少なくとも10倍は安全に運転できるようになる時期を早めることができる」と語っていたことがある。

ここで特に注目すべきは、自動車メーカーのテスラが半導体設計を自ら手掛けた点だ。それまでは、半導体メーカーが作った汎用の半導体を購入して使うのが自動車業界の常識だったから、業界関係者は驚いた。

だが、テスラのハードとソフトウェアに最適のＡＩプロセッサーをテスラが開発するというのは、考えてみれば理にかなったことだ。

なにより、モデル３とモデルＹで約45万台も売れたように、テスラが大量生産車を作っているという背景も見逃してはいけない。

アップルも同じやり方をしていて、ｉＰｈｏｎｅとＭａｃ用のプロセッサーを近年は自社開発している。アップルのハードとソフトに最適化させるためには、インテルなどの汎用ＣＰＵの性能では、帯に短くたすきに長い状況だったからだ。

テスラに話を戻そう。イーロンからするとスケジュール面の不満もあった。

プロセッサーメーカーのスケジュールに合わせていると、テスラ車の開発日程が後ろに引っ張られ、発売開始スケジュールが遅れてしまう。

テスラにとって都合の良い日程で新車を出すには、自分たちが半導体開発スケジュールもコントロールすべきだと考えたわけだ。

結局、テスラはＮＶＩＤＩＡ製の汎用プロセッサーに見切りをつけて、自社開発に踏み切っていたのだが、これは大きな賭けだった。プロセッサーメーカーとの関係を断つわけだから、もし自社開発がうまくいかなかったら大変な事態に陥るリスクがあった。

しかし、テスラは自動運転用ＡＩプロセッサーの開発に成功した。ちなみに、このＡＩプロセッサー開発を支えたのはアップルから引き抜いた半導体設計技術者だった。

## ＦＳＤは役に立つのか？

２０２０年10月、テスラはＦＳＤ（フル・セルフ・ドライビング）、すなわち完全自動運転のβ版をユーザー限定でリリースした。

しかし、評判は賛否両論入り乱れ、むしろ「完全自動運転には程遠い」との批判が多い。米有力誌『コンシューマーレポート』は、たとえば、「Traffic Light」という信号機の認識機能で、青信号なのに停止してしまったことや、停止線を正確に認識できず、停止線のずいぶん手前で停車してしまうことも起きたと指摘していた。ＦＳＤは８０００ドル（その後1万ドルに変更）のオプションだったが、「８０００ドルの高額な値段に見合う価値はない」と厳しく批判した。

そもそも、長距離レーダーに12個の超音波センサーと8台のカメラからなるオートパイロットのハードウェア装備で十分なのかという指摘はある。

特に、多くの他社が使っているＬｉＤＡＲ《ライダー》センサーをテスラの自動運転は使っていない。自動運転にはＬｉＤＡＲセンサーは欠かせないというのが自動車メーカーの常識となった感があるだけに余計に疑問符が付いた。

しかし、ＬｉＤＡＲセンサーについてイーロンは批判を繰り返していた。

「ＬｉＤＡＲセンサーなんて無駄な代物だ。ＬｉＤＡＲに頼っている連中は絶望的だね。値段は高いくせに、役に立たない。高価な盲腸がたくさんあるようなものさ。盲腸なんてひとつでも要らないし、それがたくさんあるなんて、馬鹿げている。今にわかるよ」と辛らつだった。

ＬｉＤＡＲの短所である悪天候時に検知能力が低下することをイーロンは問題視している。

ところでテスラは、テスラ車の走行データを入手し、ＦＳＤの設計改善に生かしているが、β版を公道でテスラオーナーに使わせることそのものがけしからんという世間の批判もある。

それでもイーロンは自動運転開発を今のまま進めていく考えだ。端的に言えば、「ベストエフォート型」の開発思考だ。

つまり、「とりあえずやってみる。問題があれば後で修正する」という考え方である。ソフトウェア開発では当たり前のやり方だが、自動車業界では禁断の手法だ。命にかかわるクルマを扱うのだから、石橋を叩いて渡る姿勢がこれまでの自動車メーカーの鉄則であり常識だった。それ故、開発期間が長くなったりしたが、地道にステップアップしてきたのが自動車開発の長い歴史だ。

ところが、イーロンは、批判覚悟で、まず世に出してみる。もし、問題が起きれば、分析し、設計を改善する。そして間髪を入れずに改良版を世に出す。その間の批判はイーロンが一手に引き受ける。このサイクルを猛烈なスピードで繰り返すことで他社にない進化を遂げてきたのがテスラだ。

そのやり方をどう見るかは、最後はユーザーが決めるのだろう。

## グーグルの自動運転開発

自動運転は世界中の自動車メーカー、そしてIT企業が激しい戦いを繰り広げている最中だが、その口火を切ったのがテスラだったことは間違いない。

2015年にテスラがオートパイロットを登場させた頃、どの自動車メーカーも開発着手はしていても、実用化はまだまだ先のことと考えていた。

しかし、テスラのオートパイロットを使ったユーザーが次々と自慢げに動画をネットにアップし世間の注目度が高まるにつれて、大手自動車メーカーは本気で自動運転の実用化に取り組むようになっていった。

そして、将来のクルマは自動運転が価値を決める。つまり、自動運転の覇者こそが、自動車業界を制すると多くの関係者は考えるようになった。

ところで、自動運転開発について、テスラより先にグーグルが2010年から始めていたことを忘れてはいけない。

現在はグーグルから分社化したウェイモ社が自動運転開発を引き継いで進めているが、その取り組みは完全な自動運転、つまり、レベル5を一気に狙うやり方だ。現在はレベル4での実証実験を積み重ねている。

しかし、止まっている自動車の後ろから子供が急に飛び出してくる場面や、10年に一度の大雪に見舞われる場面など、発生頻度が極めて少ない状況に遭遇することは実証実験では期待薄だ。

そこでウェイモは、コンピュータを用いてのシミュレーションを活用している。

レベル1から実走行距離を重ねて技術を積み上げレベル2、そしてレベル3とステップアップしてレベル5を狙うテスラやトヨタ、GMなどとは真逆の手法だ。

## 「テスラは、運転支援に過ぎない」

ところで、ウェイモのCEOジョン・クラフシックとテスラのイーロンとの口撃合戦がヒートアップしていた。

クラフシックCEOは、イーロンが乱発する「自動運転(self-driving)」という言葉は「誤解を生んでいる」と主張する。

そこで、ウェイモではマーケティング資料などから「self-driving」という言葉を削除すると公言したのが2021年1月のことだった。ウェイモは、「自律運転(autonomous driving)」という表現に置き換えると決断した。

「小さな変更と思うかもしれないが、言葉の正確さが人命を救うこともある」とウェイモはブログで述べたが、なるほどその通りだ。言葉がユーザーの誤解を生み、結果として惨事を招くこともある。

ウェイモのCEOは「テスラは運転支援であり、我々は完全な自律システム

(Completely autonomous driving system)を製造する」と語った。

つまり、ドライバーの監視が必要な運転支援技術をテスラが「自動運転(self-driving)」と呼ぶのは間違っているとウェイモは批判しているわけだ。

テスラの「完全自動運転(full self-driving)」という言葉は誤解を生むと、ウェイモだけでなく様々な方面から批判が起きていたのは事実だった。

ちなみにこの頃、米運輸省道路交通安全局は「現在購入可能な車に、自動運転できるものはない」と断言していた。

## イーロン・マスクの言葉の功罪

イーロン・マスクの言葉は、よく言えば、時代を先取りしている。そして、未来への希望を持たせてくれる言葉だ。

だが、悪く言うと、誇大広告的であり、ホラ吹きと批判する人たちもいる。

そして、自動運転に関してのイーロンの言葉は、世間に場合によっては混乱を与えてきたことも確かだ。

それを将来への期待と受け取る熱心なファンもいれば、迷惑だと眉をひそめる人たちもいて斑《まだら》模様だから余計にややこしい。「self-driving（自動運転）」と「autonomous driving（自律運転）」の区別については、テスラとグーグル（ウェイモ）が角突き合わせていても解決しないだろう。

このままいけば、イーロンはいずれ、「complete（完成）」や「perfect（完璧）」といった過度な形容詞を「full self-driving」の前につけかねない勢いだ。

この状況は、監督官庁が表に出て交通整理をするしか打開策はないと著者は考える。イーロン・マスクがおとなしく従うかどうかは多分に疑問だが、それでも世間の人々にとっては誤解を避ける一助になるのは確かだ。

未来予告を華々しくすることで世間の注目を集め、製品認知度を上げて、資金力を高めるのがイーロン流のマーケティング戦術だったが、人命がかかわる自動運転に関するネーミングと発言は、トーンを一段ダウンした方がテスラの信頼性を高めることに繋がるのではないか。とりわけ、今後販売する予定の2万5000ドルの大衆向けEVは、走行性能などの尖った特徴よりも、安全性や信頼性を重視する顧客層が相手だ。そんなことは百も承知のイーロンだろう。しかし、自動運転の単語の使い方を是正できるかどうか。その点は、イーロン本人の意識にかかっている。

# 困難の只中に、成功の芽は隠れている

## 自動運転から見る、社長の条件

未来の自動車業界の覇権を握るとまでいわれる自動運転だが、むろんトヨタも自動運転開発を進めている。

そして、「事故を起こさないクルマ」をつくるという目標を掲げて２０１６年にはＴＲＩ（トヨタ・リサーチ・インスティテュート）を設立。豊田社長は自動運転開発への本気度を示そうと世界的なＡＩ研究陣を揃え、初代ＣＥＯにはマサチューセッツ工科大学（ＭＩＴ）出身でコンピュータサイエンスの博士号を持つギル・プラットを任命した。

そのトヨタが出資するライドシェア大手「ウーバー・テクノロジーズ」の自動運転車が２０１８年にアリゾナ州での走行試験中に公道で死亡事故を起こした。

すると、ウーバーは「公道での走行テストを中止する」と即刻決めた。

事故の2日後、トヨタも公道での自動運転の走行試験を中断すると発表した。

出資先企業の起こした交通事故死でもすぐに走行テストを止めたトヨタに対し、テスラは公道でオートパイロットで交通事故死を起こしても開発を続けている。

トヨタの豊田章男社長と、テスラのイーロン・マスクCEOのこの決断の違いはどこにあるのか。

かたや販売台数世界一を争う巨大自動車メーカーと、EVしか作らず、テレビCMもない新興ベンチャー企業の差だと思う人が大半だろう。

前者は失うものがたくさんある。数十万人の社員とその家族。膨大なユーザーに数多《あまた》の取引先企業やディーラー、影響を考えれば慎重にならざるを得ない。

一方のベンチャー企業は、失うものがないから、怖いもの知らずだ……と。

しかし、それ以上に大きな要因があることを見逃してはいけない。

それは、自動運転という未知の技術に対するリーダーとしての〝覚悟〟の違いだ。なにがなんでも完全自動運転を、世界で最初に成功させるという覚悟がイーロンにはある。それも過度にある。自信過剰と言っていいほどだ。

創業2年のスペースXがこともあろうに、将来の最大の顧客にして、ロケット開発の師匠でもあるNASAを訴えたことは既に述べたが、自分が信じることのためなら、すべてを失うリスクがあっても、なんのためらいもなく実行に移すのがイーロン・マスクだ。

そんな姿勢がないと、豊田家の御曹司社長を責めるのは酷な話だ。

どれほどすごい業績や栄誉でもあっさり投げ捨てて、信じた道を突き進む。そんな馬鹿げた経営者はイーロン・マスク以外に見たことがない。

そもそも、会社が潰れかねないリスクがあるのに、正しいと思えば突進する社長なんて、社員たちにすればいい迷惑だ。イーロンに、「もっと大人になってよ」と言いたい従業員たちもいるだろう。

## 「自動運転は、完璧にはならない」

トヨタはもちろん、ＶＷでもＧＭでも、中国の自動車メーカーでも、自動運転開発を進めている企業は、死亡事故を起こすリスクを常に背負っている。それは、いつどこで起きるかわからない。

インターネットビジネスでの失敗は死亡事故にはつながらないが、自動運転の失敗は人の命に直結する。99％安全だと思った自動運転車が、何かの弾みで一人の死亡事故を引き起こしてしまうことはあり得るのだ。

その時、企業トップの自動運転に賭ける覚悟が問われる。中止するか、様子を見るか、突き進むか。

「自動運転は、完璧にはならないだろう」

このショッキングな発言は、TED2017カンファレンスでイーロン自身が発したものだった。彼は、自動運転は99・9％大丈夫でも、ダメなんだと警告する。

もし、「99・9％安全らしいよ」と聞くと運転手は油断し、ふと使い方を誤る。結果、事故を起こしたとしよう。そのことで世間の批判が自動運転に向かうと技術開発が遅れてしまうことをイーロンは心配していた。

「自動運転車が近所の県道で走って事故を起こした」ともし読者が聞いたら、「だから、人が運転していないクルマは信用できないんだ」とか、「機械が勝手に操る車なんか、公道で走らせるな」と感情的になってしまわないだろうか？

自動運転とは無関係の現在のクルマでも、日本なら年間約3000人が亡くなっている。飲酒、居眠り、速度の出し過ぎと原因はいろいろあるが、運転手の操作ミスで起きたものが大半であり、避けられる事故がほとんどだ。

だからこそ、「自動運転は、ある種の確率の問題だ」というイーロンの指摘は示唆に富んでいる。人々は自動運転に完璧を期待するのではなく、「人の運転より安全かどうかで考えなくてはいけないんだ」という彼のメッセージを肝に命じておくべきだ。

## 保険会社の出番

我々はつい、自動運転に完璧を求めてしまう。レベル5は完全自動運転だと信じている。だが、レベル5と認定された自動運転車は絶対に事故を起こさないのだろうか。霧の深い早朝だったら。大雪が降ったら、台風が来ていたら。

そして、レベル5に適合しても、数十万台、数百万台の自動運転車が走っていれば、部品劣化だって起きる。レベル5でも事故は起きると考えてみる必要がある。

レベル2はハンズオフで、レベル3がアイズオフで、レベル4以降は運転手が運転動作を考える必要がなくなる「ブレインオフ」となる。

そして、レベル2までは運転の主体は運転手であるのに対し、レベル3からは主体が自動運転システム側、つまりクルマに移ることは既に述べた。

さて、レベル3の条件付自動運転をしていた時に運悪く問題が起こり、自動運転システムが運転手の介入を要求してきたとしよう。運転手は〝迅速に〟運転を引き継がなくてはならない。

しかしもし、運転手がスマホを見ていたら、音楽を聴いていたら、いったい何秒で運転を引き継ぐことができれば、迅速と見なされるのだろうか？

この線引きは曖昧だ。

つまり、クルマと人の間のグレーな責任関係をどう埋めるかは、自動運転が直面する切実な問題だ。

テクノロジーで埋まらないなら、それは、自動車保険の出番だと著者は考える。

完全自動運転になれば保険会社の売上の80％が消えてなくなるとの予想がある。このショッキングな報告書を出したのは米コンサルティング大手のＫＰＭＧであり、発表時期はテスラがオートパイロットを登場させた２０１５年だった。報告書の内容に保険業界の関係者は慄然《りつぜん》とした。

米国の自動車保険会社の保険料収入はこの年、約２０００億ドル（約24兆円）もあった。単純計算すれば２０００億ドルの80％に当たる１６００億ドルが、自動運転によって吹っ飛んでしまうことになる。

しかし、レベル５が完成するまでの間にまだ時間はかかる。その期間、そしてレベル２からレベル４までのクルマが公道を走っている間、自動車保険でカバーすべき事故がたくさん発生し、それは新たなビジネスチャンスとなるに違いない。

さらには、レベル5になったからといって、事故率がゼロになるわけではない。レベル5になってから生じる想定外の事故にも、保険会社は商機を見出すことができる。新たな技術の登場は、古いビジネスを退場させ、新しいビジネスを登場させる。保険会社は完全自動運転にタメ息をつくのではなく、知恵を出す時だ。

# 新しい舞台に立つことを恐れるな

## アップルの自動運転の行方

時価総額世界一を誇るアップルも、自動運転開発を視野に入れている。

2014年に「タイタン」というプロジェクト名でスタートしたアップルの自動運転開発は、実態がなかなか公表されず、世間の噂だけが先行していた。

アップルCEOのティム・クックがメディアとのインタビューで自動運転開発をやっと認めたのが2017年のことだった。

その一方で、この頃はアップルからテスラへ転職する技術者がたくさん出て、マスコミの話題にもなっていた。多い時には年間で150人以上の人材がテスラに移ったという。その中にはアップルでMacのハードウェア担当副社長だったダグ・フィールドもいた。

この事態に危機感を持ったアップルCEOのティム・クックは、25万ドルのボーナスを出してテスラの人材の引き抜き策を講じたが、効果はなかったのは、前述の通りである。

さて、アップルの自動運転開発はなかなか思うに任せなかったようで、２０１９年になると自動運転開発技術者２００人ほどを急にレイオフ（一時解雇）し、シリコンバレーは騒然となった。

その後のアップルの自動運転開発は噂レベルのものが飛び交うだけだったが、２０２０年12月、「アップルは２０２４年までに独自のバッテリーを搭載したＥＶ自動車の製造を目指している」とロイターが報じると、世間の目が再びアップルに向いた。

## 自動運転ＯＳを支配するのか

アップルは自社でクルマを製造するのか？

その可能性は秘めて低いと考える。

理由は、アップルは、開発力は優秀だが、量産は下手だからだ。生産工程の不良率は高く、生産の柔軟性は低い。ｉＰｈｏｎｅは鴻海などに受託生産しているから、ＱＣＤ（品質・コスト・納期）が満足されているのが現実だ。

では、アップルが大手自動車メーカーと組んで自動運転車を製造する可能性はあるだろうか？

やはり低い、と著者は見ている。アップルと大手自動車メーカーの組み合わせでは、主導権をどちらが取るかで争いとなることは明白だ。どちらも主導権をあっさり譲ることはない。

ブランドも問題だ。

たとえば、フォードのクルマにアップルの自動運転ＯＳが入っていたとする。フォードブランドで売るのか、アップルブランドで売るのか？　大手自動車メーカーがＯＥＭをするとは思えないし、ブランドに人一倍こだわりを持つアップルが黒子に回ることはもっと考えられない。

ならば、ｉＰｈｏｎｅのように、アジアの受託生産企業と手を組んでアップルカーを出すのか？

これが可能性としては一番高いだろう。

だが、それ以上にティム・クックが狙うのはアップルカーではなく、アップル製の自動運転ＯＳをデファクトスタンダードにして自動車業界を制することではないか。マイクロソフトがウィンドウズでＰＣ業界を制覇したようにだ。

ハードとソフトを融合して成功してきたアップルとしては掟破りだが、ティム・クックがジョブズを超えたいと切望するならやるかもしれない。

ところで、アップルからテスラへの転職が多いことは既に話したが、２０１８年頃になると様子が逆転していた。今度は、テスラからアップルに転職する人材が２０１８年だけで少なくとも46人はいたという。

その中には、アップルから来たダグ・フィールドの名前もあった。テスラでは副社長を務め、モデル3の量産に貢献したフィールドだったが、古巣のアップルに戻ると、自動運転開発プロジェクト「タイタン」の責任者になっていた。

今後も、テスラとアップルの人材引き抜き合戦は続き、自動運転開発に一層拍車がかかってくる。自動運転開発の正念場はこれからだ。

# ゴールが明確で理由が理解できれば、人は桁違いにいい仕事をする

## ギガファクトリーを200個つくる

1900年前後の自動車誕生期において、フォード・モーターをはじめ、ガソリン自動車を生産しようとした会社は、ガソリンの供給体制まで作ろうとは考えなかった。ガソリンは石油会社の仕事だと、線を引くのが当たり前だった。

ところが21世紀、EVを生産しようと考えた会社は、電池も作ろうと考えた。EVの航続距離や走行性は電池性能に大きく左右されるからだ。

だからといって、ここまで巨大な電池工場を建てようと考えた自動車メーカーはテスラ以外にはいなかった。

テスラが米ネバダ州の砂漠の中に2014年から建設を開始した電池工場「ギガファクトリー」は世界最大のリチウムイオン電池工場で、総敷地面積は東京ドーム約280個の

広さを誇る。工場で使う電力は、太陽光や風力など再生可能エネルギーで賄う設計になっている。

だが、「創業以来赤字続きのテスラに、そんな巨額投資に耐える体力はない」とか「生産数量を拡大しても、これ以上電池のエネルギー密度は向上しない」などと批判的な考えが当時の業界を支配していた。テスラの２０１３年度の売上が約20億ドル（約２１００億円）だったことを考えれば、総工費約50億ドル（約５３００億円）のギガファクトリー建設計画が荒唐無稽にしか見えなかったのも当然だ。

しかし、そんな常識論をあざ笑うようにイーロンは、「この規模のギガファクトリーが今後２００個必要だ」と公言し周りをさらに呆れさせた。

２０１４年に着工し、２０１６年から稼働を開始したギガファクトリーは、現在バッテリーセル生産能力が年間最大35ＧＷｈ、年間で50万台のテスラ車が作れる能力にまで展開してきた。

製造に使う総床面積は現時点で東京ドーム11個分。現時点（２０２１年3月時点）と断るのは、現在も建設は進んでいるからで、これでも最終形の約３割しか完成していないと聞かされるとスケールの大きさに驚嘆してしまう。

「ＥＶの出荷能力は、リチウムイオン電池の生産数量で決まる」とイーロンは常々言っていた。そして、電池製造は半導体や薄型ディスプレイと同様の設備産業で、スケールメリットが大きく、ギガファクトリーによって電池の数量確保と大幅なコストダウンを狙ったものだ。

## 進化する電池性能

テスラの最初のEV、ロードスターで用いたリチウムイオン電池セルは「18650」と呼ばれ、パナソニック製だった。直径18ミリ、長さ65ミリの円筒形で、ノートPCなどに使う汎用バッテリーで、4ドアセダンのモデルSでも「18650」を用いた。

3万5000ドルのEV「モデル3」には、「18650」より一回り寸法が大きい電池セル「2170」が4000個以上搭載されている。直径21ミリ、長さ70ミリの「2170」は、「18650」と比べ容量がおよそ2倍に高められ、新型EV用としてパナソニックと共同開発した高性能電池セルだ。

テスラ車の優れた走行性能はパナソニックのリチウムイオン電池技術が支えていたと言っても過言ではない。そのパナソニックはギガファクトリー建設費用50億ドルのうち、約16億ドルから20億ドルを負担したとされる。

さて、ネバダ州に作ったギガファクトリーは、その後に中国の上海で建設した「ギガ上海」、さらにドイツで建設進行中の「ギガベルリン」などと区別するために「ギガネバダ」とも呼ばれる。

## ネバダから世界へ拡大

イーロン率いるテスラの事業展開の特徴のひとつは、大型投資だ。当時のテスラの売上の2倍以上の総工費50億ドルのギガネバダだけでも業界関係者を驚かせたが、それだけに留まらず、次々と世界にギガファクトリーを展開している。

２０１９年1月には中国の上海で「ギガ上海」が着工し、その11か月後には工場建設を完了して、２０２０年１月には中国国内向けのモデル３の出荷を開始した。ギガ上海はリチウムイオン電池の生産からパワートレイン、最終組立まで行っていて、ＥＶ生産能力は、まずは年間15万台を計画していた。

ギガネバダは内陸の都市から離れた場所を造成し建設したが、ギガ上海は海に近く、着工からわずか11か月での工場完成という高速突貫工事で世界をアッと言わせた。

しかし、それ以上に驚かされたのは、ギガ上海の生産能力を将来的には年間１００万台まで引き上げると2020年9月の株主総会でイーロンが発表した時だったろう。

ギガ上海のある中国は長年にわたり外資規制を行ってきた。たとえば、日本の自動車メーカーが自動車生産を中国国内で行いたいと望んでも、外資単独は認められず、いずれかの中国企業との合弁形態でないと許可されなかった。しかも、外資の出資比率は上限50％に縛られていた。

しかし、中国が2001年にWTO（世界貿易機関）に加盟すると流れは変わっていく。中国国内産業の保護主義への国際的批判が高まり、さらにトランプ大統領が仕掛けた米中貿易戦争の影響で、自由貿易試験区だけに限定し、新エネルギー車（NEV）などの外資出資規制を2018年6月までに撤廃する、と大きく方向転換した。

テスラは世界最大のEV市場、中国での会社法人設立をこれまで模索していた。それも、中国企業との合弁ではなく、100％独資を望んでいたため、外資規制に阻まれて実現できず、イーロンはイライラが募っていた。

そんなイーロンの心中とは無関係に、トランプ大統領の強引さに押された習近平主席は、2018年4月に自動車分野の開放を表明した。

そして翌月、100％テスラ出資の現地法人の設立がとうとう実現した。人種差別発言をはじめなにかと騒動と混乱を起こすトランプ大統領だったが、この時は結果的にテスラとイーロンに味方してくれた。

中国現地法人ができたことにより、ギガ上海の設立が一気に現実味を帯びたのであった。もし、テスラ独資の中国会社が作れず、ギガ上海が生まれてなかったら、２０２０年に約50万台のテスラ車の生産達成は絵に描いた餅に終わっただろう。成功への道は綱渡りみたいなものと言えるが、それもまたイーロン流なのか、運が良いと言うべきか。

## 欧州の自動車立国ドイツに殴り込み

欧州でも人気の高い３万５０００ドルのテスラ「モデル３」は、米フリーモント工場から輸出対応していたが、２０２０年秋からはギガ上海が対応を引き継ぐことになった。

そしてイーロンはその欧州にも楔《くさび》を打っていた。ドイツの「ギガベルリン」だ。

ベルリン近郊に建設中のギガベルリンは、リチウムイオン電池生産とパワートレインに加え、モデル３とモデルＹの生産を予定しており、総工費は約40億ユーロ（約５０４０億円）を見込んでいて、２０２１年７月には稼働を開始したい考えだ。ドイツは世界初のガソリン車誕生の聖地であり、そこにＥＶのテスラが殴り込みをかけたことになる。

ギガベルリンは７０００〜８０００人でスタートし、その後１万２０００人の従業員で年間最大50万台の車両を生産する計画で、それを聞いた独メルケル首相は大喜びだった。独経済相は「ギガファクトリーに必要なことはなんでもする」と全面的な支援をイーロンに約束し、環境規制や労働規制を特例的に緩和してでも「中国に負けないスピード」で完成を目指したいと意欲を示している。

コロナ禍で経済が落ち込む中、テスラのギガベルリンは多くの雇用が期待され、ドイツ政府にも自治体にとっても願ってもない〝好物件〟だ。テスラにとっても、独政府から最大10億ユーロ（約1260億円）の公的補助を受けることができるのはありがたい。

イーロンは「まずは年間生産能力100GWhを目指し、その後、年間200〜250GWhまで能力を引き上げたい」と意欲満々だが、まずもってギガ上海と同じスピードでギガベルリンの工場建設が進むかは甚だ疑問だ。

ドイツは、中国とは違って環境問題や人権に敏感な住民たちが数多くいる。ちなみに、同地に以前建設された自動車メーカーの工場は、着工から完成まで4年もかかっていた。

ベルリンの住人たちは、ギガ上海のように賛成一色というわけではなく、「テスラのギガベルリンは自然環境を破壊する」と反対派もいるのが現地の実態だ。イーロンのスケジュールはノーミスで進んだ理想形がベースで、実際には遅れることが多い。ギガベルリンの生産開始が2021年7月より先に延びると見る専門家がいるのも当然だが、だからといって、彼の野望が減速することはない。

## 20ＴＷｈへの野望と挑戦

米テキサス州のオースチンには「ギガオースチン」の建設が進んでいて、こちらは２０２１年末の完成を目指すものだ。次々と世界中にギガファクトリーが建設されていく。

世界のガソリン車をすべてＥＶに変えることを目指すイーロンは、「年間20ＴＷｈ（テラワット時）のバッテリー生産能力が必要だ」と高いゴールを設定していた。１ＴＷｈは、10億ｋＷｈに相当する。生産規模を拡大し、バッテリーの生産コストが現在の約半分に当たる１ｋＷｈ当たり１００ドルを下回るようになれば、ガソリン車を打ち負かせると自信を見せる。

イーロンの経営は、「スピードの速さ」と「スケールの壮大さ」に象徴される。

リチウムイオン電池生産能力を現在の35ＧＷｈから、２０２２年には１００ＧＷｈへ、そして２０３０年には3ＴＷｈ（１ＴＷｈ＝１０００ＧＷｈ）へ拡大していく構想をイーロンが発表したのは２０２０年9月だった。

10年でリチウムイオン電池の生産能力を１００倍にするという計画は「無茶だ、できっこない」とか、「イーロンのいつものホラ話だ」と冷めた見方もついて回る。ところが、コロナ禍に苦しむ中、欧州各国のテスラ詣でが盛んになっている。テスラのギガファクトリーを誘致したいからだ。

ギガファクトリー誘致には政府自治体にとって3つのメリットがある。まず、雇用の確保だ。次に、持続可能な社会実現への貢献もできる。そして3つ目は、テスラのEV推進力で欧州の大手自動車メーカーがEVシフトを本格化させ、経済成長を取り戻せることへの期待だ。

イーロン・マスクのゴールは20TWhの電池生産能力の実現と、地上で走るすべての新車をEVに代えることだ。

その途中には「2万5000ドルのEVを2023年までに市場に出す」という至近距離の目標も待ちかまえている。この価格が実現すれば正真正銘の大衆車と呼べるゾーンにグッと近づき、世界中で欲しがる人たちがどっと増える。モデル3の予約台数は約45万台だったが、それを軽く上回るだろう。

問題はイーロンが公言した時期と価格の実現だ。欧州、米国、中国の自動車メーカーも次々とEV大衆車を出してくる。テスラ独走の時代から、EV戦国時代へと変わり、競争がさらにし烈になってくることは間違いない。そして、バッテリー供給力が鍵を握る。

# がむしゃらに働けば、成功の確率は高くなる

## すべては２万５０００ドルＥＶのために

ＥＶのコストの約３分の１はバッテリーが占めると言われる。バッテリーコストをいかに下げるかはＥＶの大衆化への可能性を握る重要なポイントだ。

これまでテスラは「１８６５０」から「２１７０」へとバッテリーセルを進化させてきた。だが、コストは下げ止まりしつつあった。

そこで次は「４６８０」を生み出し、電池革命を起こそうとイーロンは開発に拍車をかけたのだ。思い切りのよさは彼ならではだ。

４６８０セルの技術的なチャレンジは５つある。

まず１つ目のチャレンジは、セルサイズを大きくすること。電極の活物質量を増やせば、ｋＷｈ当たりのコストが下がる計算だ。モデル３の電池（２１７０）より、４６７０はセ

ルの直径が2倍以上大きい46㎜で、長さは10㎜長い80㎜になる。

並行して、集電体上部の電気を取り出す「タブ」という小さな金属突起を無くし、上端部すべてを電極として扱う「タブレス化」を行う。溶接工程の削減ができ、セルの発熱量を下げることも期待できる。

これらで、従来電池の5倍のエネルギー、6倍の出力が得られ、航続距離は16％向上すると目論んでいる。

2つ目のチャレンジは、製造工程に新たに「ドライ電極技術」を導入することだ。

これまでは、活物質などを含んだスラリーというドロッとした塗工液を集電体に塗って、オーブンで乾燥させ、スラリーに含まれていた有機溶剤を飛ばす湿式工法を使っていた。

しかし、ドライ電極技術では、電極材を粉末状のままローラーで集電体に固着させるので、設備の大きさも、使用する電力も10分の1に削減でき、極めて画期的だ。

そのためにテスラは2019年に約2億1800万ドル（約240億円）を出して「マックスウェル・テクノロジーズ社」を買収していた。試作ラインは既に稼働している。

3つ目のチャレンジは、負極材にシリコンの含有量を増やし、航続距離を20％向上させる。

4つ目のチャレンジは、正極材料のコバルトの量を減らしコバルトフリーを目指す。その一方で、ニッケル比率は高めていく。

コバルトはコンゴ共和国が世界の58％を供給し、その80％が中国に流れているとされる。政治的に不安定なコンゴでのコバルト採掘作業は、環境破壊や児童労働搾取の問題も指摘され、コバルトフリーを目指すのは当然の流れだ。

５つ目のチャレンジは、電池パックにしないで、電池セルを車体の下部に直接組み込む方法、いわゆるセル・ツー・パックだ。これは中国の大手電池メーカーＣＡＴＬが生み出した方式で、電池パック化の部品も作業工程も大幅に削減できる。だが、個々のセルの性能のバラツキが極限まで抑え込めることが条件であり、腕の見せ所となる。

この５つの技術革新で電池コストを56％削減し、ＧＷｈあたりの工場投資額は69％減らせるとイーロンは自信満々で発言していた。

# 変化に飲み込まれる人、変化を起こす人

## コロナ禍でも、なぜテスラは躍進したか

2020年、コロナ禍は人々の生活を大きく変え、経済に著しいダメージを与え、多くの企業は業績を下方修正し、倒産した企業も少なくなかった。そしてそれは今も進行中だ。世界的な大手自動車メーカーとて例外にはなりえなかった。GMは売上が前年比約11％減で純利益は約5％ダウン。フォード・モーターは売上が約19％減で、最終損益は12年ぶりの赤字となり、VWグループも売上が前年比約12％のダウンだ。そして、トヨタも売上が約9％のマイナスと大手自動車メーカーはどこも散々だった。

ところが、そんなコロナ不況を吹っ飛ばすようにテスラは2020年に業績を大きく伸ばしていた。新型コロナによるカリフォルニア州フリーモント工場の稼働停止があったにもかかわらず、販売台数、売上高ともに創業以来の最高値を叩き出し、通年で初の黒字を

成し遂げた。

最大の要因はモデル3だが、テスラ独特の販売方法にも注目しておく必要がある。

テスラはテレビCMも打たず、広告宣伝をほとんどやらない珍しい企業だ。そして、自動車業界なら常識のカーディーラーを通して車を販売することもやってこなかった。

そう、テスラは創業以来、直営店とネット販売の2本立てで戦っていた。クリックひとつで1000万円を超えるテスラ車を買う。そんな購買行動は日本では珍しいが、アメリカのユーザーは平気だったようだ。

コロナ禍が襲来する前の2019年2月には、テスラは直営店を閉鎖し、ネット販売への全面移行を打ち出した。この自動車のネット販売という斬新すぎるやり方が、モデル3などのテスラ車販売の背中を押すことになる。

ところで、クルマの性能は年々進化するが、カーディーラーの営業マンが顧客と対面で商談をまとめる販売方法は昔から進化していない。インターネット時代になってもこの商法は相変わらず続いている。

しかし、コロナ禍では対面販売ができず、カーディーラーのショールームに顧客が足を運ぶことは難しくなり、米大手自動車メーカーはどこも販売が低迷した。

ディーラーでの対面販売が難しくなった一方で、テスラはネットを使いクリックひとつでモデル3が買える強みを生かして販売を大きく伸ばしていった。

そんな状況をイーロンは「人々は自動車販売店に足を運んで、試乗して、ロビーで歓談することなんて望まなくなってきてるんだろう」と悦に入っていた。イーロンはカーディーラーが嫌いだ。そして、カーディーラーは、テスラとイーロンがもっと嫌いだった。テスラは全米のカーディーラーたちを敵に回していた。

## ディーラーは通さない

テスラはロードスターの販売を開始した2008年当初からカーディーラーは通さず、直営店か、ネット販売の2本立てで事業を進めた。その頃は、カーディーラーも、大手自動車メーカーもテスラのロードスターなど眼中になかった。無名のベンチャー企業が、リチウムイオン電池をたくさん積んで変な自動車を走らせているようだ。そんな色メガネで見ていただけだ。

ところが、次に出たモデルSの人気が本物だと気づくと、ディーラーたちは慌てて行動を起こした。

「カーディーラーを通さないでEVを販売するテスラは法律に反している」と全米カー

ディーラー協会が批判し、全米各地のディーラーたちがテスラ相手に訴訟を起こしていった。

## 時代遅れの法律

米国では、自動車メーカーが直接消費者に新車を販売することは州法によって禁止されていた。なぜ、そのような法律があるのか。

話は20世紀の初め、ヘンリー・フォードの時代にさかのぼる。四輪自動車の創生期にはとにかく故障が頻繁に起きていた。

そんな時、すぐに修理をしたり、部品を取り替えたりしてくれる存在として、ディーラーが必要だった。もしメーカーが直接販売していたら、故障した時には遠くのメーカー工場までいちいち持っていかなければならない。これは不便でユーザーから文句が出るし、現実的ではなかった。

その点、全米の至る所にディーラーの修理工場があれば、ユーザーは助かる。

それ以外にも、会社の規模も資金力も大きい自動車メーカーと、カーディーラーとの力関係の問題もあった。両者を普通に比較すれば「自動車メーカー」の方が強いに決まっている。弱いディーラーの立場を守るために「ユーザーはカーディーラーから買わなければいけない」という法律が州単位で制定されていった。

ちなみに、カーディーラーを守るこんな法律があるのは、米国だけだ。

## 強くなり過ぎたカーディーラー

石油利権と結びつく全米カーディーラー協会は、長年にわたりロビー活動に熱心に取り組み、年間何百万ドルもの資金を使っていた。いざ選挙となれば、その十倍以上のお金を投入し「自分たちの息のかかった候補者たち」を当選させてきた歴史があり、全米カーディーラー協会に支援された議員はたくさんいた。

そうやって全米カーディーラー協会は自らの影響力を強め、いつしか自動車メーカーの予想以上に発言力を持つようになった。

だが、自動車メーカーにとっては、自分たちの意のままに操れるディーラーであってもらわないと困る。強すぎるカーディーラーは邪魔だ。

そこで、GMやフォードは「ディーラーを通さず、クルマを直販する販売方法」を一時期模索したことがあった。だが、その動きは全米カーディーラー協会によって潰された。

時代は変わり、ヘンリー・フォードの頃とは自動車の品質も性能も比較にならないほど向上している。故障などめったにしない。カーオーナーなら、故障が起きてディーラーに持っていく経験など年に一度もないだろう。自動車メーカーの努力でクルマの品質が上がれば上がるほど、カーディーラーの存在価値自体が薄らいでいくというのは皮肉な話だ。

## テスラ対カーディーラー全面戦争

「テスラ車を俺たちにも扱わせろ」それが全米のカーディーラーの声だった。だが、イーロンマスクは頑としてはねのけた。

そして、テスラ対カーディーラーの全面戦争が始まった。

２０１３年、共和党が多数のノースカロライナ州は、テスラのネット販売を制限する法案を可決した。この時、ノースカロライナ州にはテスラの直販店がなかったので、消費者はテスラ車を買いたくても買えなくなった。

テスラはそれまで一度もディーラーを使って販売をしたことがないので、この法律はそもそもテスラには適用されないと主張した。だが、主張は認められなかった。

２０１４年にはニュージャージー州がテスラの直販を禁じた。そのため同州のテスラ全店舗の閉鎖と、従業員の解雇が決まった。ところが翌年には、ニュージャージー州知事が「最大4店舗の営業は認める」と姿勢を転じる事態となった。

2016年にはノースカロライナ州のシャーロット市でテスラの直販の申請が却下されたのだが、州都ローリー市では直販は問題なしとの判断が下った。テスラ対カーディーラーという新旧対決は混迷を極めていった。

テスラがネット販売への全面移行を試みた2019年までで、米国のいくつかの州では、テスラの直販が認められるようになっていたものの、全米の州の半数以上はテスラ直販を禁じたままだった。

法律は、時代の変化を無視し、市民の権利や利便性よりも、大企業の都合を優先することが多いのはどこの国でも共通しているようだ。

急伸するテスラ人気とは関係なく、カーディーラーたちは長年にわたり守ってきた自動車業界の慣習を壊そうとするテスラへの反感を募らせていた。

## 2020年はクルマのネット販売元年

法廷闘争は、時間も費用もかかり、前向きのエネルギーが浪費されていくだけだ。

テスラが２０１９年２月、思い切ってネット販売に全面移行しようとしたのは、ディーラーとの長年にわたる訴訟合戦があった故だ。当然のこと、やがて襲ってくる新型コロナウイルスのパンデミックをイーロンが予見したわけではなかった。

興味深いのは、「テスラがネット販売に全面移管した」というニュースは当時、周りからは懐疑的な見方しかされなかった点だ。米ウォール・ストリート・ジャーナルは「自動車の購入に際しては、営業マンによる世話が依然として必要だ」とシボレーのディーラーの声を載せていた。

ある意味で仕方なくネット販売への全面移行を試みた結果が、テスラに好業績をもたらした。ただ、直営店の全面閉鎖の方針は、その後、地主や議員などの反対にあって一時的に修正が加えられているが、オンラインへの全面移行の大方向は変わらない。

コロナ禍は、生活様式を変化させ、ビジネスの常識を変えさせてきた。今後何十年か経って２０２０年を振り返った時、「２０２０年はクルマをネットで買うという時代の幕開けだった」となるのだろう。

## アイデアは生むより、実行する方が難しい

### 欧州で次々とギガファクトリー計画が進む

「ＥＶは売れる！」

テスラはこれを高級４ドアセダンのモデルＳで証明した。すると、それまで様子見だった欧米の大手自動車メーカーはこぞって「ＥＶの商機を逃すな」とＥＶ開発を本格化させた。

少し遅れて、イギリスやドイツなど欧米各国は、２０２５年から２０４０年の間にガソリン、ディーゼル車の新規販売を全面禁止する決定を次々と打ち出して話題となった。そして今や欧州は、中国を抜いて世界最大のＥＶ市場になっていた。

ＥＶの出荷数は、電池の生産数量が鍵を握っている。しかも、電池コストはスケールファクターが大きく、電池の巨大工場での大量生産が、数量のみならず価格でも重要だとい

うことをイーロンは早い時期からわかっていた。だからまだモデルＳの量産が軌道に乗るかどうかのタイミングだったにもかかわらず、ギガファクトリー建設に踏み切ったのだった。その頃、自動車業界の専門家たちはギガファクトリーの規模の大きさに呆れ、「無駄な投資だ、失敗する」と冷めた目で見ていた。

しかし今、イーロンの後を追うように、欧州ではギガファクトリーの建設ラッシュとなっている。

## 前のめりの欧州ギガファクトリー計画

英国の電池メーカー「ＡＭＴＥパワー社」が新興企業「ブリティッシュボルト社」と共同でテスラ級のリチウムイオン電池工場を英国に建設すると２０２０年5月に発表した。「英国初の巨大バッテリー工場、ギガファクトリーができる」

ＥＵ離脱でごたごた続きの英国でこのニュースは久々に明るい話題と受け止められた。予定投資額は40億ポンド（約５２００億円）で、年間生産能力は30ＧＷｈ。これはテスラのギガネバダと同等レベルで、４０００人の雇用計画は英国ジョンソン首相にとっても嬉しい話だ。

2020年1月、プジョーなどを傘下に持つ仏「グループPSA（現・ステランティス）」は電池メーカー「サフト社」との合弁で、フランスとドイツにそれぞれ24GWhのギガファクトリーを建設すると発表した。生産開始は2023年の予定だ。

スウェーデンのベンチャーでリチウムイオン電池メーカー「ノースボルト社」は30億ドル（約3300億円）を投じて、水力発電を利用したギガファクトリーをスウェーデンに建設中で、2024年までに年間32GWh、将来的には40GWhのリチウムイオン電池生産を計画している。EV用と、再生可能エネルギーで発電する電力会社の蓄電用で事業展開する考えだ。

ところで、同社の創業者でCEOのピーター・カールソンは、テスラで物流部門責任者をしていた人物だった。「テスラでの経験を活用したい」と2016年にノースボルトを創業、スウェーデンの水力発電を利用した脱炭素100％——つまり、世界で最も地球に優しいギガファクトリー計画を進めている。

ちなみに、EU27カ国の発電電力量に占める再生可能エネルギー比率は、2020年に38％で、初めて石炭などの化石燃料（37％）を逆転した。国別で見ると、デンマークの再生エネ比率は78％で、ドイツは45％だ。クリーンな電力でバッテリー生産をしないと、せっかくのEVの環境効果も半減してしまう。

## また遅れる日本

では、日本ではどうだろう。残念ながら巨大なギガファクトリーを日本国内に作るという話は全く聞かない。トヨタとパナソニックが電池合弁会社を作ったが、今すぐ必要なリチウムイオン電池の巨大工場ができるわけではない。

日本でギガファクトリーがない意味は、日本の自動車メーカーのＥＶ化への本気度が低いことの表れでもある。

トヨタはＨＶ（ハイブリッド車）、ＰＨＶ（プラグイン・ハイブリット車）、ＥＶにＦＣＶ（燃料電池車）と全方位戦略のままだ。

しかし、世界の動きは速く、ＥＶシフトは既成事実化しようとしている。ブルームバーグＮＥＦによると、ガソリンやディーゼルエンジンなどの内燃機関で走る乗用車の全世界販売台数は、コロナ禍以前の２０１７年時点で既にピークを過ぎたと分析していた。

日本は、自動車メーカーのＥＶ化の出遅れだけでなく、欧州と比較して国内電力会社の$CO_2$排出量が多く、クリーン化への電力会社の意欲はほとんど見られない。このままでは欧米だけでなく、中国にも先を越されかねない。

## 脱アジアで主導権を取り戻したい欧州

ブルームバーグによると2019年のEV用リチウムイオン電池の出荷量ランキングは、1位がパナソニックで26％、2位は中国のCATLで23％、3位は韓国のLG化学で12％となっていた。つまり、日中韓の3社で市場の61％を占めていることになる。

しかし、2020年には1位はCATL、2位がLG化学、3位がパナソニックとなった。パナソニックが首位から陥落したのは、大口顧客のテスラがパナソニック以外のCATLとLG化学との並行取引を始めたことが大きい。

また、リチウムイオン電池の生産能力を地域別で見ると、中国が77％、米国が10％で、欧州は4％しかない。

このままEVシフトを進めても、リチウムイオン電池の生産工場と製造メーカーが欧州になければ主導権は取れない。その危機感から欧州は様々な手を打ってきた。

EV用電池に関し、アジア依存を減らし、電池サプライチェーンをEU域内に構築するために、まず2017年に「欧州バッテリー同盟（EBA）」を立ち上げた。

そして、バッテリー技術の研究開発プロジェクト「欧州バッテリー・イノベーション」に対し、最大で29億ユーロの国家補助をすることを欧州委員会が2021年1月に決定している。

もともとEUは2019年に「欧州グリーンディール」を発表し、2050年までに温室効果ガス排出量を実質ゼロにする目標を掲げている。イノベーションによって脱炭素化と経済成長の両立を図る方針で、大きな役割を果たすのがEV用のバッテリーだ。

EBAを主導してきたマレシュ・シェフチョビチ欧州委員会副委員長は「2025年までに少なくとも毎年600万台のEVにバッテリーを供給する体制を築く」と強気を見せる。2020年の欧州の新車販売台数は約1200万台で、約半分がEVとなる計算だ。

## 賭けに出たフォルクスワーゲン

欧州の自動車メーカーの中で、独フォルクスワーゲン（VW）のギガファクトリーへの入れ込みようはすごい。

2021年3月にスウェーデンの「ノースボルト社」と結んだ140億ドル（約1兆5000億円）の大型契約が象徴的だ。ドイツなど欧州の6か所でギガファクトリー建設を推進し、年間240GWhのバッテリー生産を目指す。50％のバッテリーコストダウンを実現し、2025年までにEV生産能力を150万台に引き上げるという。

ＶＷがギガファクトリーへ巨額投資をするのは、なんとしてでもＥＶ化で主導権を取り戻したいからだ。

13ページで述べたように、振り返れば２０１５年は地球温暖化対策でも鍵となった年であり、ＶＷにとっては排ガス不正事件で信用を失墜させた年でもあった。それはＶＷのディーゼルエンジン車では欧州の厳しい排ガス規制をクリアしない故に犯した、会社ぐるみの犯罪だった。

ＶＷはこれまでに4兆円を超える罰金や訴訟費用などを支払っており、経営陣を一新し、ＥＶ化に勝負を賭けている。賭けの運命を握るのは、誕生間もないリチウムイオン電池生産企業のノースボルト社だ。

各国政府、自治体にとってコロナ禍に苦しむ経済を立て直すためには、テスラだけでなく、どのメーカーのギガファクトリーも格好の起爆剤となる。地球温暖化対策、持続可能な社会の実現にも貢献し、雇用も確保できる。なによりＥＶシフトの世界的主導権争いでリードできる。そんな皮算用が現実のものとなるかどうかはまだ現時点ではわからない。しかし、日本では感じられないが、欧州でのギガファクトリーへの入れ込みようが本気なのは確かだ。

# 今やっていることが、将来を決める

## 初代テスラCTOが作った電池リサイクル会社

世界中のギガファクトリーで製造した大量のリチウムイオン電池は、ＥＶで使った後はいったいどうなるんだろう？

一般に定格容量の約７割以下になると、ＥＶ以外の用途でのセカンドライフに転用する。つまり、リユースだ。たとえば、太陽光発電の定置用蓄電池としてなら、さらに６年から10年程度使い続けられる。

それでも、いつかは廃棄処分が待ち受けている。だが、そのまま廃棄したら環境悪化を引き起こすし、持続可能な社会の実現に反することになる。

誰かが大量のリチウムイオン電池のリサイクルをやらなければいけない。

そこでテスラはリチウムイオン電池のリサイクル施設のオープンを２０１９年に発表した。使用済みのリチウムイオン電池を回収、リサイクルして再利用する閉ループの確立を目指している。

このリサイクル事業のパートナー企業となったのがネバダ州カーソンシティにある「レッドウッド・マテリアルズ社」だ。同社を立ち上げたのは、テスラの初代ＣＴＯ（最高技術責任者）を務めていたＪ・Ｂ・ストラウベルだった。若い時、中古のポルシェをＥＶに改造して走り回したほどのＥＶオタクである。

スタンフォード大学で学び、エネルギー工学の学位と修士を持つストラウベルはテスラ創業時からのメンバーで、イーロン・マスクを15年にわたり支えてきた優秀で実直な人物だ。ロードスターもモデルＳもモデル３も、ストラウベルなしでは成功はおぼつかなかっただろう。

テスラを２０１９年に辞めたストラウベルは、大量に作られているリチウムイオン電池をリサイクルするためレッドウッド・マテリアルズ社を立ち上げた。

「気候変動と闘うためには、製品が環境に与えるインパクトを解決する必要がある」と語るストラウベルは、パナソニック社と提携して、テスラのギガファクトリーから排出するバッテリー部品の廃材のリサイクルから始めた。

「循環型サプライチェーン」を掲げ、使用済みのリチウムイオン電池からコバルトやニッケル、リチウムなどの材料を取り出し、そしてパナソニックなどに供給する事業を進めている。

計画がうまくいけば、パナソニックのサプライチェーンは、鉱山から採掘した鉱物を使うのではなく、レッドウッド社がリサイクルし抽出した鉱物を使うものへと、画期的な変化を遂げることになる。

アマゾンが気候変動対策のために立ち上げた投資ファンド「クライメート・プレッジ・ファンド」や、持続可能性を重視するファンド「カプリコーン・インベストメント・グループ」なども同社に出資し話題を呼んでいる。

レッドウッド社は当初はB2Bで始めたが、2021年に入ると一般消費者のスマホやタブレットなどリチウムイオン電池を使用するすべてのデバイスをリサイクルする事業も始めている。

使い古された電池セルの取り扱いは簡単ではないが、純度は鉱山の金属よりも格段に高い状態にあり、リサイクル効率は高い。これぞ都市鉱山の活用だ。

## 上流のサプライチェーンに優秀な人材を

テスラ出身者がバッテリーを作る側から一転して、リサイクル会社を起業する。それを不思議と思うか、当然と思うかは人それぞれだろう。

それを当然だと思ったのはストラウベル以外にもいた。しかもテスラで、サプライチェーンの副社長を務めていたピーター・カールソンだ。

前述したスウェーデンのノースボルト社を興した人物で、ノースボルト社は単にリチウムイオン電池を生産するだけでない。電池のリサイクルも手掛けていて、やはり循環型サプライチェーンを目指している。

カールソンはイーロン・マスクから学んだことについてこう語っていた。

「テスラ創業期は大変だった。しかし、非常に強い使命と、確固たる目的を持っていれば、無謀と思えることでも成し遂げる力が生み出せる」

ところで、レッドウッド社のストラウベルが「工場の上流のサプライチェーンは過小評価されている」と指摘するように、これまでリサイクル事業には優秀な人材がなかなか寄り付かなかった。

地味な業種のリサイクル業は、装置にコストがかかり、現時点では、新しい電池を製造する方が安くつくのが実態だ。

だからこそ、規模を大きくし、新たな技術革新を起こして、採算ラインを超える経営ができる人材がこれまで以上に求められている。

世界的なＥＶシフトと持続可能な社会実現への流れは強まっており、それには経済合理性を伴うクローズドな循環サイクルが欠かせない。電池を作っていた側から、電池をリサイクルする側へ回って事業をやろうという優秀な人材が出てくることは、未来への大いなる希望になる。

ストラウベルがテスラのCTO職を辞し、レッドウッド・マテリアルズ社を立ち上げる少し前からイーロンの私生活に変化が起きていた。それは新たな恋愛だった。

相手は17歳年の離れたカナダ人歌手のグライムスだ。その前に、２番目の妻だったタルラ・ライリーとの顛末《てんまつ》を話しておいた方がいいだろう。

モデルSの出荷が始まった２０１２年にタルラと離婚が成立したイーロンだったが、わずか1年後に彼女と再び結婚し、世間を騒がせた。そこまでするなら今度はタルラと長く続くかと思われた結婚生活だったが、ソーラーシティと経営統合した２０１６年に再び離婚成立となっていた。

かくしてグライムスは3番目の妻となり、テスラ株が8倍に急騰した２０２０年には彼女との間に息子が生まれた。イーロンはこれで6人の男の子の父親となった。それにしても、この男、恋愛のスピードも光速だ。

# 第5章

# 奇跡を起こす「イーロン・マスク」

# 視点を変えれば、景色は変わる

## 2つの極端な思考を操り、実行する

この章では、テスラとスペースXという世界有数のテクノロジー企業を率いるリーダーとしてのイーロン・マスクの能力を大胆に分析していきたい。

彼を成功に導いた、そして最も優れた能力は、両極にある2つの思考をバランスさせ、実行できることだ。

イーロンは、いわゆる「鷹の目」と「蟻の目」という両極のモノ差しを持っていて、顕著な例が「壮大な目標」と「日常の業務」だ。

「火星に人類を移住させる」と壮大な目標を掲げている一方で、日常業務の現場ではファルコンロケットのマーリン・エンジンの設計にまでイーロンは口を出していた。部下が2000ドル（約21万円）の実験装置を発注したいと言ってきた時、もっと安いものがあるはずだと言って探させた。

NASAから数十億ドル（数千億円）、つまりギガ（10の9乗）単位の金額の契約を獲得しながらも、ロケットコスト削減のためにロケットの先端を被う部品（フェアリング）の海上での回収までやろうとする。

テスラでは「世界中のクルマをEVに置き換える」と大きな目標を掲げ、1億台（10の8乗）のEV生産を目指すくせに、モデルSの開発ではドアノブのマイクロメートル単位（10のマイナス6乗）の設計に注文をつけていた。

人の思考回路にはそれぞれ〝モノ差し〟が備わっている。大きなモノ差しの人は小さなことはわからず、小さなモノ差しの人は大きなことは理解できないものだ。

たとえば、電子部品の技術者はマイクロメートル単位で設計を考えるが、山間部のダムの建設技術者はその100万倍のメートル単位で図面を描く。陸軍の歩兵部隊の指揮官は1日約15㎞の移動距離で作戦を練るが、空軍はその約1000倍の10分で100㎞以上の移動距離で考えるという。

電子部品の技術者にダムを設計させてもうまくいかないし、その逆もしかりだ。思考のモノ差しの単位が違うからだ。

ところが、イーロン・マスクはTWh（1TWh＝10億kWh）のギガファクトリー構想を練りながら、モデルSのインバータから出る微かなモスキート音を気にして設計変更を部下に命じてしまう。こんな両極端の思考を操れる経営者はまずいない。

スティーブ・ジョブズは資金調達や経営にまつわる大きな数字を扱いながら、iPodの設計に口を出したではないかと思う人がいるかもしれない。だが、それはユーザーの使い勝手で見た時の注文でしかなく、ジョブズは設計の具体的な数値に指示を出したことはなかった。

イーロンは、空からの「鷹の目」と地面からの「蟻の目」という両極のモノ差しを持ち、見事に使いこなしている。

だがもし、鷹の目しかイーロンになかったら蟻の現場はついてこないし、現場の問題を彼が理解することもできない。その結果、イーロンと部下との間に大きな溝ができて、会社は空中分解しただろう。

では、逆に、蟻の目しかなかったら、大きな目標は決して掲げられず、世間の注目も、多額の資金も、優秀な人材も集まっては来なかった。

ちなみに、世界的調査会社ユニバーサムの2020年のレポートによると、米国の工学系の学生たちにとって最も魅力的な企業ランキングの1位は、グーグルでもアップルでもアマゾンでもなく、テスラだった。そして2位は、スペースXだ。イーロン・マスクと働けば、世界を変える一員になれると学生たちは信じている。

## 「新」と「旧」の選択力

両極にある2つの思考を絶妙にバランスさせるイーロンの類《たぐい》まれな能力は、「新」と「旧」にも表れている。

カリフォルニアにあるテスラのフリーモント工場は「旧」つまり、中古品だ。イーロンが、閉鎖が決まっていたトヨタとGMが合弁で設立した自動車工場NUMMI《ヌーミ》を中古で安く買って、モデルSの生産工場としたのがフリーモント工場だ。その時、NUMMIにあった大型プレス機なども安価で手に入れた。

その一方で、組立ラインへ入れるロボットはカネをかけて「新」であるドイツ製の最新機械を導入している。

スペースXのファルコンロケットの工場は、旅客機を作っていたボーイング社の中古品だった。さらに、ファルコンロケットの発射台の改修に使う部品は、部下に中古品を探させて費用を少しでも安くあげる努力を惜しまなかった。

イーロンは大金持ちだから、なんでも新品にするのかと思いきやそうではなかった。かといって、すべてを中古品で賄おうとするのでもない。イーロンは「新」と「旧」のバランスをうまく取って、カネの使い方にメリハリをつけている。

しかし、これは技術をよく理解しているからできる優れ技だ。

## 「小」を束ねて「大」を作り出す能力

イーロンの、両極にある2つの思考を絶妙にバランスさせる能力は、「小」と「大」にも見て取れる。つまり、小さい既存技術を束ねて、大きな性能を生み出す手法で、テスラ車のバッテリーも、ファルコンロケットのエンジンも作り出されていた。

テスラは、他社がやっていたようにEV用に大きくて高性能なバッテリーを専用で開発するのではなく、既にノートPCで使われ、そこそこの性能が出るリチウムイオン電池を数千個束ねて、1個の大きなバッテリーのように扱う方法を考え出した。そして、ポルシェを超える優れた走行性能を実現した。リチウムイオン電池は大量生産され、コストも品質も安定していた。

既存の小さな技術を束ねて、大きな性能を作り出す手法は、スペースXのファルコンロケットで使っているマーリン・エンジンにも使われた。

マーリン・エンジンはガスジェネレータ・サイクルを採用しているが、これは、1960年代後半に登場した古い技術で、エネルギーロスもあるが、多くのロケットが採用している安定したテクノロジーだ。燃料にケロシン、酸化剤に液体酸素という組み合わせも、性能はそこそこだが、取り扱いは簡単だった。

安定していてそこそこの性能のマーリン・エンジンを9基束ねることで、大きな1つのロケットエンジンに匹敵する高い性能をスペースXの技術者たちは短期間で生み出した。それがファルコン9だ。さらに、マーリン・エンジンを27基束ねたのが、推力がファルコン9の約3倍のファルコン・ヘビーとなる。

イーロンは異常なほどスピードを重視する経営者だ。専用の大きな技術を時間をかけて作るより、既存の小さな技術を束ねて改良し、格段に高い性能をスピーディに創り出すという選択で成功を導いた。

## 日本への警鐘

日本の半導体も液晶も太陽光発電パネルも一時期世界をリードしたが、衰退した。原因は安く作ることを怠ったからだ。今、EVシフトに遅れた日本の自動車メーカーで、水素エンジン車開発が話題になっている。FCVは水素から電気を生んでモーターを回して走るクルマだが、水素エンジン車は水素を燃料として燃やしエンジンを動かす仕組みだ。これまで蓄積した日本の高いエンジン技術が生かされると自動車メーカーは期待している。しかし、このような技術以上に重要なことは、その水素エンジン車の価格がいくらになるかだ。ＦＣＶより安く水素エンジン車が作れても、ＨＶより高ければ誰も買わない。そもそもＦＣＶが売れないのは価格が高いからだ。

また、ＨＶよりもＰＨＶの販売台数が一桁少ないのも、ＰＨＶの方が価格が高いからだし、ＨＶもＰＨＶもガソリン車より売れないのは、やはり価格が高いからだ。

テスラもスペースＸも革新的な技術を生み出す一方で、コストダウンにも技術革新と同じ熱量を注いで、劇的なコストダウンも成功させている。だから、テスラは１０００万円以上のＥＶを３００万円台までコストダウンでき、スペースＸはロケットコストを10分の1に削減でき、ロケット再利用で１００分の１にすることを目指している。

新技術の開発だけでなく、テスラやスペースＸのように安く作ることにも猛烈に取り組まないと、水素エンジン車も半導体や液晶の二の舞で終わるだろう。

さて、日本政府はトヨタなどの日本の自動車メーカーからの強い要請でＨＶも「電動車」に含めたが、これは世界基準からは外れている。米国も欧州も中国でさえその範疇《はんちゅう》からＨＶは除外している。

そして、ＨＶもＰＨＶもガソリン車より価格は絶対に安くならない宿命を負っている。

なぜなら、電池とモーターという余分な部品をぶら下げているからだ。

ならば、イーロン・マスクが唱える１ｋＷｈあたりのバッテリーコストが１００ドル以下になり、ＥＶがガソリン車より安くなった瞬間、ＨＶとＰＨＶも一般の消費者から見捨てられる。日本は目を過去ではなく、未来に転じないとひどいことになる。

# ブレーキから足を外すと、スピードは速くなる

## 早食いだから、仕事もスピーディ？

企業は恐竜のように、大きくなればなるほどスピードが遅くなるものだ。

ところが、大きく成長したテスラもスペースXも、事業スピードは遅くなるどころか、さらに速くなっている。

「ギガファクトリー」の世界展開、新型リチウムイオン電池「4680」の開発、宇宙船「クルードラゴン」から火星宇宙船「スターシップ」、衛星インターネットサービス「スターリンク」の展開と、挙げればキリがない。

それにしても、イーロンはなぜこんなに急ぐのか？

イーロンは、食事も早食いだ。ハンバーガーなら1口、2口で飲み込んでしまう。毎日3食食べて、夜は寝ることが健康の秘訣。なんてことはこの男の眼中にはない。

30歳の時に海外旅行でマラリアに感染し、一時は危篤状態に陥ったこともあるイーロンだが、健康への意識は低い。むしろ、生き急いでいる感じさえしてしまう。毎日が陸上100メートル走のように全力疾走を365日続けている。

そのイーロンが率いるテスラとスペースXのスピード感の速さと、スケール感の大きさを実現した背景には、ひとつの事業手法があった。それが「ベストエフォート型」だ。

まずは、「ベストエフォート型」と、その対極にある「ギャランティ型」から話を始めよう。

## 日本人の好きなギャランティ型だが

従来のテレビや自動車といったハードウェアの世界では、品質や性能の保証をしてきた。これが、ギャランティ型だ。ありとあらゆる状況を最大限想定し、性能テストや品質確認を何度も繰り返し、時間とコストをかけて不良品が出ないように万全を期した。完璧を求める日本人気質にこれは合っていた。

ただし、ギャランティ型は、不良品も失敗も、あってはならない〝悪〟だと拒絶する風土になる。失敗した人は給料が減り、出世が遠のいた。

ところが、シリコンバレーを中心としたソフトウェアの世界では、プログラムのバグはあって当たり前。不具合が起きることも折り込んで、結果を保証しないベストエフォート型で成長してきた。

ＰＣがフリーズしたら、電源を切ってもう一度立ち上げればいい。インターネット回線は絶対につながることを保証してはいないし、ソフトウェアの動作が途中で変になれば、プログラムを閉じ、ＰＣを再起動してやり直す。それでもダメなら、アンインストールしてインストールし直せばいい。

「とりあえずやってみる。問題が起きれば修正する」。これはアメリカ人の気質に合っていた。

さて、ギャランティ型は時間もコストもかかるが、万が一の問題が起きる確率は極力減らせる。従って、社長が世間やマスコミの批判にさらされる回数も減る。ところが、失敗を悪と見なすギャランティ型では、革新的なテクノロジーが誕生する可能性は甚だ低くなる。

一方のベストエフォート型は、導入がスピーディでコストも減らせる。失敗を容認するので、革命的なテクノロジーを生み出しやすくなる。

だが、万が一の問題が起きる確率は極めて高くなり、その結果、社長が批判にさらされる回数は格段に多くなる。しかも、会社業績は乱高下しやすく、事業継続性は低くなる。

## 最も保守的な業界への挑戦

ギャランティ型で最も保守的な自動車業界にイーロンは、ベストエフォート型を持ち込んだ。

たとえば、テスラのモデルSの開発におけるα版（開発初期の試作品）はたった15台だった。これで、寒冷地走行テストも衝突試験も済ませて、インテリアデザインの検討もやってしまう。しかし、トヨタやGMなどギャランティ型の自動車メーカーでは〝万全を期す〟ために、２００台以上は必要だった。

とりあえずやってみる。でも、ダメだったら、原因を解明し、改善する。ベストエフォート型でテスラはこのサイクルを高速で回し、モデルSのα版の台数の少なさを補っていた。

自動運転オートパイロットもベストエフォート型と見ればわかりやすい。オートパイロットは完璧ではなく、今はレベル2だ。

しかし、運転する人が正しく使えばオートパイロットは画期的に便利なツールだ。万が一の場合に備えて、運転手はハンドルに手を置いておくだけでオートパイロットが目的地へクルマを運んでくれる。

そして、万が一が起きたら、運転手はハンドル操作を代わればいい。ベストエフォート型のサービスはうまく使えば、桁違いの利便性が安く手に入る。

それでも万が一、オートパイロットで事故が起きたら、イーロンが非難を矢面に立って受け、その間に技術者たちが改良設計に全力で当たり、完成度を高めるサイクルを回す。

宇宙開発も非常に保守的な業界だが、スペースXもベストエフォート型で切り込んだ。ロケット再利用が成功する保証はどこにもなかったが、スペースXはそれに挑戦し、何度も失敗を繰り返しながらテクノロジーを磨き、7回の失敗の末に成功をつかんだ。

もしこれが、大企業でギャランティ型のボーイングなどの航空宇宙企業だったら。一度の失敗で、まず社内は大騒動になる。原因の分析と責任のなすりつけ合いに2年、3年を費やし、その間に、ロケット再利用推進派と否定派のバトルが炎上する。運よく推進派が勝って改良設計に入ろうとすると、社長を交えて「打上げ失敗を繰り返さない」ための検討会議が次々と始まりまた2年、3年を要する。その結果、責任者はポジションと共に情熱も失い、ロケット再利用への挑戦を諦めて、従来通りの使い捨てロケットに戻っただろう。

## ベストエフォート型を持ち込んだことが革新的

しかし、ベストエフォート型を用いるのは簡単なことではない。イーロン・マスクがやったように、自動車やロケット開発でベストエフォート型が機能するには2つの絶対的条件があるからだ。その1つ目は、基本設計が正しいこと。基本設計が正しければ、「後付け改善」で問題点を解決し、完成度を高めていくことができる。

たとえば、モデルSの基本設計のひとつは、約7000個のリチウムイオン電池を車体下部に敷き詰めることだった。だが、この設計では路肩などに乗り上げた時にバッテリーが損傷しやすくなると危惧する専門家はいた。テスラの技術者も当然わかっていたので、バッテリーパックの底にプロテクターを装着した。

それにもかかわらず、ワシントン州の高速で走行中に落下物をモデルSが車体の下に引っかけ、発火事故が起きてしまったのは、前述の通りである。

バッテリーレイアウトをその時点から変更するとなると大変な作業になる。テスラはどうしたかというと、バッテリーレイアウトの変更はしないで、後付け改善で対応し、安全性を高めた。具体的には、高速走行中はソフトウェアで自動的に車高を上げるようにし、ハードウェア的には、車底に3重構造の強力なプロテクトシールドを追加した。それ以降、問題は起きていない。

後付け改善で効果が得られ、車体下部にリチウムイオン電池を敷き詰める基本設計はそのまま継続された。次のモデル3でもバッテリーは同様のレイアウトを採用している。

しかしもし、車高を上げても、強力なプロテクトシールドを破壊し火災事故が続出したなら、モデルSの大量のリチウムイオン電池を車底に敷き詰めるという基本設計が正しくなかったことになり、一からすべて見直す必要が出てくる。

ベストエフォート型と簡単に言ったが、ソフトウェア製品では大規模な生産設備も必要ないので、もし基本設計が間違っていて、一からやり直しても、開発人件費と時間だけのロスで済む。

ところが、自動車ではそうはいかない。

基本設計を一からやり直すとなると、その影響はすべての部品に及ぶだけでなく、工場で使っている生産設備の変更も余儀なくされる。発注していた多種で多数の部品のキャンセルもしないといけないし、生産ラインを組み替える必要性も出てくる。自動車でもロケットでも、基本設計が間違ったとなると、ソフトウェア製品とは桁違いに莫大な費用が発生し、経営を揺るがしかねない。

だったら、「とりあえずやってみる」のベストエフォート型ではなく、最初の段階から、万全を期するギャランティ型で、走行実験を最大限広範囲に行って、絶対に安全なバッテリー位置を見つけ出す作業に多大な時間を費やす方を選んでしまうのが合理的となる。

基本設計に絶対の自信がないと、自動車やロケットのような大規模ハードウェア製品の開発でベストエフォート型を採用すると、ひどい目に合う。遠回りと見えても、ギャランティ型で自動車開発もロケット開発も進められてきたのはこうした背景からだ。

そう考えると、テスラとスペースXの技術力の革新性に驚くだけでなく、それ以上に、イーロンが失敗覚悟のベストエフォート型でこの２社の事業を進めたことこそが革新的だと捉えなければいけない。

## 失敗なくしてイノベーションは起こせない

自動車やロケット開発でベストエフォート型が機能するための絶対的条件の２つ目は、トップが失敗する覚悟を持つこと。言い方を変えると、失敗への覚悟がトップにある場合だけ、ベストエフォート型は機能する。

イーロンほど失敗を積極的に受け入れる経営者はいないだろう。失敗は、貴重な学習材料であり、何を学び、どれだけ早く改善策を見つけ出せるかが重要だと捉えている。「たかが失敗だ。失敗なくしてイノベーションは起こせない」とイーロンは言う。彼の頭脳には、失敗を避けるという回路はない。

しかし、それ以上に驚嘆することは、小さい失敗に留まらず、途方もなく大きな失敗までもイーロンは覚悟している点だ。

創業2年目で、ロケットを一度も打ち上げていないスペースXが周りの反対を押し切って、最大の顧客となりうるNASAを訴えた話は既にしたが、それだけでなく米空軍を訴えたことさえあった。

米空軍は毎年、軍事衛星を数多く打ち上げ、請負企業との「長期契約」を好み、「一社独占」が常態化していた。その一社とはユナイテッド・ローンチ・アライアンス社（ULA社）だった。

そこに、スペースX社なら年間10億ドル（1000億円）は税金を節約できるとイーロンは主張し、米空軍にアタックしたが跳ね返されていた。

ついに2014年4月、米空軍がULAと結んだ衛星打上げの長期契約は「市場競争を妨げている」とイーロンは主張して、訴訟を起こした。ただし、NASAと同様に、米空軍もまたスペースXにとっては将来の有力顧客であった。

訴えられた米空軍側はこうイーロンに釘を刺した。

「一般的に言えば、これから共にビジネスをしようとする相手に訴訟は起こさないものだ」

もし、スペースXが裁判で米空軍に勝っても、なんの得にもならない。「ビジネスが来なくなるだけだよ」。誰もがそう思っていた。

裁判は和解に持ち込まれた。

その結果、予想に反して、米空軍の入札にスペースXが参加可能となった。２０１６年には米空軍のＧＰＳ（全地球測位システム）衛星の後継機８３００万ドルの契約を獲得する。スペースXの桁違いのコスト力と、ロケットすべてを米国内で製造している現実は、税金で運営される米空軍として無視できない状況になっていたからだ。

それにしても、裁判でもし負けていたら、スペースXは将来の最大顧客のひとつを失い、多大な損害を被るところだった。結果オーライだったが、すべてを失うリスクを覚悟で、信じることのために実行に移す才能。いや、才能と呼んでいいのかさえわからないが、これは他の経営者に類を見ず、イーロン・マスクにしかない切れ味抜群の武器だ。ただし、諸刃の剣でもあることに注意しておく必要がある。

## イーロンの過大な使命感と、過剰過ぎる自信

人類と地球のために、持続可能な社会を一日でも早く実現しなくてはならない。それが遅れれば、化石燃料を燃やし尽くし文明が崩壊する。はたまた、化石燃料を燃やし尽くす前に、温暖化ガスで地球環境が悪化し、人類の存続が危うくなると、イーロンは真剣に受け止めている。

持続可能なエネルギーの創出、サステナブルな社会を一日でも早く実現しなくてはならないという過大な使命感に、南アフリカ生まれの異端児はとらわれている。

しかも、それができるのは自分をおいて他にないという過剰な自信を纏《まと》っていた。テスラでもスペースXでも、イーロンと働いてきた連中は異口同音にそうした感想を漏らす。

イーロンの過大な使命感と過剰な自信が、スピード重視のベストエフォート型を選択させ、テスラとスペースXの破格の推進力を生んでいる。

失敗への覚悟があるから、10%、15%といった小さな改良ではなく、3倍、5倍といった桁違いのスケールアップを目指すことが可能になる。

失敗への覚悟があるから、ギガファクトリーがネバダから、上海、ベルリン、オースチンと、常識破りのスピード感を持って拡張させていくことができる。

もし、イーロンがギャランティ型でやっていたら、テスラもスペースXも凡庸なメーカーで終わっただろう。

## 待ち受けている未来

### チャイナリスクとの向き合い方

中国でのテスラブランドの人気は非常に高く、ステイタスになっている。そして、上海のギガファクトリーでは、モデル３とモデルＹの生産が順調に伸びている。

ところが、その中国でテスラに影が差す事件も起きていた。

２０２１年４月の上海モーターショーでのことだった。

テスラブースに展示してあったモデル３の上に女性がのぼり、「欠陥ブレーキだ」と叫んだのだ。女性の着ていたＴシャツには「ブレーキが利かない」の文字があり、一連のシーンはＳＮＳで配信され話題を呼んだ。のちに、この女性の父がテスラ車を運転中にブレーキが利かず事故になったという話が出てきた。

当初テスラ中国法人の幹部は、これをヤラセだと決めつけてしまって、火に油を注いだ。するど、待ってましたとばかりに中国共産党中央政法委員会が「テスラは傲慢だ」と批判すると、ボヤは大火事になっていった。

最初は強気だったテスラも日に日にコメントはトーンダウンし、謝罪に追い込まれた。

これに先立つ3月には、テスラの車載カメラが、中国の軍関連施設の情報を収集している懸念があると中国政府から因縁をつけられ、中国軍の施設や軍関係者の住宅地へのテスラ車の乗り入れが禁止されていた。

中国はテスラの売上の約3分の1を占め、今後さらに高い伸びが期待されている。14億人の中国市場は魅力だ。しかし、中国政府は厄介だ。

以前にグーグルは、中国政府から中国ユーザーの情報の提出を求められた。グーグルはそれを嫌い、中国市場からの撤退を決めた。対照的だったのはマイクロソフトで、中国政府の要求になんの抵抗もせず、ユーザー情報をあっさり渡した。

対応が一筋縄ではいかない中国と、どのようにイーロン・マスクは付き合っていくのか。歯に衣着せぬ発言がイーロンの魅力だが、こと中国に対しては今のところ低姿勢で通している。

さらに、米バイデン政権が対中国強硬路線を走っていて、米中政権の板挟みになる危険性は否定できない。

## ポスト中国のサプライチェーン

マルチタスクでイーロンの頭脳は働いている。米中貿易戦争に巻き込まれ一喜一憂するより、新たなサプライチェーンを開拓して、1億台のEV生産を一日でも早く実現したい。イーロンは、現在、インドネシアとインドでギガファクトリーの計画を進めていると報じられている。

インドネシアは、リチウムイオン電池の重要な材料ニッケルについて世界トップの埋蔵量を有している。同国政府は、2020年1月にニッケル鉱石の輸出を停止した。そこには、原材料の単なる販売ではなく、採掘から電池製造まで一貫したニッケルのサプライチェーン体制を構築したい意図があった。利害が一致するテスラは、インドネシアにバッテリー工場を建てる計画を進めているとのことだ。

インドにもテスラは工場進出を計画していると報じられている。「テスラがインド国内でのEV生産を決めた場合、中国より確実に低いコストで生産できるよう対応する」とインド政府の運輸相は非常に前向きだ。ただ、共に今後の新型コロナの感染状況次第で変わってくる。

## 大手石油会社が再生可能エネルギーへシフト

コロナ禍は、世界の石油業界にも大打撃を与え、エネルギーシフトの現実を見せつけた。

2020年2月、英石油大手BPは、「2050年までに$CO_2$排出量を正味ゼロにする」と発表し、衝撃が世界を駆け巡った。

世界の気温上昇が1・5度に制限されれば、今後30年間で化石燃料の需要は75%減少すると悲惨な予測をしたBPにとって、悠長なことは言っていられなかった。

石油、ガスの生産を2019年と比べ40%削減し、再生可能エネルギーへ50億ドルの投資をすると同社の新CEOバーナード・ルーニーは発表した。今後さらに、250億ドル規模の石油やガスの精製施設を順次売却し、1万人のリストラも行い、それらと並行してEV用充電スタンド数を約10倍の7万か所に増やしていく意向だ。エネルギーシフトと、EVシフトが同時進行となる積極策だ。地球温暖化と戦うイーロンたちにとっては朗報と言える。

ちなみに、英BPの2020年決算は203億ドル（約2兆1300億円）の大赤字を出した。

2020年10月には、米石油大手のエクソンモービルが時価総額で米ネクステラ・エナジー社に一時抜かれ、米エネルギー企業の首位の座を明け渡す〝事件〟が起き、オイルマネーで儲けてきた連中は青ざめた。

ネクステラ社は太陽光・風力発電による再生可能エネルギーの米最大手だが、売上高はエクソンモービルの10分の1ほどしかない。それは、テスラがトヨタやVWを抜いた現象と似ていた。

米エクソンや英BPなど欧米石油大手5社の2020年決算はいずれも大幅な赤字で、合計すると772億ドル（約8兆1000億円）の巨大損失になった。

コロナ禍で石油業界が負った傷は大きいが、コロナ後の景気回復を担うエネルギーは、もはや石油ではなく、再生可能エネルギーだと捉えるべきだろう。

## 中国でテスラより売れたEV

「宏光ミニEV」は中国の上汽通用五菱汽車が製造する4人乗り小型EVで、約50万円の低価格が受けて中国で人気沸騰中だ。2021年3月のテスラ車の販売台数は3万5400台で、テスラとして月間販売記録となったが、宏光ミニEVの販売台数は3万9700台と、テスラを上回っていた。

宏光ミニＥＶの全長は軽自動車より約40㎝短く、車幅は同程度で、リチウムイオン電池を使い、９・３ｋＷｈ仕様で航続距離は約１２０㎞と、１００㎞を超える。

これを「中国製だから、安かろう、悪かろう」と侮るようなら、時代に取り残されている証拠だ。

佐川急便は、２０３０年度までに、宅配事業で使用するすべての軽自動車７２００台を中国の広西汽車集団が製造するＥＶに切り替えると２０２１年４月に発表した。日本の商用車として中国製ＥＶが十分通用する品質だと佐川急便が認めたことに他ならない。

さて、話を宏光ミニＥＶに戻そう。この小型ＥＶが、果たしてテスラのライバルになるのか？

テスラの４ドアセダン「モデル３」の中国での販売価格は約４１０万円で、宏光ミニＥＶの約8倍もするわけで、購入層も違い、単純比較はしにくい。

だが今後も、宏光ミニＥＶなど手頃な価格の小型ＥＶは伸びていくだろう。そして、中国だけでなく、日本でも欧州でも小型車の人気は高く、当然、ＥＶ化した小型車の需要は増えていくと考えられる。

## イーロンがこだわりを捨てられるか

テスラは、今後2万5000ドルのEVを出すと発表しており、さらにその先、1万5000ドルのEVに挑むことはおおよそ予想がつく。イーロンは世界で販売する新車をすべてEVに置き換えようと考えているからだ。

これまでのテスラ車はカーマニアやテスラファンが買っていたが、2万5000ドルのEVや、今後登場するであろう1万5000ドルのEVの購入者は、うって変わって「普通の人たち」となる。

普通の人たちが求めるのは、テスラ車の最大の特徴のポルシェ並みの加速性能や、カッコいいデザインや、400㎞の長い航続距離ではない。その代わりに、価格の安さと信頼性と豊富な車種が重視される。とりわけ、価格が勝敗の帰趨《きすう》を制する。

1回5分の充電で100㎞走り、価格が1万5000ドルのコンパクトカーサイズのEVなら、購入層は爆発的に大きく広がるはずだ。持続可能な社会への意識が薄い人たちも、価格で魅力度を感じ、買いに走るだろう。

2万5000ドルのEVにはバッテリー1kWhあたりのコストを100ドル以下にすることが必要不可欠だが、さらに、1万5000ドルのEVとなると、1kWhあたり65

ドルレベルだと著者は予想している。

現在開発中の大型リチウムイオン電池「４６８０」で果たしてこの65ドルレベルが達成できるかは不透明で、技術的ハードルは高く険しい。

しかし、それ以上に問題なのは、イーロン・マスクだ。

彼は、カッコいいデザイン性と、ポルシェと比肩する加速性能に人一倍強いこだわりを持っているし、それはテスラが成功した原動力でもある。そのこだわりを横において、「普通の人のための、普通のＥＶ」に情熱を持って取り組むことができるのか。大衆向けＥＶの成否は、イーロンの価値感の転換にかかっている。

## この男の代わりはいないのか

「普通の人のＥＶ」の実現性と同じ程度か、それ以上に大きい課題と多くの関係者が感じているのは、世界長者番付で首位を争う大富豪のイーロン・マスクが、いつまでもＥＶ生産現場に入って、部下を叱り飛ばし、出荷台数に頭を悩ませていていいのかということだ。それがテスラＣＥＯの仕事なのかと。

誰か別の、大手自動車メーカーの経営を経験した有能な人物を探してきて、新車の量産立ち上げをやらせれば、もっとスムーズにいくのに。そう思っている人は、従業員を含めてたくさんいる。

しかし、イーロンは2万5000ドルEVの立ち上げでも製造現場に入る、と著者は予想している。

理由は、イーロン・マスクは現場が大好きであり、進化することを常に求め、過大な使命感に縛られているからだ。

もし、モデル3と同じ生産ラインで2万5000ドルEVを作るのならば、誰かに工場を任せればこと足りる。

ところが、イーロンは同じ生産ラインや同じ工場を増設する気はさらさらないようだ。たとえば、ギガネバダとギガ上海は同じ工場ではない。製造ラインを進化させ、生産性を上げている。現在建設中のギガベルリンも、ギガオースチンも似た工場を横展開して作る考えはなく、さらに進化させた工場にするはずだ。イーロンの目指すEV生産工場は、完全自動組立で、人がいない工場だからだ。

毎回進化させるから、現場で新しい問題が起きる。問題が起きると現場主義のイーロンは飛んで行って自ら解決したがる。

部下に任せて、人材育成をしながら、成長を促す。この当たり前にして、しかし、時間がかかるサイクルをイーロンは取らない。

会議室で、書類とパワーポイントで製造工程の問題点を長々と聞かされるぐらいなら、製造ラインに入って問題を自分の目で見て、解決策を決めてしまう。「自分にしかこの問題は解決できない」という過剰な自信がイーロンを支配し、行動の源泉となっている。

しかし今後、テスラだけでなく、スペースXもさらに戦いは厳しさを増していくことは明らかだ。ロケット再利用は実現可能だとスペースXが実証してしまった今、どのロケット企業も同じことをやってくる。日本のJAXAでさえロケット再利用を打ち出している。

イーロンはいつまで全力疾走できるのか？　複数の問題を並行して解決するマルチタスクの彼も今年で50歳だ。そろそろ限界だと見ても不思議ではない。

イーロンは後継者を見つけて変身できるか、それとも今のままで、テスラの新車立ち上げに再び苦しみながらでも突き進むのか。その行方は誰にもわからないが、見ているとワクワクすることは確かだ。

## すべては2006年に予言していた

「イーロン・マスクのスケジュールは遅れる」と、既に世間は学んでいる。テスラのロードスターもモデルSもモデル3も出荷が遅れた。スペースXのファルコン1でもファルコン9でもファルコン・ヘビーでも打上げが遅れた。

それでもイーロンはスケジュールを口にし、ツイッターで世界に発信する。

イーロンは世界一の楽観主義者だ。テスラが経営危機に瀕しても、スペースXがファルコンロケットの打上げに失敗しても、諦めず楽観主義で走り続けた。

そして、彼のスケジュールは、すべてが問題なく完璧にうまくいった前提でのものだ。まさに楽観主義ここに極まれりである。しかし、実際の技術開発は常に問題に直面し、壁が立ちふさがり、スケジュールは残酷にも遅れる。

イーロンのスケジュールは大体2年から5年は遅れていた。だが、遅れはするものの、最終的には実現できているものが多く、驚くほどその方向性は間違っていなかった。

それ以上に着目すべきは、たとえばテスラについて、すべてが「マスタープラン」通りになっていたことだ。

2006年にイーロンが発表したテスラのマスタープランは、次の4つから成っていた。

・スポーツカーを作る
・その売上で手頃な価格のクルマを作る
・さらにその売上で、もっと手頃な価格のクルマを作る

・上記を実行しながら、ゼロエミッションの発電オプションを提供する

２００６年といえば、まだテスラが最初のＥＶロードスターを世に出す前のことであり、当時、「ゼロエミッション」を口にする経営者など世界のどこにもいなかった。

しかも、この２００６年で既に持続可能エネルギー製品を提供するとして、太陽光発電パネルの販売も表明していた。

ただしこの時、マスタープランを目にした人たちは、「１台もクルマを出荷していない零細企業が、たわ言を言っている」としか思わなかった。

しかし、今から振り返るとまさに、イーロン・マスクという男の卓越した先見性に舌を巻く。

「スポーツカーを作る」は２００８年に出荷を開始したロードスターのことであり、「その売上で手ごろな価格のクルマを作る」が２０１２年のモデルＳ、「さらにその売上で、もっと手頃な価格のクルマを作る」が２０１７年のモデル３で、「ゼロエミッションの発電オプションを提供する」というのが屋根一体型太陽光パネルのソーラールーフ、蓄電池のパワーウォールとパワーパックだということはもうおわかりだろう。

これほどの長期的な目標を掲げ、達成している企業が他にあるだろうか。

自分が信じることのためなら、すべてを失うリスクがあっても、なんのためらいもなく実行するイーロンは、過大な使命感と過剰な自信を身に纏い、ベストエフォート型でこれからも爆走する。

そして、2万5000ドルのEVの出荷が始まり、大型宇宙船スターシップが飛び立つ時、私たちと世界はどこまで彼に追いついているのだろうか。

https://electrek.co/2020/11/11/tesla-most-attractive-company-engineering-students-massive-advantage/

https://xtech.nikkei.com/atcl/nxt/column/18/00001/05574/?i_cid=nbpnxt_ranking

https://www.businessinsider.jp/post-234345

https://twitter.com/elonmusk

https://jp.reuters.com/article/apple-autos-idJPKBN28V2UR

https://japanese.engadget.com/jp-2020-02-26-ev.html

https://jp.reuters.com/article/tesla-factory-idJPKBN1JU0KM

https://wired.jp/2018/04/08/tesla-model-3-production/

https://www.nytimes.com/2020/05/27/fashion/SpaceX-Dragon-Suits.html

https://www.spacex.com/

https://www.tesla.com/

https://jp.wsj.com/articles/SB12619421010000814641304585159124087087324

https://www.autocar.jp/post/518997

https://www.nikkei.com/article/DGXZQOGR14F750U1A110C2000000/

https://ipsnews.net/business/2020/05/28/up-close-with-the-fresh-new-spacesuits-astronauts-will-soon-wear-in-orbit-for-the-first-time-3/

https://teslatap.com/articles/autopilot-processors-and-hardware-mcu-hw-demystified/

https://newspicks.com/news/5425950/body/

https://wired.jp/2020/02/02/jeff-bezos-blue-origin/

https://www.bbc.com/news/world-us-canada-57045770

https://xtech.nikkei.com/atcl/nxt/column/18/01267/00013/

electric-cars

https://www.rollingstone.com/culture/culture-features/elon-musk-the-architect-of-tomorrow-120850/

https://business.nikkei.com/atcl/report/15/226265/051100255/

https://jp.wsj.com/articles/SB12789854453627703722704584448772420661050

https://jp.wsj.com/articles/SB11443694453778813656304584386041709543088

https://jp.wsj.com/articles/SB11443694453778813656304584387560894288596

https://www.cnn.co.jp/business/35163419.html

https://monoist.atmarkit.co.jp/mn/articles/1306/21/news017.html

https://www.wired.com/story/elon-musk-tesla-shareholders-meeting/

https://news.mynavi.jp/article/20171225-561325/

https://www.businessinsider.com/tesla-employees-poached-by-apple-elon-musk-called-the-tesla-graveyard-2018-8

https://www.businessinsider.com/northvolt-ceo-carlsson-lessons-learned-tesla-supply-chain-elon-musk-2021-2

https://premium.toyokeizai.net/articles/-/24870

https://newspicks.com/news/3318440/body/

https://wired.jp/2020/02/20/tesla-valuation/

https://www.afpbb.com/articles/-/3326924

https://sorae.info/space/20210331-sn11.html

https://natgeo.nikkeibp.co.jp/atcl/news/21/042000196/

https://www.technologyreview.jp/s/240186/nasa-has-selected-spacexs-starship-as-the-lander-to-take-astronauts-to-the-moon/

https://www.technologyreview.com/2021/04/16/1023038/nasa-spacex-starship-lunar-lander-artemis/

http://www.gsi-alliance.org/wp-content/uploads/2019/03/GSIR_Review2018.3.28.pdf

https://about.bloomberg.co.jp/blog/esg-assets-may-hit-53-trillion-by-2025-a-third-of-global-aum/

https://data.bloomberglp.com/professional/sites/12/05192020_Japan_PressRelease_BNEF_Electric_Vehicle_Sales_to_Fall_18_in_2020_but_Long_term_Prospects_Remain_Undimmed2.pdf

https://www.inc.com/kevin-j-ryan/vector-building-rockets-jim-cantrell-spacex.html

https://jp.reuters.com/article/exxon-mobil-nextera-energy-idJPKBN26R02K

https://www.cnn.co.jp/business/35157832.html

https://jp.reuters.com/article/indonesia-president-tesla-idJPKBN27V0S3

## 参考資料（1）


『イーロン・マスク　破壊者か創造神か』竹内一正、朝日文庫

『［増補］スペースシャトルの落日』松浦晋也、ちくま文庫

『イーロン・マスク　世界をつくり変える男』竹内一正、ダイヤモンド社

『世界で最もSDGsに熱心な実業家　イーロン・マスクの未来地図』竹内一正、宝島社

『ドリーム　NASAを支えた名もなき計算手たち』マーゴット・リー・シェタリー、山北めぐみ（訳）、ハーパーコリンズ・ジャパン

『未来を変える天才経営者　イーロン・マスクの野望』竹内一正、朝日新聞出版

「Elon Musk: Tesla, SpaceX, and the Quest for a Fantastic Future」Ashlee Vance / Ecco

「Foundation」Isaac Asimov / HarperCollins

「Hidden Figures: The Untold Story of the African American Women Who Helped Win the Space Race」Margot Lee Shetterly / William Collins

「The Space Barons: Elon Musk, Jeff Bezos, and the Quest to Colonize the Cosmos」Christian Davenport / PublicAffairs

https://business.nikkei.com/atcl/gen/19/00119/122300052/?P=3&mds

https://business.nikkei.com/atcl/gen/19/00119/122200051/

https://blog.evsmart.net/tesla/model-3/made-in-china-model-3-delivery-from-shanghai-gigafactory/

https://iheartintelligence.com/lessons-from-elon-musk/

https://jp.techcrunch.com/2021/03/13/2021-03-12-elon-musk-tesla-board-sued-in-lawsuit-alleging-erratic-tweets-violate-fiduciary-duty/

https://www.businessinsider.com/russia-may-fine-citizens-spacex-starlink-internet-authoritarian-regime-2021-1

https://jp.reuters.com/article/volkswagen-electric-idJPKCN1Q108W

https://www.bloomberg.com/news/articles/2021-03-02/volvo-cars-to-go-electric-only-and-shift-sales-online-from-2030

https://www.bloomberg.com/news/features/2018-07-12/how-tesla-s-model-3-became-elon-musk-s-version-of-hell

https://business.nikkei.com/atcl/seminar/19/00019/052700054/

https://techcrunch.com/2020/10/09/why-amazon-and-panasonic-are-betting-on-this-battery-recycling-startup/

https://newspicks.com/news/5702391/body/?ref=user_115820

https://www.ted.com/talks/elon_musk_the_future_we_re_building_and_boring?language=ja#t-2138752

https://www.cleanenergywire.org/factsheets/teslas-berlin-gigafactory-will-accelerate-shift-

竹内一正（たけうち・かずまさ）

1957年生まれ。作家、コンサルタント。

徳島大学工学部大学院修了。米国ノースウェスタン大学客員研究員。

松下電器産業（現・パナソニック）で新製品開発、海外ビジネス開拓を担当。

アップルでマーケティングに従事。

日本ゲートウェイを経てメディアリングの代表取締役などを歴任。

シリコンバレーのハイテク動静に精通。

現在、ビジネスコンサルティング事務所「オフィス・ケイ」代表。

著書に『アップル　さらなる成長と死角』、

『イーロン・マスク　世界をつくり変える男』（ともにダイヤモンド社）、

『世界で最もＳＤＧｓに熱心な実業家　イーロン・マスクの未来地図』（宝島社）などがある。

# TECHNOKING《テクノキング》

## イーロン・マスク

### 奇跡《きせき》を呼《よ》び込《こ》む光速経営《こうそくけいえい》

2021年7月30日　第1刷発行

著　者

竹内一正

発行者

三宮博信

発行所

朝日新聞出版

〒104-8011　東京都中央区築地5-3-2

電話　03-5541-8814（編集）

03-5540-7793（販売）

印刷所

大日本印刷株式会社



Published in Japan by Asahi Shimbun Publications Inc.

ISBN978-4-02-331954-7

定価はカバーに表示してあります。